高职高专计算机系列教材

HTML+CSS网页制作教程

主　编　高金兰　梁晓娅
副主编　江　平　张　恒
参　编　张新华　王彩梅　余　璐

图书在版编目(CIP)数据

HTML + CSS 网页制作教程/高金兰,梁晓娅主编. —武汉: 武汉大学出版社,2014.8

高职高专计算机系列教材

ISBN 978-7-307-13828-5

Ⅰ.H… Ⅱ.①高… ②梁… Ⅲ.①超文本标记语言—程序设计—高等职业教育—教材 ②网页制作工具—高等职业教育—教材 Ⅳ.①TP312 ②TP393.092

中国版本图书馆 CIP 数据核字(2014)第 167588 号

责任编辑:刘 阳 责任校对:鄢春梅 版式设计:马 佳

出版发行: **武汉大学出版社** (430072 武昌 珞珈山)

(电子邮件: cbs22@whu.edu.cn 网址: www.wdp.com.cn)

印刷: 武汉珞珈山学苑印刷有限公司

开本: 787 × 1092 1/16 印张:18 字数:456 千字

版次: 2014 年 8 月第 1 版 2014 年 8 月第 1 次印刷

ISBN 978-7-307-13828-5 定价:39.00 元

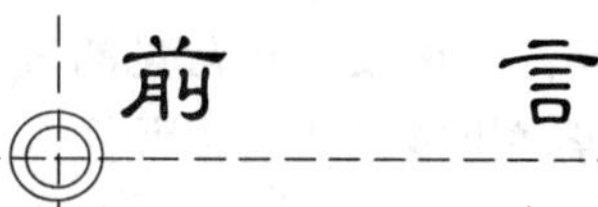

前 言

网页制作技术课程是高职高专计算机专业的一门职业技术课，通过该课程的学习，学生能够熟练掌握 HTML、CSS 的基本知识，能够应用 DIV+CSS 布局方式进行网页布局，能够熟练使用网页制作开发工具，掌握网站建设和基本方法和技巧，为后续的动态网站开发系列课程打下良好的基础。

随着互联网技术的飞速发展，网页制作技术也发生了巨大的变化，现在业界普遍遵循 Web 标准的网页制作方法。我们的教学也遵循这样的原则，力求为学生讲授最新的技术。但我们在选择教材的过程中，发现很多网页设计与制作方面的书并不能满足教学的需求，比如，有的书内容太过陈旧，还是以表格布局为主；有的书内容不够全面，只介绍了 HTML 或 DIV+CSS；有的书没有配套练习题、实训题，等等。基于这样的现状，编者决定编写一本适合高职高专计算机专业学生使用的教材。该教材也适合非计算机专业的初学者使用。

本书具有以下几大特点：

(1)本书基于 Web 2.0 标准编写，内容与时俱进，介绍了 XHTML4.01 过渡版中的标记及部分属性、CSS2.0 中的属性和使用方法、DIV+CSS 布局的方法和技巧等，最后还介绍了最新的 HTML5.0 的相关知识。

(2)本书在知识点的编排上作了创新，将 XHTML 标记和 CSS 样式属性结合在一起。比如，在使用文本和图像这一章中，先介绍如何使用 XHTML 来插入文本和图像，然后介绍如何使用 CSS 对文本和图像进行样式设计，包括文字样式、段落样式、图像样式、背景图像样式等。这样，读者在学习完这一章后，就可以自己动手制作出一个图文混排效果的页面。

(3)本书在每个章节都配有课堂练习、综合案例分析、实训与习题，让读者加深对知识点的理解，并提高动手能力。

(4)本书在介绍知识点时遵循循序渐进的原则，降低台阶、分散难点、使读者易于理解。

全书共分为 16 章，每章的主要内容如下：

第 1 章　网页制作概述，介绍了网页与网站、浏览器与网页、动态页面与静态页面、IP 地址与域名及 DNS 域名解析等基本概念，以及网页设计语言、网页设计工具、网页制作的基本步骤等，使读者对网页和网页设计有基本的了解。

第 2 章　HTML、CSS 和 Web 标准，介绍了 HTML 的概念、发展历程、文档结构等；然后介绍了什么是 Web 标准、为什么要建立网站标准；最后详细讲解了 CSS 样式的特点、类型以及基本语法。

第 3 章　HTML 文件头部标记，介绍了 HTML 文件的所有头部标记及其属性。

第 4 章　使用文本和图像，介绍了如何在网页中插入文本和图像，所有用到的标记、属性，然后介绍了如何通过 CSS 设置文本内容排版、背景颜色、背景图片样式。

第 5 章　使用超链接，介绍了超链接的概念、标记、属性及其使用方法，如内部链接、外部链接、锚点链接等，然后介绍了如何通过 CSS 设置页面超链接样式。

第 6 章　使用列表，介绍了列表的概念、标记和列表的使用方式，如无序列表、有序列表、定义列表，然后介绍了如何通过 CSS 样式控制列表。

第 7 章　使用表格，介绍了表格的概念、标记、属性，以及三种常见的表格布局方法。

第 8 章　使用多媒体，介绍了常见的音频和视频等多媒体格式，以及插入多媒体文件的标记、属性和使用方法。

第 9 章　使用表单，介绍了表单的概念、组成、作用、工作原理，然后详细介绍了表单中的各种标记及其属性。

第 10 章　使用框架，介绍了框架的概念及其用途，然后逐一介绍了各框架标记和属性。

第 11 章　理解 CSS 盒子模型，介绍了 CSS 盒子模型概念、盒子模型的四大属性：内容、边框、边界、填充；并介绍了块级元素和行内元素的区别。

第 12 章　浮动和定位，介绍了 CSS 中的浮动技术和定位技术，利用浮动可以实现块级元素水平排列，而定位技术能够实现更加精确的定位。它们可以制作出各种特效，也可以用于网页布局。

第 13 章　DIV+CSS 布局，介绍了 DIV 的基本概念及其应用、DIV+CSS 布局思想、DIV+CSS 布局三大基本步骤，然后介绍了创建固定宽度布局和可变宽度布局的方法。

第 14 章　HTML5 的新特性，介绍了 HTML5 的概念、发展历程及其特点，然后介绍了 HTML5 的新特性，以及 HTML5 和 HTML4 的区别。

第 15 章　JavaScript 基础，介绍了 JavaScript 的基本概念及语法、面对对象程序设计、文档对象模型、浏览器对象模型、JavaScript 库等内容。

第 16 章　个人博客网站制作，介绍了网站层次划分、页面框架布局设计、内容的完成添加、最后的动态效果等内容。

本书采用图文结合的方式，将网页设计与制作的细节详细地呈现在读者面前，同时，总结了大量的操作提示和技巧，帮助读者在学习过程中少走弯路，快速、高效地掌握自己的网页制作技能。

本书提供了书中所有实例的源文件和相关素材，以及课题练习和实训与习题的答案和素材。

本书是作者多年从事网页制作工作及网页制作教学的经验总结。第 1 章由高金兰编写，第 2、11、12、13 章由梁晓娅编写，第 3、4、5、6 章由张恒编写，第 7、8、9、10 章由王彩梅编写，第 14 章由张新华编写，第 15 章由江平编写，第 16 章由余璐编写，全书由高金兰主审。另外，何水艳也参与了本书的编写工作，在此向他们及所有关心本书编写工作的人士表示感谢。

由于编者水平和教学经验有限，书中错误和不妥之处在所难免，欢迎广大读者和同行批评指正。

编　者

2014 年 6 月

目　　录

第 1 章　网页制作概述

学习目标：

- 掌握网络基础知识
- 掌握网页设计的相关术语
- 理解网页制作的基本流程
- 了解 Web 网站的发展

1.1　网络基础知识

Internet 是相互联结的网络集合，是由成千上万个网络、上亿台计算机通过特定的网络协议相互联结而成的全球计算机网络，是提供信息资源查询和信息资源共享的全球最大的信息资源平台。

1.1.1　WWW 简介

WWW(World Wide Web)不是传统意义上的物理网络，而是基于 Internet 的、由软件和协议组成的、以超文本文件为基础的全球分布式信息网络，所以称为万维网或简称 Web。

WWW 的系统结构采用的是客户/服务器结构模式，客户端只要通过"浏览器"(Browser)就可以非常方便地访问 Internet 上的服务器端，迅速地获得所需的信息。浏览者的主机是客户机，提供信息的主机是服务器，如图 1-1 所示。

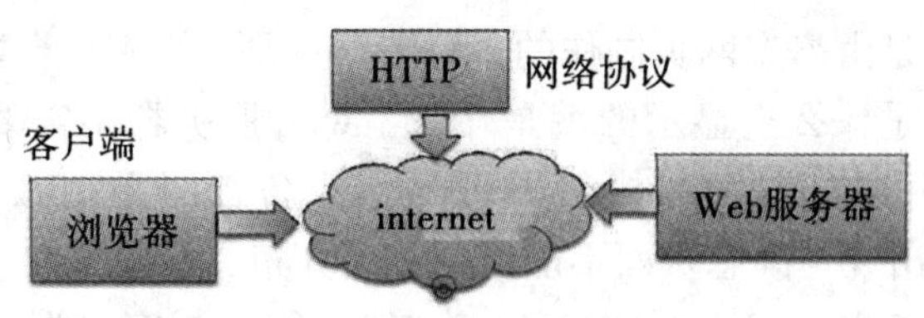

图 1-1　WWW 的系统结构

客户机上运行的是 Internet Explorer、Google Chrome 之类的浏览器程序，在服务器上运行的是 WWW 服务器程序，可以是 Windows 下的 IIS，也可以是 Linux 下的 Tomcat 等。

WWW 具有三个统一：

- 统一的资源定位方式：URL(Uniform Resource Locator)统一资源定位器，即网址。
- 统一的资源访问方式：HTTP(HyperText Transfer Protocol)超文本传输协议。
- 统一的信息组织方式：HTML(HypeText Markup Language)超文本标记语言。

URL 的一般格式为"协议名：//主机名[/文件夹名/文件名]"。

网络协议是网络中的设备进行通信时共同遵循的一套规则，即以何种方法获得所需的信息。

常用的协议名如：

HTTP：超文本传输协议，用于访问 WWW 服务器。例如，http：//www. sohu. com / sports. htm。

FTP：文件传输协议，用于访问 ftp 文件服务器传输文件，许多提供软件下载的网站使用“FTP”作为下载的网址。例如，ftp：//ftp. newhua. com/gz. htm。

MAILTO：电子邮件协议，例如，mailto：abc@ xxx. com。

FILE：本地文件传输协议。例如，file：///E：/html/index. html。

1.1.2　网页和网站

构建 WWW 的基本单位是网页。网页中包含所谓的“超链接”，通过已经定义好的关键字和图形，轻点鼠标就可以跳转到相应的其他文件，获得相应的信息，从而实现网页之间的链接，构成了 WWW 的纵横交织的网状结构。

通过“超链接”连接起来的一系列逻辑上可以视为一个整体的所有页面，叫做网站。网站是一组具有相关主题、类似的设计、链接文档和资源的组合。网页文件和文件夹是网站的基本组成要素。

网站的概念是相对的，大的如新浪、搜狐等大的门户网站，页面非常多，可能分布于多台服务器上；小的如一些个人网站，可能只有几个页面，仅在某台 Web 服务器的占据很小的空间。

一个站点的起始页面通常被称为“主页”或“首页”，主页可以看做是一个网站中所有主要内容的索引，访问者可以按照主页中的分类，来精确快速地找到自己想要的信息内容，因此主页的好坏决定了这个网站的访问情况，一般主页的名称是网站主机提供的缺省文件名如 index. html、default. html。

1.1.3　静态网页与动态网页

早期的网站一般都是由静态网页制作的。静态网页是指没有后台数据库、不含程序和不可交互的网页。你编的是什么它显示的就是什么，Web 服务器不需要执行程序直接把静态网页发送给客户端，由浏览器解释执行即可显示，静态网页 URL 的后缀以 htm、html、shtml、xml 等常见形式出现，静态页面不能自主管理发布更新的页面。

动态网页中含有服务器端代码，这里的“动态”是网站与客户端用户互动的意思。动态页面需要先由 Web 服务器对服务器端代码进行解释执行生成客户端代码，然后将该代码发送给客户端，再由浏览器解释执行并显示。动态网页制作的语言有 ASP、PHP、JSP、ASP. NTE 等，所以动态网页 URL 的后缀也是以 asp、aspx、php、jsp、perl、cgi 等形式出现的。动态页面通常可以通过网站后台管理系统对网站的内容进行更新管理，如我们常见的发布新闻，发布公司产品，交流互动，博客，网上调查等。动态网页的网址中通常有一个标志性的符号“?”，如图 1-2 所示。

从网站浏览者的角度看，无论是动态网页还是静态网页，都可以展示基本的文字和图片信息，但是从网站开发、管理、维护的角度来看就有很大的差别。

静态网页一般有以下特点：每个页面都有一个固定的 URL，而且不含“?”，每个网页都

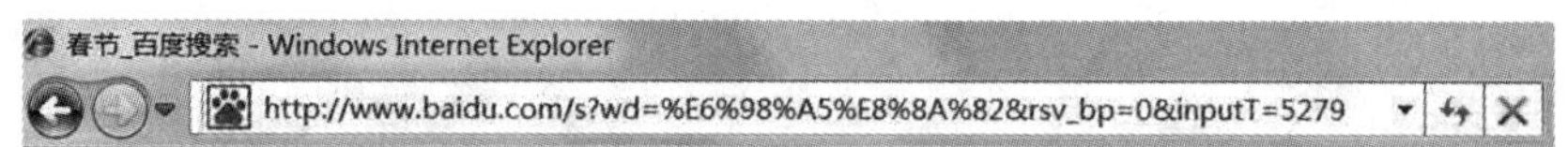

图 1-2　动态网页的网址

是一个独立的文件实实在在保存在服务器上，没有数据库的支持，交互性较差。

动态网页一般有以下特点：同一个网页根据请求的不同，可显示不同的内容；因为要显示不同的内容，所以往往需要数据库做支持；网页并不是独立存在于服务器上的网页文件，只有当用户请求时服务器才返回一个完整的页面。

1.1.4　浏览器与网页基本元素

如图 1-3 所示，组成网页的基本元素包括有文本、图象、动画、声音、视频、超链接、表单等。

图 1-3　网页的基本元素

每一个页面，其本质是由超文本标记语言 HTML 书写的一种纯文本文件。图 1-3 对应的网页源代码如图 1-4 所示。浏览器对该纯文本文件进行了解释，才生成了多姿多彩的网页，除文本外，其他媒体素材(如图像、声音、动画和影像等)，都需要保存成单独的文件，通过 URL 嵌入到网页文件中。

不同的浏览器其解释引擎（也叫浏览器内核)也不尽相同。常见的浏览器内核及其代表的浏览器有：

引擎 Trident—浏览器 Internet Explorer

引擎 Webkit—浏览器 Apple Safari， Google Chrome

引擎 Geckos—浏览器 Mozilla Firefox

```
<!doctype html>
<html>
<head>
<meta charset="GB2312">
<title>电脑之家PChome.net - 第一互动时尚科技门户</title>
<meta name="keywords" content="电脑报价,新闻,行情,导购,装机,攒机,评测,新品,软件,下载,产品,报价,经销商,数码,手机,数码相机,数码摄像机,DC,DV,MP3,MP4,论坛,硬件论坛"/>
<meta name="description" content="PChome电脑之家是中国优秀的IT资讯服务提供商之一,一直积极倡导'科技引领生活'理念,实现IT资讯与产品走近用户生活为目标"/>
<link rel="shortcut icon" href="http://www.pchome.net/favicon.ico" type="image/x-icon" />
<base target="_blank">
<link rel="stylesheet" href="http://event.pchome.net/style2014/global.css">
<link rel="stylesheet" href="http://images.pchome.net/global/pchome_index/14/style.css?01271430">
<script type="text/javascript" src="http://js-1.pchome.net/ejs/ipub/ipub_334_1818_1819_index.js"></script>
<style>
#ad1{background-color:#c00;}
</style>
</head>
<body><div id="top-nav">
<div class="container-1000 mg-auto font-12">
<div id="JS_login"><!-- <span>欢迎您访问PChome.net</span> <a target="_self" href="http://passport.pchome.net/login.php?action=login&back=1">请登录</a> <a href="http://my.pchome.net/reg/register.php">免费注册</a>
<b>您好, vida </b>
```

图 1-4　网页的源代码

引擎 Presto—浏览器 Opera

国内浏览器，如腾讯浏览器、傲游浏览器、世界之窗浏览器、搜狗浏览器、360 安全浏览器等普遍基于 Internet Explorer 内核或多内核。

1.1.5　IP 地址与域名及 DNS 域名解析

1. IP 地址

为了方便通信，必须给每台计算机都分配一个 IP 地址作为网络标识。网络上的两台计算机在相互通信时，它们所传送的数据包里也都会包含发送数据的计算机的 IP 地址和接收数据的计算机的 IP 地址。

IP 地址通常以圆点(半角句号)分隔的 4 个十进制数字表示，如“202. 101. 139. 188”。IP 地址是为每个连接在 Internet 上的主机分配的一个在全世界范围内唯一的 32 位地址。

2. 域名

同 IP 地址一样，域名也表示一个单位、机构或个人在网上的一个确定的名称或位置，不同的是域名是用字符来表示的。它比 IP 地址有亲和力，容易被人们记住和乐于使用，域名地址和 IP 地址是一一对应的。

由于国际域名资源有限，各个国家和地区在域名最后都加上了国家的标识段。如国别的最高层域名：. cn 为中国；. au 为澳大利亚；. jp 为日本等。另外，不同的组织、机构，也有不同的域名标识，如：. com 为商业公司；. org 为组织、协会等；. net 为网络服务；. edu 为教育机构；. gov 为政府部门；. mil 为军事领域；. arts 为艺术机构；. firm 为商业公司；. inf 为提供信息的机构等。

通常域名表示为：主机名 . …… . 二级域名 . 一级域名。如新浪网的 Web 服务器域名地址为：www. sina. com. cn。

在一台主机上可建立多个网站，这些网站的存放方式称为“虚拟主机”，通过 Web 服务器上设置“主机头”进行区别。即域名和主机的关系是多对一的。

域名作用有二，一是将域名发送给 DNS 服务器解析得到 Web 服务器的 IP 地址以进行连

接，二是将域名信息发送给 Web 服务器，通过域名与 Web 服务器上设置的“主机头”进行匹配确认客户端请求的是哪个网站，若客户端没有发送域名信息给 Web 服务器，如直接输入 IP，则 Web 服务器将打开默认网站。

3. 域名系统

域名系统即 DNS(Domain Name System)。计算机在网络上进行通信时只能识别如“58.68.146.208”之类的 IP 地址，而不能识别如“www.people.cn”之类的域名，因此，想要让好记的域名能被网络所认识，则需要在域名和网络之间有一个“翻译”，它能将域名翻译成网络能够识别的 IP 地址，DNS 起的正是这种作用。域名解析需要由专门的域名解析服务器来完成，具体来说，当我们在地址栏中输入“www.people.cn”的域名之后，计算机会向 DNS 服务器查询该域名所对应的 IP 地址，然后计算机就可以调出那个 IP 地址所对应的网页，并将网页在我们的浏览器上显示。这个过程如图 1-5 所示。

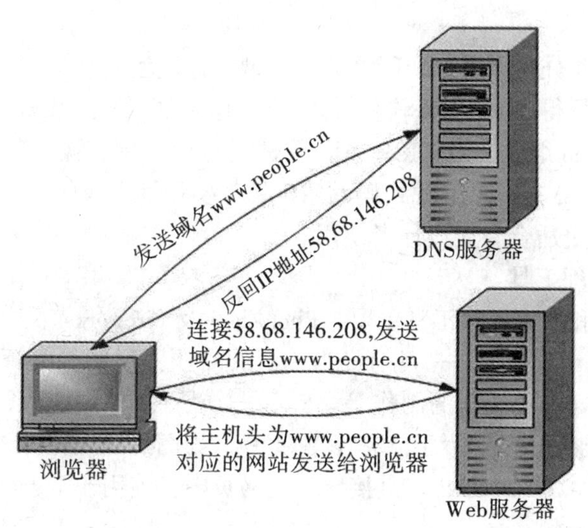

图 1-5　IP 地址与域名的解析

1.2　网页编辑语言及网页制作工具

1.2.1　网页编辑语言

1. HTML 语言

HTML(Hyper Text Markup Language，超文本标记语言)是一种网页制作的排版语言，制作的网页以 .htm 或 .html 文件扩展名保存。它支持丰富的样式表、脚本、框架、表格和表单等多种网页元素，可以嵌入 JavaScript 与 VBScript 等语言。目前最高版本为 HTML 5.0。

2. XML

XML(Extensible Markup Language，可扩展的标记语言)是一种类似于 HTML 的标记语言，其标记由网页设计者自己定义，主要用来描述是什么数据，HTML 主要用来描述如何显示数据。

3. XHTML

XHTML(Extensible Hyper Text Markup Language，可扩展的超文本标记语言)，XHTML1.0是在HTML4.0基础上，用XML的规则进行优化和扩展而成，它结合了部分XML的强大功能及大多数HTML的简单特性，以便适应未来网络应用更多的需求。

4. CSS

CSS(Cascading Style Sheets，层叠样式表)，用于统一规范网页的外观风格。

5. JavaScript与VBScript

JavaScript由Netscape公司推出的一种面向对象的脚本语言，用于开发客户端的动态交互的网页，它由浏览器解释并执行。VBScript是由微软开发的脚本语言，广泛用于asp程序制作。

1.2.2 常用的网页制作工具

1. 网页编辑工具

网页编辑工具主要分为标记型和所见即所得型。标记型工具常用的是notepad(记事本)、Ultraedit等。所见即所得型的编辑软件主要有：微软的FrontPage和Macromedia公司的Dreamweaver。FrontPage继承了OFFICE系列软件的界面通用、操作简单的特点，适合初学者使用，而Dreamweaver在HTML源代码的精确性、实用性以及对各种新技术的支持上都比FrontPage略胜一筹，更适合专业设计者使用。

2. 图形和图像处理工具

目前常用的图形和图像处理工具主要：Photoshop及Fireworks。

Photoshop的功能十分强大，是目前最为广泛的专业图形图像处理软件之一，它能够实现各种专业化的图像处理、动画的制作等。Fireworks是首选的Web图形图像处理软件，它的独特之处在于其能够优化处理大图片、切割图片、为图片加入特殊效果、制作网页的动态行为等，可以生成Fireworks HTML，直接导入到网页中，使用非常方便。

3. 动画制作工具

Flash是目前网页制作中最为出色的动画制作软件，它是一种交互式动画设计工具，用它可以将音乐、声效、动画以及富有新意的界面融合在一起，以制作出高品质的网页动态效果。Flash所使用的图形是压缩的矢量图形，采用了网络流式媒体技术，突破了网络带宽的限制，可以边下载边播放，这样避免用户长时间的等待，设计者可以随心所欲地设计出高品质的动画。

1.2.3 常用的动态网页技术

动态网页是基本的html语法规范与其他高级程序设计语言、数据库编程等多种技术的融合，以期实现对网站内容和风格的高效、动态和交互式的管理。

(1)PHP：即Hypertext Preprocessor(超文本预处理器)，是一种通用开源脚本语言。语法吸收了C语言、Java和Perl的特点，入门门槛较低，易于学习，使用广泛，只需要很少的编程知识就能使用PHP建立一个真正交互的Web站点。PHP可以执行编译后代码，编译可以达到加密和优化代码运行，使代码运行更快。PHP的文件后缀名为*.php。

(2)ASP：即Active Server Pages(动态服务器页面)，它是微软开发的一种类似超文本标识语言(HTML)、脚本(Script)与CGI(公用网关接口)的结合体，它没有提供自己专门的编

程语言，而是允许用户使用许多已有的脚本语言编写 ASP 的应用程序。ASP 的程序编制比 HTML 更方便且更有灵活性。它是在 Web 服务器端运行，运行后再将运行结果以 HTML 格式传送至客户端的浏览器。因此 ASP 与一般的脚本语言相比，要安全得多。

(3)JSP：即 Java Server Pages(爪哇服务器页面)，它是由 Sun 公司于 1999 年 6 月推出的新技术，是基于 Java Servlet 以及整个 Java 体系的 Web 开发技术。

JSP 和 ASP 在技术方面有许多相似之处，不过两者来源于不同的技术规范组织，ASP 一般只应用于 Windows 平台，而 JSP 则可以在 85%以上的服务器上运行，而且基于 JSP 技术的应用程序比基于 ASP 的应用程序易于维护和管理，所以被许多人认为是最有发展前途的动态网站技术。

(4)ASP. NET：即 . NET 框架结构，是微软推出的一种新的网络编程方法，可以用多种语言(VB. NET 或 C#. NET)开发，它的编程方法和 ASP 有很大的不同，ASP 使用脚本语言，每次请求的时候，服务器调用脚本解析引擎来解析执行其中的程序代码，而 ASP. NET 则在服务器端靠服务器全编译执行的，比 ASP 快，有很多优点。

课 堂 练 习

选择题：

(1)网页是(　　)文件。

A. 图像　　B. 纯文本　　C. 可执行程序　　D. 图像和文本的压缩

(2)Internet 上的域名和 IP 地址是(　　)的关系。

A. 一对多　　B. 一对一　　C. 多对一　　D. 多对多

(3)下列哪项不是动态网页的特点(　　)。

A. 动态网页可每次显示不同的内容

B. 动态网页中含有动画

C. 动态网页中含有服务器端代码

D. 动态网页一般需要数据库作为支持

(4)以下不正确的是(　　)。

A. 虽然浏览器不同，但是浏览网页的效果都一样

B. . php 是动态网页

C. . html 是静态网页

D. 一般主页的名称是网站主机提供的缺省文件名如 index. html

1.3　网站设计的基本步骤

建立网站的目的是为了给浏览者提供所需的信息，网页设计的基本原则是：明确主题，重视首页，做好信息分类，与浏览者有良好的互动性，使用合适的图像，避免滥用技术，及时维护和更新网站。

一个好的网站应该是：整体布局合理，导向清晰、内容有价值、下载速度快、图像和版面设计能传递主要信息内容，文字的可读性好，多媒体功能运用良好。

建立网站的一般步骤可以分为以下几个阶段：分析策划阶段、设计阶段、制作阶段、测试阶段、发布与维护阶段。

1.3.1 分析策划阶段

这一阶段的主要任务是研究用户需求、收集素材，讨论 Web 内容，制订计划，确定网站的主题。

1. 确定站点的主题

首先回答以下问题：站点的定位是什么？哪些人应该是你的访客？你想让别人得到什么？什么会使得访客再次来？站点上有哪些会使得访客逗留？

主题突出，什么样的网站应该有什么样的设计。视觉设计表达的是一定的意图和要求，应按照视觉心理规律和形式将主题主动地传递给浏览者，以使得主题在适当的环境中被人们及时地理解和接受 。设计是为主题服务的，设计是艺术和技术的结合，既要“美”，也要实现“功能”。例如，百度作为一个搜索引擎，首先要实现“搜索”的功能，它的主题就是它的功能，而一个个人网站，可以只体现作者的设计思想，或者仅仅以设计“美”的网页为目的，它的主题就是“美”。

一般来说，设计者可以通过网页的空间层次、主从关系、视觉秩序和逻辑联系的把握运用，来鲜明地突出诉求主题的目的。

2. 确定站点的整体风格

风格(style)是抽象的，是指站点的整体形象给浏览者的综合感受。这个整体形象包括站点的 CI(corporate identity，通过视觉来统一企业的形象，包含标志、色彩、字体、标语等)、版面布局、浏览方式、交互性、文字、语气、内容价值、存在意义、站点荣誉等诸多因素。

3. 确定网站的主色调

按照色彩的记忆性原则，一般暖色调比冷色调记忆性强，同时色彩还具有联想与象征的特性，如红色象征血、太阳；蓝色象征大海、天空和水面等。应根据总体风格的要求确定出一到两个主色调，有 CIS(Corporate Identity System 企业形象识别系统)的，应该按照其中的 VI(Visual Identity 视觉识别)，进行色彩运用。不同的人群对色彩的喜好有很大的不同，儿童喜欢对比强的鲜明的纯颜色，草原上的人喜欢红色，生活在闹市中的人喜欢淡雅的颜色，生活在沙漠中的人喜欢绿色，应根据色彩对人们心理的影响，合理地加以运用。

4. 为用户考虑

设计者应该站在浏览者的角度来考虑，主要有以下几个方面：

- 用户的浏览器脚本兼容性，会影响某些网页效果不能正常显示。
- 用户在网络上的运行速度。不同的网络连接速度不一样，不要放置一些文件容量很大、下载时间很长的内容。
- 页面对屏幕分辨率的适应。网页页面的大小应尽量适应流行屏幕的分辨率。
- 安装插件。如果网页中使用了 flash 动画、Shockwave 媒体对象、Real 视频等，则应考虑用户获取插件的途径。

1.3.2 设计阶段

1. 规划网站文件的目录结构

将本站点用到的各类素材和文件分门别类的组织在相应的文件夹中，就构成了网站文件的目录结构。例如，一个旅游频道的站内文件目录结构如图 1-6 所示。

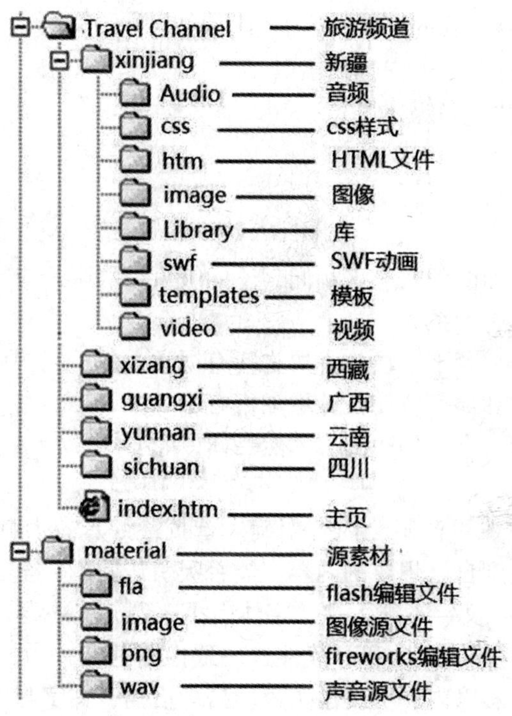

图 1-6　站内文件目录结构

2. 设计站点导航

主页和各级页面的链接关系形成站内的导航结构，如图 1-7 所示。

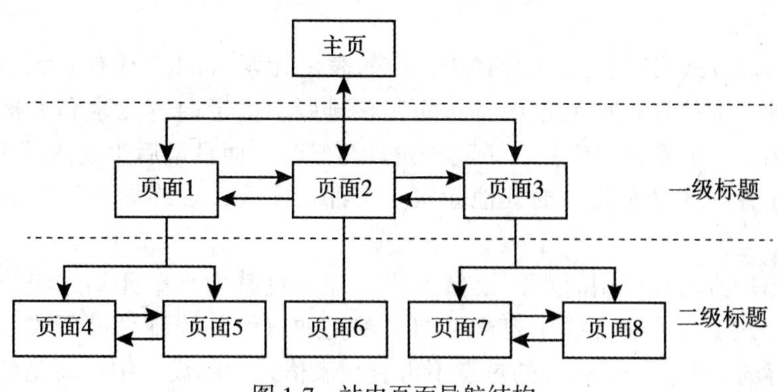

图 1-7　站内页面导航结构

导航设计的原则是：

- 通过最少的点击次数达到目的地。
- 整个网络的导航风格应该一致，否则浏览者会误解为已离开本网站。
- 导航系统应一目了然，又必须尽量少占用页面空间。

3. 设计各级页面

一个页面有页面尺寸与整体造型，可以包括以下几个部分：

- 标题与标识(LOGO，本网站特征的标徽图像)。
- 页眉(希望浏览者观看的那些内容的索引)。
- 导航(给浏览者提供一个内容的索引)。
- 内容(文本、图片、多媒体等)。
- 页脚(版权信息/联系方式)。

总的来说，这一阶段有两个原则：

原则一：

- 统一：同一级页面的版式应该相同，不同级页面的版式应有所区别。
- 连贯：页面相互有关系。
- 分割：将页面分成若干小块，小块之间有视觉上的不同，可以使用户一目了然。
- 对比：通过矛盾和冲突，使设计更加富有生气。
- 和谐：整个页面符合美的法则，浑然一体。

原则二(3C 原则)：

- Content(内容)：主页清晰，内容明确。首页最好具有人性化的类别选项，让访问者可以快速的找到自己想要的内容。能否吸引访问者，全在于首页的设计效果。
- Clarify(清晰性)：文字不能太多，字体大小一致，统一设计风格。
- Color(色彩)：具有一致性和可读性。一致性指色调一致，色彩不宜太多，尽量控制在三到五种色彩以内。可读性指色彩搭配恰当，文字与底图对比鲜明，不用花纹繁复的图案作背景。

1.3.3 制作阶段

1. 页面的制作

网页制作的实现，可以通过两种方式：一种是传统的表格布局方式；另一种是 DIV+CSS 布局方式。

传统表格布局方式实际上是利用 HTML 中的表格元素(table)具有的无边框特性，可以将网页中的各种元素放置在单元格中，从而实现排版。由于内容元素和表格元素混合在一起，最终的结构是一个复杂的表格，不利于设计与修改，而且最后生成的网页代码除了表格本身代码外，还有许多没有意义的其他元素，文件量庞大，最终导致浏览器下载解析速度变慢。

DIV+CSS 布局方法在使用时不需要像表格一样通过其内部单元格来组织排版，而是通过 CSS 强大的样式定义功能可以比表格更加简单更加自由的控制页面版式及样式，实现了网页结构和内容的分离。CSS 布局的重点不再放在表格元素的设计中，而是使用另一个比表格更加简单的元素“div”，将网页中的各种元素放置到中 DIV，成为网页结构中的主体，而样式则通过 CSS 来完成。本教材将详细介绍 DIV+CSS 布局方法来制作网页。

2. 添加网页后台程序

为了实现一些数据的交互，还需要程序人员编写相应的网页代码，实现网站的动态功能。本教材将不涉及此内容。

1.3.4 测试阶段

在所有影响页面显示的各种环境下进行测试，发现有显示错误或功能欠缺时需要进一步

修改，测试的环境包括：

- 不同系统平台
- 不同连接速度
- 不同访问方法(局域网、调制解调器、ISDN 等)
- 不同浏览器种类或版本
- 不同显示分辨率。

1.3.5　发布与维护阶段

如果测试后没有发现任何问题，则可以发布上传，即把制作的网页(网站)上传到 ISP 提供的服务器端，以后日常的工作主要是维护和更新。

1.4　网站类型及 Web 技术发展的讨论

1.4.1　网站类型

网站可以分成多种类型，分类方法也有多种。根据网站所用编程语言分类，有 asp 网站、php 网站、jsp 网站等；根据网站的用途分类，有门户网站(综合网站)、行业网站、娱乐网站等；根据网站的持有者分类，有个人网站、商业网站，政府网站等；根据网站的商业目的分类，有营利性型网站(行业网站、论坛)、非营利性型网站(企业网站、政府网站、教育网站)等。

再如，根据网站的内容分类，有搜索引擎类如百度 baidu、谷歌 Google、必应 bing 等；有新闻网站类如南方周末、人民网等；有资源共享网站类如华军软件园、天空软件城；有教育资源网站类如第二教育网等；有导航网站类如 hao123、265 网等；有电子商务类如阿里巴巴、淘宝网、京东商城等；有社交网站类如微博、人人网、开心网、QQ 空间等；有娱乐网站类如音乐的：百度 MP3、九天音乐网、虾米音乐等，视频的：优酷、土豆等，游戏的：联众网等。

1.4.2　Web 技术发展的讨论

我们如何看待 Web 及其技术发展呢？有人给出了 Web 1.0 到 Web 6.0 的划分。

Web 1.0——信息共享。Web 1.0 是以编辑为特征，网站提供给用户的内容是网站编辑进行编辑处理后提供的，用户阅读网站提供的内容。这个过程是网站到用户的单向行为，Web 1.0 时代的代表站点为新浪，搜狐，网易三大门户。

Web 2.0——信息共建。Web 2.0 则是以加强了网站与用户之间的互动，网站内容基于用户提供，网站的诸多功能也由用户参与建设，实现了网站与用户双向的交流与参与，Web 2.0不同于 Web 1.0 的最大之处在于它的交互性。这个时期的典型代表有：博客中国、亿友交友、联络家等。

Web 3.0——知识传承。Web 3.0 用户可以在互联网上(不是在 Web 2.0 网站系统内)拥有自己的数据，并能在不同网站上使用。完全基于 Web，只须用浏览器便可以实现复杂的系统程序才具有的功能。即时性是其主要特性，因此即时通信(IM)系统是知识界的技术平台。以全 Web 资源为基础建设出一座“Web 图书馆”来实现人类自身的“知识传承”。微薄和微信的兴起依托于Web3.0时代的到来和移动互联的迅速发展。

Web 4.0——知识分配。在Web 3.0里，人类可以随心所欲地获取各种知识，当然这些知识都是先人们即时贡献出来的。从Web 3.0开始，网络就具备了即时特性。但人们并不知道自己应该获取怎样的知识，即自己适合于学习哪些知识。比如，一个10岁的孩子想在20岁的时候成为核物理学家，那么他应该怎样学习知识呢？这些问题就是Web 4.0的核心“知识分配”系统所要解决的问题了。

Web 5.0——语用网。技术的发展虽然令人眼花缭乱，但其背后的本质却十分简单。现有的计算机技术都是图灵机模型，简单地讲，图灵机就是机械化、程序化，或者说算术，以数据和算符(算子)为2元的闭合理论体系。图灵机是研究和定义在数据集上的算子规律或法则的数学科学。在网络世界里，这个封闭系统都要联合起来，成为一个整体，所谓的整个网络成为一台计算机系统了。而这台计算机就不再是图灵机了，而是Petri网了。早在20多年前，Petri就说过，实现Petri网的计算机系统技术叫语用学。因此语用网才是这台计算机的技术基础。

Web 6.0——物联网。Web 6.0本质上不是单纯的互联网技术或衍生思想，而是物联网与互联网的初步结合，一种全新的模式，惠及广大网民。这里不要将物联网看成是互联网的附庸，它是与互联网等价的物理媒介，是将要改变世界的新的物理模式。在Web 6.0里每个人都有调动自己感官的无限权力，用自己的五官去重新发现世界，从而改变世界。

课 堂 练 习

填空题：

(1) 建立网站的一般步骤可以分为________阶段、________阶段、________阶段、________阶段、________阶段。

(2)设计者可以通过网页的________层次、________关系、________秩序和________联系的把握运用，来鲜明地突出诉求主题的目的。

(3)网页制作的实现，可以通过两种方式：一种是传统的________布局方式；另一种是________布局方式。

1.5 实训与习题

1. 下载几个不同的浏览器，比较一下同样网页的打开速度和效果。
2. 上网查阅与网页设计有关的知识。

本 章 小 结

本章主要介绍了网页与网站、浏览器与网页、动态页面与静态页面、IP地址与域名及DNS域名解析的基本概念，介绍了网页设计语言、网页设计工具、网页制作的基本步骤，也简单介绍了网站的分类以及Web网站的发展。通过本章的学习，可以建立起一些网页设计的基本概念。本课程是一门初级的网页制作课程，将主要讲解静态网页的制作方法，重点突出html语法的使用，让学生通过html语言、CSS以及JavaScript的学习，掌握编写静态网页的基本方法，为后续的Web程序设计课程的学习打下基础。

第2章 HTML、CSS和Web标准

学习目标：

- 理解HTML的基本概念和文档的基本结构
- 理解HTML和XHTML的区别、Web标准
- 理解CSS的概念、掌握CSS的使用方法

2.1 理解HTML

2.1.1 HTML简介

超文本标记语言(Hyper Text Markup Language，简称为HTML)是为网页创建和其他可在网页浏览器中看到的信息而设计的一种标记语言。HTML被用来结构化信息——如标题、段落和列表等，也可用来在一定程度上描述文档的外观和语义。由蒂姆·伯纳斯-李(Tim Berners-Lee)给出原始定义，由IETF用简化的SGML(标准通用标记语言)语法进行进一步发展的HTML，后来成为国际标准，由万维网联盟(W3C)维护。

标记是指作记号。如我们写文章时通常用大体字标记文章的标题，用换行空两格标记一个段落一样。HTML是用一对<h1>标记把文字括起来表明这些字是标题，用一对<p>标记把一段字括起来表明这是一个段落。

超文本就是相比普通文本有超越的地方，如超文本可以通过超链接转到指定的某一页，而普通文本只能一页页翻，超文本还具有图像、视频、声音等元素，并能和用户交互，这些都是普通文本无法具有的。

HTML的发展历程如下所示：

(1)超文本标记语言(第一版)——在1993年6月发为互联网工程工作小组(IETF)工作草案发布(并非标准)。

(2)HTML 2.0——1995年11月作为RFC 1866发布。

(3)HTML 3.2——1997年1月14日，W3C推荐标准。

(4)HTML 4.0——1997年12月18日，W3C推荐标准。

(5)HTML 4.01(微小改进)——1999年12月24日，W3C推荐标准。

(6)ISO/IEC 15445：2000(“ISO HTML”)——2000年5月15日发布，基于严格的HTML 4.01语法，是国际标准化组织和国际电工委员会的标准。

(7)HTML 5目前仍为草案，并已经被W3C接纳。

2.1.2 HTML文档的基本结构

HTML文件本质是一个纯文本文件，如下所示是一个html文档的基本结构。

```
<html>
  <head>
    <title>网页标题</title>
  </head>
  <body>
    欢迎你,新同学!
  </body>
</html>
```

可以看出，HTML代码分为三大部分，其中各部分含义如下：

(1)<html>…</html>：告诉浏览器HTML文档开始和结束的位置，其中包括head部分和body部分。HTML文档中所有的内容都应该在这两个标记之间，一个HTML文档总是以<html>开始，以</html>结束。

(2)<head>…</head>：HTML文件的头部标记，头部主要提供文档的描述信息，head部分的所有内容都不会显示在浏览器窗口中，在其中可以放置页面的标题以及页面的类型、使用的字符集、链接的其他脚本或样式文件等内容。<title>标记用于定义页面的标题，将显示在浏览器标题栏中。该标记包含在<head>…</head>标记中。

(3)<body>…</body>：用来指明文档的主体区域，网页所要显示的内容都放在这个标记内，其结束标记</body>指明主体区域的结束。

2.1.3 HTML标记和元素

1. 标记的概念

标记是HTML文档中一些有特定意义的符号，这些符号指明内容的含义或结构。标记是由尖括号包围的关键词，如<html>。大多数标记都是成对出现的，比如，<b>和</b>，<b>是开始标记，</b>是结束标记，开始和结束标签也被称为开放标签和闭合标签。其中，“b”是标记名称，它是英文“bold”(粗体)的缩写。再如，<p>和</p>，<h1>和</h1>，都是成对出现的标记。

除了成对出现的标记外，还有少数标记只有开始标记，称为单标记，如
，代表强制换行。常见的单标记有：
，<hr />，<img />，<input />，<meta />，<link /> 等。

常用的标记

常用的HTML标记有如下40多个，这些标记及含义必须熟记下来，为了便于记忆，下面将这些标记按用途进行了分类：

(1)结构标记：html，head，body

(2)头部标记：title，meta，link，style

(3)文本修饰标记：font，b，i，u ，strong，

(4)段落标记：p，hn，pre，marquee，br，hr

(5)列表标记：ul，ol，li，dl，dt，dd

(6)超链接标记：a，map，area

(7)图像及媒体元素标记：img，embed，object

(8)表格标记：table，tr，td，th，tbody

(9)表单标记：form，input，textarea，select，option，fieldset，legend

(10)框架标记：frameset，frame，iframe

(11)容器标记：div，span

(12)注释标记：<! --……-->

注：标记的含义可参考本书附录1。

2. 标记的属性

标记可以拥有属性，属性是标记的重要组成部分，它提供了有关HTML元素的更多的信息。属性总是以名称/值对的形式出现，比如，name="value"。属性只能写在开始标记中，属性值用双引号括起来，属性和属性之间用空格隔开。

例2-1：居中排列标题

<h1 align="center">This is heading 1</h1>

例2-2：给网页添加背景颜色

<body bgcolor="yellow">

例2-3：指定超链接的目标地址和打开方式

<a href="http://www.w3school.com.cn" target="_blank">This is a link</a>

HTML标记可以带有许多属性，只有熟记了这些属性及其含义，才能更好的运用HTML语言。HTML各种标记具有的属性很多，所有标记都具有的属性称为公共属性，某些标记独有的属性称为特有属性，常见的公共属性和特有属性如下：

(1)公共属性：对于body内的标记，都具有的公共属性有：style、id、class、name、title，在很多标记中具有的属性有align、border、src等。

(2)特有属性：如href是a和link标记特有的属性，target是a和form等标记特有的属性，type、size和value是表单类标记特有的属性。

常用的属性

表2-1列举出了一些常用的属性，在以后的章节中，我们还会具体讲解标记及其属性。

表2-1　　常用属性

属性	描　述
class	规定元素的类名(classname)
id	规定元素的唯一id
style	规定元素的行内样式(inline style)
width	规定元素的宽度
height	规定元素的高度
bgcolor	规定元素的背景颜色
background	规定元素的背景图片
align	规定元素的水平对齐方式，值包括left、center、right
valign	规定元素的垂直方向上的对齐方式
href	设置目标页面的地址，值为URL，可以为#，表示空链接
src	规定存放图片的具体路径
border	规定元素的边框

例 2-4：标题标记和段落标记

```
<! DOCTYPE html PUBLIC "-//W3C//DTD XHTML 1.0 Transitional//EN" "http://www.w3.org/TR/xhtml1/DTD/xhtml1-transitional.dtd">
<html xmlns="http://www.w3.org/1999/xhtml">
  <head>
    <meta http-equiv="Content-Type" content="text/html; charset=utf-8" />
  <title>标题标记和段落标记</title>
  </head>
  <body>
    <h1 align="center">1 号标题</h1>          <! —1 号标题居中显示-->
    <p>第一个段落</p>                          <! —p 为段落标记-->
    <h3>3 号标题</h3>                          <! —h3 为 3 号标题标记-->
    <p>第二个段落</p>
  </body>
</html>
```

效果如图 2-1 所示。

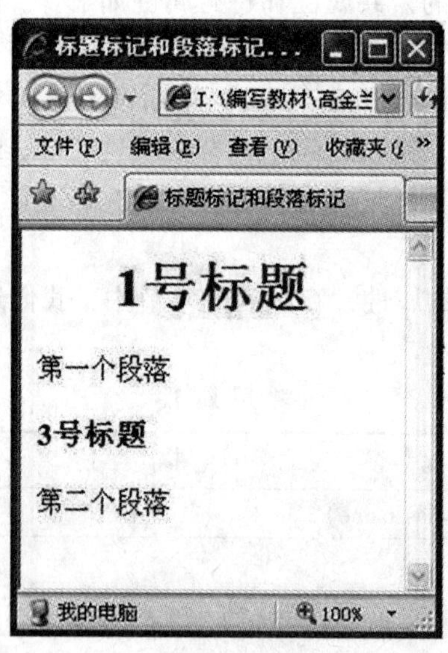

图 2-1 标题标记和段落标记

3. 元素的概念

将网页中标记和标记之间的内容组合在一起称为元素。可以分为“有内容的元素”和“空元素”两种。例如，“<p>这是一段文本</p>”就是一个有内容的元素，单标记本身就是一个空元素，如“
”、“<hr />”。

注意：标记相同而标记中的内容不同应视为不同的元素，同一网页中标记和标记的内容都相同的元素如果出现两次也应该视为两个不同的元素。

HTML 元素还可以按照另一种方式分为“行内元素(inline)”和“块级元素(block)”。行内元素是指元素与元素之间从左到右并排排列，只有当浏览器窗口容纳不下才会转到下一行。

块级元素是指每个元素单独占据浏览器一整行位置，块级元素与块级元素之间自动换行，从上向下排列。块级元素内部可以包含行内元素或块级元素，行内元素内部也可以包含行内元素，但不得包含块级元素。

如 h2、p、div 这些元素中的内容会单独占满一整行，而 a，img，span 这些元素在一行内是从左到右排列，它们占据的宽度是刚好能容纳元素中内容的最小宽度。

常用的行内元素有：a，img，font，b，i，u，span，input

常用的块级元素有：p，div，hn，pre，hr，ul，ol，li，form

例 2-5：行内元素和块级元素。效果如图 2-2 所示。

```
<! DOCTYPE html PUBLIC "-//W3C//DTD XHTML 1.0 Transitional//EN" "http://www.w3.org/TR/xhtml1/DTD/xhtml1-transitional.dtd">
<html xmlns="http://www.w3.org/1999/xhtml">
    <head>
    <meta http-equiv="Content-Type" content="text/html; charset=utf-8" />
    <title>行内元素和块级元素</title>
  </head>
  <body>
    <b>粗体文字</b>
    <p>图片的标题</p><p>图片的说明内容</p>
    <b>粗体文字</b><b>粗体文字</b>
  </body>
</html>
```

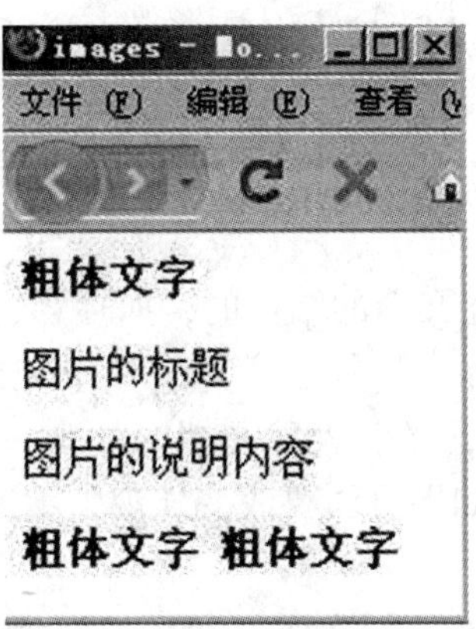

图 2-2 行内元素和块级元素

课 堂 练 习

1. 选择题

(1) HTML 的注释标记是(　　)。

A. /＊…＊/　　B. //　　C. ’　　D. <! --……-->

(2) Web 标准是由谁制定的(　　)。

A. Microsoft B. Netscape

C. The World Wide Web Consortium(W3C) D. OSI

(3)html 中的元素可分为块级(block)元素和行内(inline)元素，下列哪个元素是块级元素：(　　)。

A. <p> B. <b> C. <a> D. <span>

(4)HTML 指的是(　　)。

A. 超文本标记语言(Hyper Text Markup Language)

B. 家庭工具标记语言(Home Tool Markup Language)

C. 超链接和文本标记语言(Hyperlinks and Text Markup Language)

2. 问答题：请问下面 body 内元素的个数是多少？

```
<body>
  <a href="2. html"><img src="first. jpg" border="0" align="left" /></a>
  <p>图片的说明内容</p> <hr />
  <p>图片的说明内容</p>
</body>
```

3. 问答：讨论下列 HTML 标记的写法错在哪里？

(1)<img"first. jpg" />

(2)<b>Welcome! <b>

(3)<a href="index. html">index</a href="index. html">

(4)<p>new paragraph<\ p>

(5)<li>This is a item</li>

2.2　从 HTML 到 XHTML 的转变

2.2.1　HTML 存在的问题

HTML 语言最开始是用来描述文档的结构的，如标题、段落等，后来因为人们还想用它来控制文档的外观，所以又增加了一些控制字体、对齐等方面的标记和属性，这样做的结果就是 HTML 既能描述文档的结构，又能表现文档的外观，但表现文档外观的能力很弱，还造成了结构和表现混杂在一起，如果页面要改变外观，则还必须重新编写 HTML，代码重用性很低。

其次，HTML 语法要求比较松散，这样对网页编写者来说，比较方便，但对于机器来说，语言的语法越松散，处理起来就越困难，对于传统的电脑来说，还有能力兼容松散语法，但对于许多其他设备，如手机，难度就比较大。

基于以上原因，人们提出了 Web 标准，即内容和样式相分离，网页由内容、结构、样式和行为组成。用 HTML 的新版本 XHTML 描述文档的内容和结构，用 CSS(Cascading Style Sheets，层叠式样式表)控制文档的外观样式。

可扩展超文本标记语言(eXtensible Hyper Text Markup Language，XHTML)，是一种标记语言，表现方式与 HTML 类似，但语法上更加严格。在跟 CSS 结合后，XHTML 发挥了真正的威力，实现了内容跟样式的分离，又有机地组合了网页代码，使其可以适用于其他设

备上。

2.2.2 Web标准

Web标准，即网站标准。目前通常所说的Web标准一般指进行网站建设所采用的基于XHTML语言的网站设计语言。Web标准中典型的应用模式是DIV+CSS。实际上，Web标准并不是某一个标准，而是一系列标准的集合。

Web标准是指网页由内容、结构、表现、行为组成，为了理解Web标准，就需要明确下面几个概念：

1. 内容

内容就是页面实际要传达的信息，包括数据、文字、图片、动画、视频等。

注意这里强调的“真正”，是指纯粹的数据信息本身。例如，

忆江南(1) 唐．白居易 江南好，风景旧曾谙。(2)日出江花红胜火，春来江水绿如蓝，(3)能不忆江南。作者介绍772—846年，字乐天，太原(今属山西)人，唐德宗朝进士，元和三年(808年)拜左拾遗，后贬江州(今属江西)司马，移忠州(今属四川)刺史，又为苏州(今属江苏)，同州(今属陕西大荔)刺史，自号醉吟先生，香山居士。其诗政治倾向鲜明，重讽喻，尚坦易，为中庸大家。也是早期词人中的佼佼者，所作对后世影响甚大。

2. 结构

可以看到上面的文本信息本身很完整，但是混乱一团，难以阅读和理解，必须给它们格式化一下。把他们分为标题、作者、章、节、段落和列表等。例如，

忆江南(1)

唐．白居易

江南好，风景旧曾谙。(2)

日出江花红胜火，

春来江水绿如蓝，(3)

能不忆江南。

作者介绍772—846年，字乐天，太原(今属山西)人，唐德宗朝进士，元和三年(808年)拜左拾遗，后贬江州(今属江西)司马，移忠州(今属四川)刺史，又为苏州(今属江苏)，同州(今属陕西大荔)刺史，自号醉吟先生，香山居士。其诗政治倾向鲜明，重讽喻，尚坦易，为中庸大家。也是早期词人中的佼佼者，所作对后世影响甚大。

3. 表现

虽然定义了结构，但是内容还是原来的样式没有改变，如标题字体没有变大，正文颜色没有变化，没有背景，没有修饰。所有这些用来改变内容外观的东西，称为“表现”。下面对它增加这些修饰内容外观的东西，效果如图2-3所示。

4. 行为

就是对内容的交互及操作效果。例如，使用JavaScript可以响应鼠标的单击和移动，可以判断一些表单的提交，使操作能和网页进行交互。

在Web标准中，结构标准语言是指XML和XHTML，表现标准语言是指CSS，行为标准语言主要指JavaScript。

2.2.3 文档类型的含义和选择

由于网页源文件存在不同的规范和版本，为了使浏览器能够兼容多种规范，在XHTML

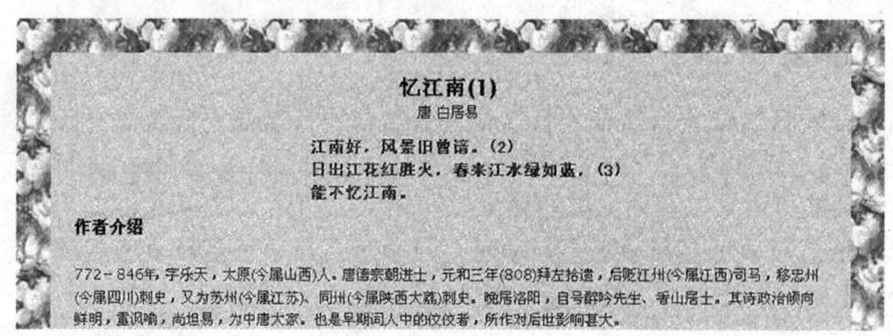

图 2-3　页面效果图

中，必须使用文档类型(DOCTYPE)指令来声明使用哪种规范解释该文档。

<! DOCTYPE html PUBLIC "-//W3C//DTD XHTML 1.0 Transitional//EN" "http://www.w3.org/TR/xhtml1/DTD/xhtml1-transitional.dtd">

这就是一个文档类型的声明，它告诉浏览器使用 XHTML1.0 过渡版规范来解释这个文档中的代码。其中 DTD 是文档类型定义(Document Type Definition)的缩写。

对于 XHTML1.0 文档的声明，有 Transitional，Strict 和 Frameset 三种子类型，Transitional 是过渡类型的 XHTML，表明兼容原来的 HTML 标记和属性；Strict 是严格型的应用方式，在这种形式下，不能使用 HTML 中任何样式表现的标记(如 font)和属性(如 bgcolor)；Frameset 是针对框架网页的应用方式，使用了框架的网页应使用这样类型。

注意：本书中所有案例采用的版本均是 XHTML1.0 过渡版(XHTML 1.0 Transitional)。

2.2.4　XHTML 和 HTML 的重要区别

尽管目前浏览器都兼容 HTML，但为了使网页能够符合标准，读者要尽量使用 XHTML 规范来编写代码，XHTML 的代码和 HTML 的代码有如下几个重要区别：

(1)所有 XHTML 文档必须在文档的第一行有一个文档类型的声明(DOCTYPE)。

(2)XHTML 文档可以定义命名空间。

在 XHTML 文档中，HTML 标记通常带有 xmlns 属性，例如，

<html xmlns="http://www.w3.org/1999/xhtml">。xmlns 属性称为 XML 命名空间，就是通过一个网址指向来识别页面上的标记。

(3)XHTML 文档里必须含有 html，head，body，title 这些基本元素。

(4)XHTML 元素必须被正确地嵌套。

错误：<p><span>this is example. </p></span>

正确：<p><span>this is example. </span></p>

(5)XHTML 元素必须被关闭。

错误：<p>this is example.

正确：<p>this is example. </p>

(6)标记名、属性名必须用小写字母。

错误：<P Align="center">this is example. <P>

正确：<p align="center">this is example. </p>

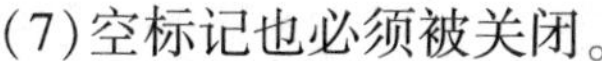

(7)空标记也必须被关闭。

错误：

正确：

(8)XHTML 中的属性值必须用双引号括起来。

错误：<img src=banner. jpg width=760 height=200 />

正确：<img src="banner. jpg" width="760" height="200" />

课 堂 练 习

1. 选择题：

(1)下列哪条 html 语句的写法符合 XHTML 规范(　　)。

A.

B. <img src="photo. jpg" />

C. <IMG src="photo. jpg" ></IMG>

D. <img src= photo. jpg />

(2)下列哪条不是 XHTML 规范的要求(　　)。

A. 标记名必须小写　　B. 属性名必须小写

C. 属性值可以大写　　D. 属性值不能省略

(3)下列哪种不是 XHTML 的 DTD(　　)。

A. Loose　　B. Transitional

C. Strict　　D. Frameset

(4)XHTML 指的是(　　)。

A. EXtra Hyperlinks and Text Markup Language

B. EXtensible HyperText Marking Language

C. EXtreme HyperText Markup Language

D. EXtensible HyperText Markup Language

(5)下列 XHTML 中的属性和值，哪个是正确的?

A. width=80　　B. WIDTH="80"

C. WIDTH=80　　D. width="80"

(6)请判断以下说法是否正确：XHTML 中所有的元素都需要关闭。

A. 正确　　B. 错误

(7)请判断以下说法是否正确：DOCTYPE 没有关闭标签。

A. 正确　　B. 错误

(8)在 XHTML 文档中哪些元素是强制性的?

A. doctype，html，head 以及 body

B. doctype，html 以及 body

C. doctype，html，head，body 以及 title

2. 操作题：用记事本编写一个显示“欢迎你!”的 HTML 源文件，将其保存为 index. html 并用浏览器打开预览。

3. 操作题：用 Dreamweaver 软件创建一个站点，在站点中新建一个网页文件，内容显示“班级姓名序号”，将其保存并预览。

2.3 理解 CSS

2.3.1 CSS 概述

CSS 是英语 Cascading Style Sheets(层叠样式表单)的缩写，它是一种用来表现 HTML 或 XML 等页面外观的计算机语言。

网页设计最初是用 HTML 标记来定义页面文档内容和样式，例如，标题<h1>、段落<p>、表格<table>、超链接<a>，文本修饰标记<font>、文本加粗<b>、文本倾斜<i>等。但这些标记不能满足更多的文档样式需求，为了解决这个问题，1997 年，W3C(The World Wide Web Consortium)颁布 HTML4.0 标准的同时也公布了有关样式表的第一个标准 CSS，在 CSS1.0 版本之后，1998 年 5 月发布了 CSS2.0 版本，样式表得到了更多的充实。

注意：本书中用到的 CSS 均是 CSS2.0 版本。

CSS 是网页排版与风格设计的重要工具，在所谓的新式网页中，CSS 毋庸置疑是相当重要的一环，CSS 是用来弥补 HTML 规格中的不足，也让网页设计更为灵活。采用 CSS 技术可以有效的对页面的布局、字体、颜色、背景和其他效果实现进行更加精确的控制，只要对相应的代码做一些简单的编辑，就可以改变同一页面中的不同部分或不同页面的外观和格式，用 CSS 不仅可以制作出令人赏心悦目的网页，而且还能给网页添加许多神奇的效果。

下面是一张没有添加 CSS 的网页，如图 2-4 所示。

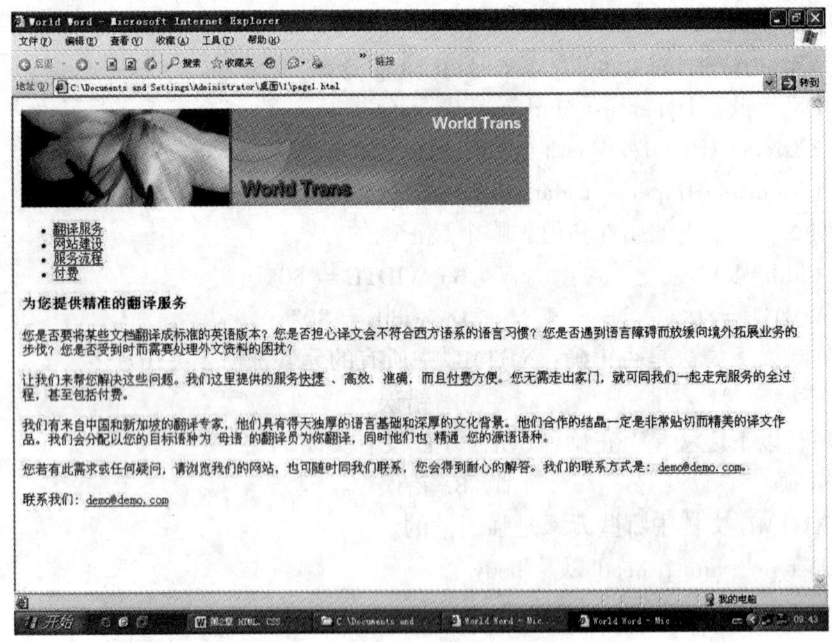

图 2-4 无 CSS 网页图

在对这张网页添加了 CSS 样式后，该网页变成了如图 2-5 所示的效果。

```
</html>
```

可以看出，HTML 代码分为三大部分：<html>、<head>、<body>。其中，<head>标记中内嵌的<title>标记，用于在浏览器的标题栏显示信息。

3.2 HTML 头部标记

3.2.1 <base>标记

<base>标记为页面上的所有链接规定默认地址或默认目标。

在通常情况下，浏览器会从当前文档的 URL 中提取相应的元素来填写相对 URL 中的空白。使用 <base> 标签可以改变这一点。浏览器随后将不再使用当前文档的 URL，而使用指定的基本 URL 来解析所有的相对 URL。这其中包括 <a>、<img>、<link>、<form> 标签中的 URL。请看下面的例子：

```
<html>
<head>
    <base href="http://www.w3school.com.cn/i/" />
    <base target="_blank" />
</head>
<body>
    <img src="eg_smile.gif" />
    <a href="http://www.w3school.com.cn">W3School</a>
</body>
</html>
```

请注意，由于我们在 head 部分用 base 元素的 href 属性规定了一个基准 URL，因此浏览器将在如下地址寻找图片：http://www.w3school.com.cn/i/eg_smile.gif，即我们已经为图像规定了一个相对地址。

同样的，因为 base 元素的 target 属性已经被设置为"_blank"了，对于超链接<a href="http://www.w3school.com.cn">W3School</a>，链接会在新窗口中打开，即使链接中没有 target="_blank"属性。

3.2.2 <meta>标记

1. <meta>标记的概念

<meta>标记可提供有关页面的元信息(meta-information)，比如针对搜索引擎和更新频度的描述和关键词。<meta> 标记的属性定义了与文档相关联的名称/值对。

HTML 与 XHTML 之间的差异：在 HTML 中，<meta> 标签没有结束标签；在 XHTML 中，<meta> 标签必须被正确地关闭。

说明：<meta> 标记永远位于<head>标记内部；元数据总是以名称/值的形式被成对传递的。

<meta>案例：网址自动跳转

```
<! DOCTYPE HTML>
```

```
<html>
<head>
    <meta http-equiv="Content-Type" content="text/html; charset=gb2312" />
    <meta http-equiv="Refresh" content="5; url=http://www.hao123.com" />
</head>
<body>
    <p>
    对不起。我们已经搬家了。您的 URL 是 <a href="http://www.baidu.com">http://www.baidu.com</a>
    </p>
    <p>您将在 5 秒内被重定向到新的地址。</p>
    <p>如果超过 5 秒后您仍然看到本消息，请点击上面的链接。</p>
</body>
</html>
```

从上面这个例子中，可以看到<meta>标记里 http-equiv 的属性值“Refresh”说明将要刷新网页；content 属性中记录了 5 秒后自动跳转的网址信息。

2. 常用属性

(1) Content 属性：content 属性提供了名称/值对中的值。该值可以是任何有效的字符串。content 属性始终要和 name 属性或 http-equiv 属性一起使用。

(2) Name 属性：name 属性提供了名称/值对中的名称。HTML 和 XHTML 标签都没有指定任何预先定义的 <meta> 名称。在通常情况下，可以自由使用对自己和源文档的读者来说富有意义的名称。“keywords”是一个经常被用到的名称。它为文档定义了一组关键字。某些搜索引擎在遇到这些关键字时，会用这些关键字对文档进行分类。如果没有提供 name 属性，那么名称/值对中的名称会采用 http-equiv 属性的值。

(3) http-equiv 属性：http-equiv 属性为名称/值对提供了名称。并指示服务器在发送实际的文档之前先在要传送给浏览器的 MIME 文档头部包含名称/值对。当服务器向浏览器发送文档时，会先发送许多名称/值对。虽然有些服务器会发送许多这种名称/值对，但是所有服务器都至少要发送一个：content-type：text/html。这将告诉浏览器准备接受一个 HTML 文档。使用带有 http-equiv 属性的 <meta> 标签时，服务器将把名称/值对添加到发送给浏览器的内容头部。例如，添加：

```
<meta http-equiv="charset" content="iso-8859-1">
<meta http-equiv="expires" content="31 Dec 2008">
```

这样发送到浏览器的头部就应该包含：

```
content-type: text/html
charset: iso-8859-1
expires: 31 Dec 2008
```

当然，只有浏览器可以接受这些附加的头部字段，并能以适当的方式使用它们时，这些字段才有意义。

3.2.3　<link>标记

1. <link>标记的概念

在网页制作过程中，常常需要在页面中加入很多独立的资源，这样做有两个好处：既可以让页面编辑时看起来简洁，又可以单独处理外部资源。<link> 标记就是用来定义文档与外部资源的关系的。

链接外部的样式表是<link> 标签最常见的用途。在用于样式表时，<link> 标签得到了几乎所有浏览器的支持。

<link>标记是空元素，它仅包含属性。此元素只能存在于 head 部分，不过它可出现任何次数。

语法格式：

```
<link rel="stylesheet" type="text/css" href="外部资源名" />
```

2. 实例演示

<link>标记在第 2 章 2.3.2 有介绍，在此再通过一个实例让大家更好的掌握<link>标记的用法，步骤如下：

(1)新建一个文本文件，输入以下内容，并另存为 a.css。

```
p{
   position: absolute;
   top: 350px;
   left: 360px;
   font-size: 70px;
}
```

(2)在 a.css 文件所在的目录下，新建一个文本文件，输入以下内容，并另存为 1.html。

```
<! DOCTYPE HTML>
<html>
<head>
    <title>CSS 的简单实例</title>
<link href="a.css" type="text/css" rel="stylesheet" />
</head>
<body>
    <p>链接外部样式表的简单例子</p>
</body>
</html>
```

双击 1.html，看看网页的效果。

课 堂 练 习

操作题：在上面实例的基础上，修改段落 p 的属性，设置字体颜色为红色。

3.2.4 <style>标记

1. <style>标记的概念

标记<style> 用于为 HTML 文档定义样式信息。在 style 中，可以规定在浏览器中如何呈现 HTML 文档。type 属性是必需的，定义 style 元素的内容。唯一可能的值是"text/css"。

标记<style>位于 head 部分中。所有主流浏览器都支持标记<style>。

说明：如需链接外部样式表，请使用标记<link>。

语法格式：

```
<style type="text/css">
    <! —
        css 样式信息
    -->
</style>
```

2. 实例演示

下面，通过实例来理解<style>标记的用法，新建一个文本文件，输入以下内容，并另存为 1. html。

```
<! DOCTYPE HTML>
<html>
<head>
    <style type="text/css">
        h1 {color: red}
        p {color: blue}
    </style>
</head>

<body>
    <h1>Header 1</h1>
    <p>A paragraph. </p>
</body>
</html>
```

双击 1. html，看看网页的效果。

若需链接外部样式表，则应该怎么做呢？结合上面 3. 2. 3 节所介绍的知识，完成以下实例：

(1)新建一个文本文件，输入以下内容，并另存为 a. css。

```
h1 {color: red}
p {color: blue}
```

(2)在 a. css 文件所在的目录下，新建一个文本文件，输入以下内容，并另存为 1. html。

```
<! DOCTYPE HTML>
<html>
<head>
```

```
    <link href="a. css" type="text/css" rel="stylesheet" />
</head>

<body>
    <h1>Header 1</h1>
    <p>A paragraph. </p>
</body>
</html>
```

双击 1. html，看看网页的效果。

3.2.5 <script>标记

1. <script>标记的概念

标记<script>用于定义客户端脚本，如 JavaScript。标记<script>既可以包含脚本语句，也可以通过 src 属性指向外部脚本文件。其中，type 属性规定脚本的 MIME 类型。

语法格式：

```
<script type="text/javascript">
    <! —
        javascript 语句
    -->
</script>
```

或者：

```
<script type="text/javascript" src="文件名 .js">
</script>
```

第二种格式从外部引入独立的 javascript 文件，实现了脚本与网页的独立。在大型网站开发中常采用这种格式。

2. 实例演示

新建一个文本文件，输入以下内容，并另存为 1. html。

```
<! DOCTYPE HTML>
<html>
<head>
    <script type="text/javascript">
        document. write("Hello World!")
    </script>
</head>

<body>
</body>
</html>
```

双击 1. html，看看网页的效果。

若需链接外部 js 脚本表，则应该怎么做呢？结合上面所介绍的知识，完成以下实例：

(1)新建一个文本文件，输入以下内容，并另存为 a. js。

```
function test(){
    alert("Hello World!");
}
```

(2)在 a. js 文件所在的目录下，新建一个文本文件，输入以下内容，并另存为 1. html。

```
<! DOCTYPE HTML>
<html>
<head>
    <script type="text/javascript" src="a.js">
    </script>
</head>

<body>
    <input id="btn1" type="button" value= "点击" onclick= "test();" />
</body>
</html>
```

双击 1. html，看看网页的效果。

3.3 综合案例

参照效果图 3-1、图 3-2，完成网页制作。

练习步骤：

(1)新建一个网页 1. html，并输入以下内容：

```
<! DOCTYPE html PUBLIC "-//W3C//DTD XHTML 1.0 Transitional//EN" "http://
www.w3.org/TR/xhtml1/DTD/xhtml1-transitional.dtd">
<html xmlns="http://www.w3.org/1999/xhtml">
<head>
<meta http-equiv="Content-Type" content="text/html; charset=utf-8" />
<title>无标题文档</title>
</head>

<body>
<a href="2.html"> <img src="first.jpg" width="57" height="36" border="0" align="
left"/> </a>
<p>图片的说明内容</p> <hr />
<p>图片的说明内容</p>

</body>
</html>
```

(2)在 1. html 文件所在目录下，新建一个网页 2. html，并输入以下内容：

```
<! DOCTYPE html PUBLIC "-//W3C//DTD XHTML 1.0 Transitional//EN" "http://www.w3.org/TR/xhtml1/DTD/xhtml1-transitional.dtd">
<html xmlns="http://www.w3.org/1999/xhtml">
<head>
<meta http-equiv="Content-Type" content="text/html; charset=utf-8" />
<title>无标题文档</title>
</head>

<body>


<p>欢迎你！</p>

</body>
</html>
```

演示效果：

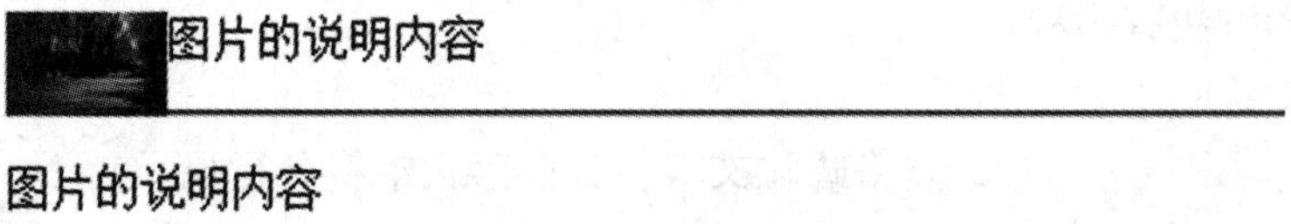

图片的说明内容

图片的说明内容

图 3-1　页面效果

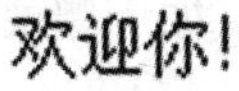

欢迎你!

图 3-2　页面效果

3.4　实训与习题

实训题：请制作一个网页，一个外部样式文件，通过网页中的<link>标记将外部样式文件链接进来。

本 章 小 结

本章主要介绍了 HTML 文档的基本结构、HTML 文件的头部标记，包括 <title>、<base>、<meta>、<link>、<style>、<script>等。要求读者掌握各基本标记的含义和使用方法。

第 4 章 使用文本和图像

学习目标：

- 掌握在网页中如何添加文本
- 掌握利用 CSS 对文本进行排版
- 掌握在网页中添加图像的方法
- 掌握利用 CSS 设置背景图像

4.1 在网页中添加文本

4.1.1 HTML 格式化文字

有时候，在 html 中需要显示大段的文字，而且还需要考虑段落排版和格式问题，在网页中添加文本的方法有多种：

(1)直接写文本；

(2)用段落标记<p>……</p>格式化文本，各段落文本将分行显示；

(3)用预格式化标记<pre>……</pre>格式化文本，标记内的文本将按原来的格式显示，保留文本中的所有空格、换行和定位符；

(4)用标题标记<hn>……</hn>格式化文本，作用：定义第 n 号标题字体，n=1~6，n 值越大，字越小；文本将变为粗体显示，可看成特殊的段落标记。

下面我们分别予以介绍，首先了解如何借助<p>标签来添加大量文本。其使用方法非常简单，代码如下：

```
<html>
<head>
    <title>网页标题</title>
</head>
<body>
        <p>
            <! —
                大段文字
            -->
        </p>
</body>
</html>
```

在使用<p>标签格式化文本时，有几个问题需要注意：

(8)当你写下 HTML 文本的时候，你不能确知在另一个浏览器中，这些文本将被如何显示。有人用着大的显示器，有的人用的小一些。每次用户调整窗口大小的时候，文本都将被重新格式化。不要想在编辑器中写一些空行和空格来协助排版。

(9)HTML 将截掉你文本中的多余空格，不管多少个空格，处理起来只当一个。在 HTML 里面，一个空行也只被当做一个空格来处理。

(10)使用空段落<p>来插入空白行是一个坏习惯，请使用
标签来替代。

(11)你也许注意到了段落可以不写结束标记</p>。别依赖它，HTML 的下一个版本将不准你漏掉任何一个结束标签。

例 4-1：

```
<html>
<head>
    <title>文本案例</title>
</head>
<body>
<h1 align="center">人生的旅程</h1>
<p>人生是一次漫长的、艰辛的跋涉。不同的人生态度，不同的生活磨砺，人与人会收获不同的人生之果。</p>
<p>人生是一次孤独而又枯燥的旅行。沿途的无限风光，碧海蓝天，鲜花佳人，或许都会让我们逐步停留。最终或手捧玫瑰，或此行空空，重要的是不要给这一次长途之旅留下遗憾与幽怨。</p>
</body>
</html>
```

运行结果如图 4-1 所示。

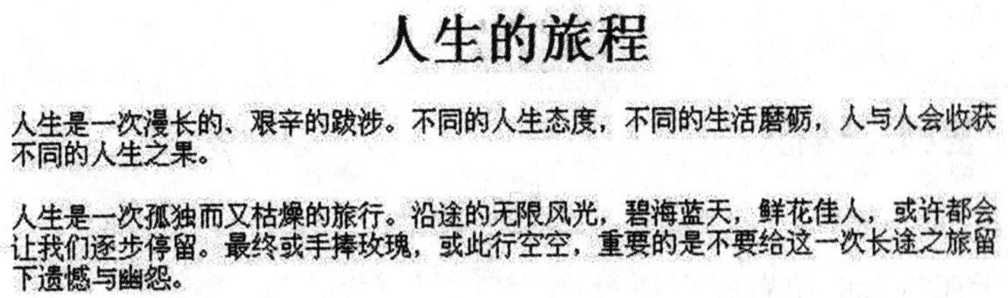

人生的旅程

人生是一次漫长的、艰辛的跋涉。不同的人生态度，不同的生活磨砺，人与人会收获不同的人生之果。

人生是一次孤独而又枯燥的旅行。沿途的无限风光，碧海蓝天，鲜花佳人，或许都会让我们逐步停留。最终或手捧玫瑰，或此行空空，重要的是不要给这一次长途之旅留下遗憾与幽怨。

图 4-1　页面效果

4.1.2　pre 标签来控制换行和空格

标签 pre 称为预格式化标签，在该标签内写入文本的排版格式会原封不动的显示出来。也就是所见即所得。

例 4-2：

```
<html>
<head>
    <title>网页标题</title>
```

```
</head>
<body>
    <pre>
        从明天起，做一个幸福的人

        喂马，劈柴，周游世界

        从明天起，关心粮食和蔬菜

        我有一所房子，面向大海，春暖花开

        ……
  </pre>
</body></html>
```

运行结果如图 4-2 所示。

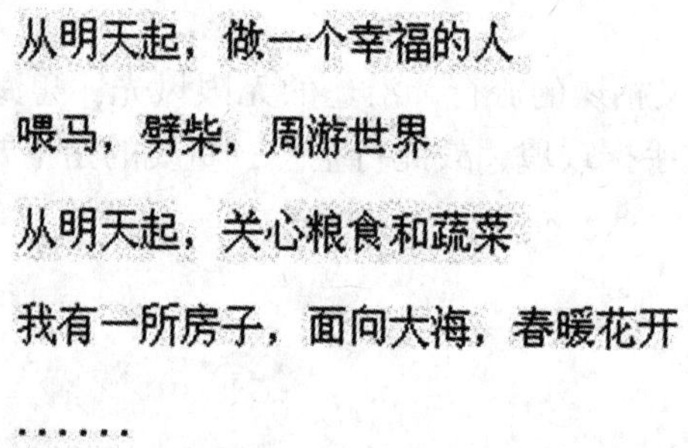

从明天起，做一个幸福的人

喂马，劈柴，周游世界

从明天起，关心粮食和蔬菜

我有一所房子，面向大海，春暖花开

……

图 4-2　页面效果

4.1.3　
标签和空格标签

**1. 标签
**

标签
用于在指定的位置强行换行。

例 4-3：

```
<html>
<head>
    <title>网页标题</title>
</head>
<body>
    电子商务顾名思义就是在 Internet 上做生意，<br/>商品展示，广告宣传、发布
供求信息等活动实现的途径就是网页。
</body>
</html>
```

2. 空格标签

在HTML源代码中，有些字符有特别的含义，比如，小于号“<”就表示HTML标记的开始，html源代码中的“<”是不会在浏览器中显示的，如果要浏览器显示这些字符，就需要输出它们对应的转义字符。其中转义字符： ；表示空格。在网页中输入转义字符 ，浏览器会自动将其转换为空格，通常我们都采用转义字符方式表示空格，而不是键盘的空格键。

课 堂 练 习

操作题：在例4-3中输入一段文字，并在其中按空格键实现空格；对比输入多个 ；实现空格的效果。

4.2 CSS文本内容排版

前面介绍了如何在网页中插入文本，下面来介绍对文本内容进行排版。文本排版是网页设计时必不可少的内容。一个成功的文本排版，不仅可以使页面整齐美观，而且更能方便用户管理和更新，同时，文本的不合理排版方式也会给页面带来不必要的麻烦，在视觉上还会给读者带来疲劳的感觉，其基本的原因在于，字间距太挤或太宽，行间距太小或太大，段间距太少或太多，每行文字太多或太少等基本元素。要想制作出好的页面，在文本排版方面大家就应该合理的避免上面的问题。

4.2.1 文本排版原则

网页中很大一部分是文本，它是网站内部的主要内容。为了做好文本排版，要注意以下原则：标题宜突显于背景之上，宜居于版面中间位置，并以长方形方式呈现；段落中字间距和行间距设定合理，每行文字字数对称，文本颜色尽量控制在三种以下。

4.2.2 文本控制属性

在网页中利用CSS样式几乎可以控制文本的所有属性，如表4-1、表4-2所示。

表4-1 **CSS字体属性**

属性	描　　述
font	简写属性，作用是把所有针对字体的属性设置在一个声明中
font-family	设置字体
font-size	设置字体大小
font-style	设置文本的倾斜效果
font-variant	以小型大写字体或者正常字体显示文本
font-weight	设置字体的粗细

表 4-2　　　　CSS 文本属性

属性	描　述
color	设置文本颜色
direction	设置文本方向
linc-height	设置行高
letter-spacing	设置字符间距
text-align	文本的对齐方式：左对齐，居中，右对齐
text-decoration	向文本添加修饰：下画线、上画线、贯穿线，无修饰等
text-indent	首行缩进
word-spacing	设置字间距

4.2.3　实例演示

制作如图 4-3 所示的网页，要求标题为黑体，居中显示；正文为宋体，首行缩进 2 个字符。设置适当的字号，行高。

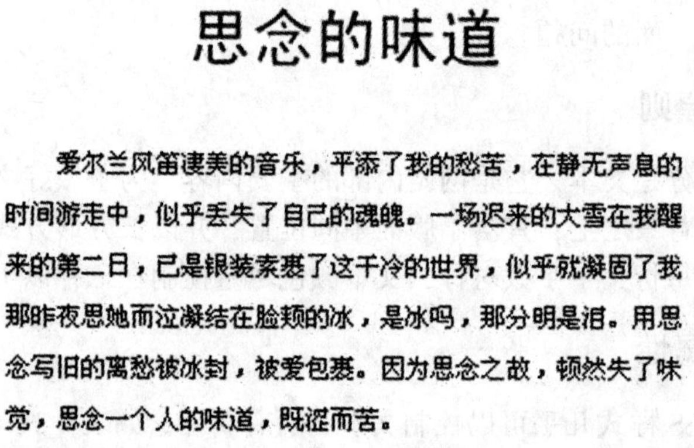

思念的味道

爱尔兰风笛凄美的音乐，平添了我的愁苦，在静无声息的时间游走中，似乎丢失了自己的魂魄。一场迟来的大雪在我醒来的第二日，已是银装素裹了这干冷的世界，似乎就凝固了我那昨夜思她而泣凝结在脸颊的冰，是冰吗，那分明是泪。用思念写旧的离愁被冰封，被爱包裹。因为思念之故，顿然失了味觉，思念一个人的味道，既涩而苦。

图 4-3　页面效果

代码如例 4-4：

```
<style type="text/css">
    body {            /*设置网页的字体、字号、文字颜色、行高。*/
        font-family:"宋体";
        font-size: 12px;
        color: #333333;
        line-height: 24px;
    }
    #box {            /*设置 box 的宽度、高度、margin 值使之居中显示。*/
        width: 327px;
        height: 300px;
```

```
    margin: 0 auto;
}
.font01 {          /*设置字号、行高、文本居中显示、字体。*/
    font-size: 30px;
    line-height: 36px;
    text-align: center;
    font-family:"黑体";
}
.font02{           /*设置文本首行缩进2字符。*/
    text-indent: 2em;
} </style>
<body>
<div id="box">
    <p class="font01">思念的味道</p>
    <p class="font02">爱尔兰风笛凄美的音乐，平添了我的愁苦，在静无声息的时间游走中，似乎丢失了自己的魂魄。一场迟来的大雪在我醒来的第二日，已是银装素裹了这干冷的世界，似乎就凝固了我那昨夜思她而泣凝结在脸颊的冰，是冰吗，那分明是泪。用思念写旧的离愁被冰封，被爱包裹。因为思念之故，顿然失了味觉，思念一个人的味道，既涩而苦。</p>
</div></body>
```

4.3 在网页中添加图像

在网页中显示图像有两种方法：一是插入一个<img>标签；二是将图像作为背景嵌入到网页中。<img>标签使用起来灵活、简单；而CSS背景属性的功能很强大，现在更推荐将所有的图像都作为背景嵌入。下面先介绍<img>标签的用法及如何对图像进行设置。

4.3.1 <img>标签

网页制作过程中，除了要添加文本内容外，通常还会插入大量图片，增加网页的美感，实现图文并茂，在网页中显示图像非常简单，只需要正确使用<img>标签即可。

请注意，<img> 标签并不会在网页中复制图像，而是从网页上链接图像，浏览器会根据要显示的图像信息找到该图像并显示出来。<img> 标签创建的是被引用图像的占位空间。

<img>标签是一个行内元素，插入<img>元素不会导致任何换行。如表4-3所示，是<img>标签的常用属性。

表4-3　　**<img>标签的常用属性**

属性	描　　述
src	图片文件的url地址
alt	当图片无法显示时的替换文字

续表

属性	描　述
title	鼠标停留在图片上时呈现的说明文字
align	对齐方式，不推荐使用
width、height	图片在网页中的宽度和高度
hspace	定义图像左侧和右侧的空白，不推荐使用
vspace	定义图像顶部和底部的空白，不推荐使用

想要在页面上显示一个图像，需要使用 src 属性。“src”表示“源”的意思。“src”属性的值是所要显示图像的 URL。

“alt”属性在浏览器装载图像失败的时候告诉用户所丢失的信息，此时，浏览器显示这个“交换文本”来代替图像。给页面上的图像都加上 alt 属性是一个好习惯，它有助于更好地显示信息，而且，对纯文本浏览器很有用。

例 4-5：如果要显示的图像就在本地电脑上，则可以用以下格式来显示：

```
<html>
<head>
    <title>网页标题</title>
</head>
<body>
<img src="./images/401.jpg"  width="334"  height="308"  alt="春天来了" />
</body>
</html>
```

属性 src 指定了图像的存放路径和图像文件名，其中"./"表示当前目录，即当前网页所在的目录。src="./images/401.jpg "表示图像的路径是当前目录下子目录 images，图像文件名是 401.jpg。

网页也可以直接通过网址访问其他网站的图片资源并显示在当前网页中，这样可以节省文件空间，但缺点是一旦其他网站不可访问或图片资源删除，则无法显示。访问非本地图像的格式如下：

```
<img src="http://www.w3schools.com/images/ie.gif" width="73" height="68">
```

4.3.2　设置页面中的图像

1. 图像缩放

在 CSS 中控制图像缩放的方式是通过 width 和 height 两个属性来实现的，可以通过为这两个属性设置相对数值或绝对数值达到图片缩放的效果。

```
.img{
    width: 320px;          /*设置图像宽度*/
    height: 260px;         /*设置图像高度*/
}
```

使用绝对值对图像进行缩放后，图像的大小是固定的，不能随着浏览器界面的变化而变

化。使用相对数值就可以解决这个问题。下面的 CSS 样式代码就是通过相对数值控制图像缩放的方法。

```
.img{
    width: 100%;            /*设置图像宽度*/
    height: 100%;;          /*设置图像高度*/
}
```

注意：百分比是基于包含该图像的父元素的百分比，这里的父元素是整个页面，所以图片会放大到页面的 100%。如果将图像元素放在其他元素中，则是以其他元素为基准。

2. 图像对齐方式

当图像与文字同时出现在页面上时，图像的对齐方式就变得十分重要，将图像对齐到理想的位置，使得整个页面看起来更加协调统一。图像的对齐方式分为水平对齐和垂直对齐两种。

(1)水平对齐。

图像的水平对齐与文字的水平对齐都是通过对 CSS 中的 text-align 属性进行设置，可以实现图片左、中、右三种对齐效果，不过与文字的水平对齐方式不同，图片的对齐需要通过为其父元素设置定义的 text-align 样式来达到效果。

例 4-6：如图 4-4 所示，页面中图像的三种水平对齐方式。

```
<style type="text/css">
  body{margin: 0px; padding: 0px;}
  #box1{text-align: left;  }
  #box2{text-align: center; }
  #box3{text-align: right; }
</style>
<body>
  <div id="box1"><img src="images/1.jpg" width="130" height="76" /></div>
  <div id="box2"><img src="images/1.jpg" width="130" height="76" /></div>
  <div id="box3"><img src="images/1.jpg" width="130" height="76" /></div>
</body>
```

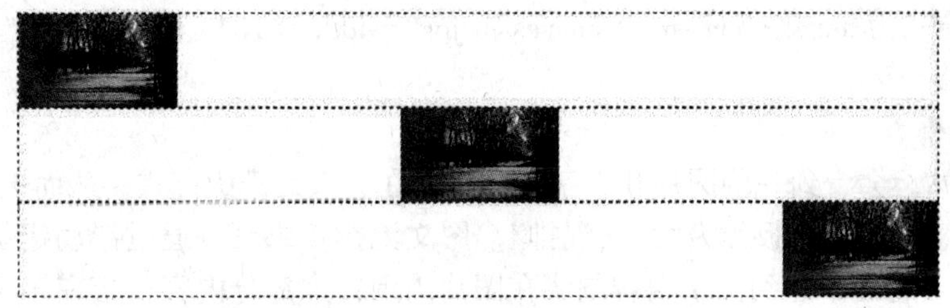

图 4-4 页面中图像的水平对齐方式

(2)垂直对齐。

图片垂直方向上的对齐方式主要体现在与文字搭配的情况下，尤其当图片的高度与文字高度不一致时，在 CSS 中使用 vertical-align 属性来实现各种效果。

vertical-align 的数值种类很多，有些属性在不同的浏览器上显示的效果不尽相同，请读者在不同浏览器上使用时注意。

例 4-7：图像垂直对齐效果，如图 4-5 所示。

```
<style type="text/css">
.pic1{ vertical-align: baseline;}
.pic2{ vertical-align: bottom;}
.pic3{ vertical-align: middle;}
.pic4{ vertical-align: sub;}
.pic5{ vertical-align: super;}
.pic6{ vertical-align: text-bottom;}
.pic7{ vertical-align: text-top;}
.pic8{ vertical-align: top;}
</style>
```

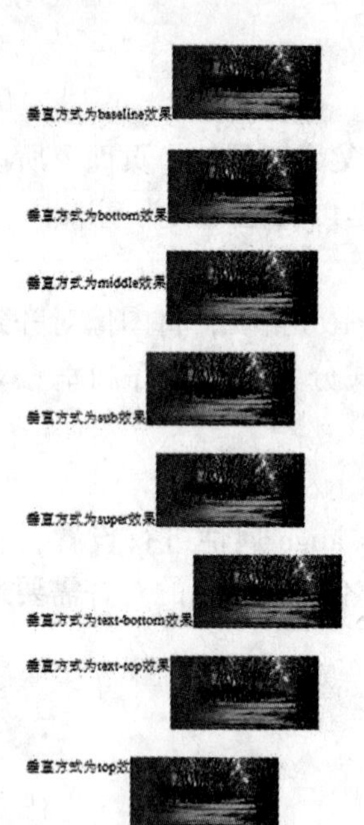

图 4-5　图像垂直对齐效果

```
<body>
<p>垂直方式为 baseline 效果<img src="images/1.jpg" width="104" height="50" class="pic1" /></p>
<p>垂直方式为 bottom 效果<img src="images/1.jpg" width="104" height="50" class="pic2" /></p>
<p>垂直方式为 middle 效果<img src="images/1.jpg" width="104" height="50" class="pic3" /></p>
<p>垂直方式为 sub 效果<img src="images/1.jpg" width="104" height="50" class="pic4" /></p>
<p>垂直方式为 super 效果<img src="images/1.jpg" width="104" height="50" class="pic5" /></p>
<p>垂直方式为 text-bottom 效果<img src="images/1.jpg" width="104" height="50" class="pic6" /></p>
<p>垂直方式为 text-top 效果<img src="images/1.jpg" width="104" height="50" class="pic7" /></p>
<p>垂直方式为 top 效<img src="images/1.jpg" width="104" height="50" class="pic8" /></p></body>
```

3. 图文混排

在很多网站上会看到一些图片和文字混合排列在一起的排版方式，从而更好的表达了该网站的主题信息，这种排版称为“图文混排”。图文混排效果可以通过浮动定位的方式实现，即通过设定 float 属性来达到文字内容围绕在图片周围，这部分内容将会在第 12 章介绍浮动时详细讲解。除了浮动，也可以利用<img>标记自身的 align 属性、hspace 属性、vspace 属性结合在一起实现。

例 4-8：图像与文本常规排列，如图 4-6 所示。

代码如下：

```
<p><img src="images/1.jpg" />一切都像刚睡醒的样子，欣欣然张开了眼。山朗润起来
```

一切都像刚睡醒的样子，欣欣然张开了眼。山朗润起来了，水长起来了，太阳的脸红起来了。小草偷偷地从土里钻出来，嫩嫩的，绿绿的。园子里，田野里，瞧去，一大片一大片满是的。坐着，躺着，打两个滚，踢几脚球，赛几趟跑，捉几回迷藏。风轻悄悄的，草绵软软的。桃树、杏树、梨树，你不让我，我不让你，都开满了花赶趟儿。红的像火，粉的像霞，白的像雪。花里带着甜味，闭了眼，树上仿佛已经满是桃儿、杏儿、梨儿！花下成千成百的蜜蜂嗡嗡地闹着，大小的蝴蝶飞来飞去。野花遍地是：杂样儿，有名字的，没名字的，散在草丛里，像眼睛，像星星，还眨呀眨的。

图 4-6　图像与文本常规排列

了，水长起来了，太阳的脸红起来了。小草偷偷地从土里钻出来，嫩嫩的，绿绿的。园子里，田野里，瞧去，一大片一大片满是的。坐着，躺着，打两个滚，踢几脚球，赛几趟跑，捉几回迷藏。风轻悄悄的，草绵软软的。桃树、杏树、梨树，你不让我，我不让你，都开满了花赶趟儿。红的像火，粉的像霞，白的像雪。花里带着甜味，闭了眼，树上仿佛已经满是桃儿、杏儿、梨儿！花下成千成百的蜜蜂嗡嗡地闹着，大小的蝴蝶飞来飞去。野花遍地是：杂样儿，有名字的，没名字的，散在草丛里，像眼睛，像星星，还眨呀眨的。</p>

例 4-9：多行文本与图像左对齐，如图 4-7 所示。

一切都像刚睡醒的样子，欣欣然张开了眼。山朗润起来了，水长起来了，太阳的脸红起来了。小草偷偷地从土里钻出来，嫩嫩的，绿绿的。园子里，田野里，瞧去，一大片一大片满是的。坐着，躺着，打两个滚，踢几脚球，赛几趟跑，捉几回迷藏。风轻悄悄的，草绵软软的。桃树、杏树、梨树，你不让我，我不让你，都开满了花赶趟儿。红的像火，粉的像霞，白的像雪。花里带着甜味，闭了眼，树上仿佛已经满是桃儿、杏儿、梨儿！花下成千成百的蜜蜂嗡嗡地闹着，大小的蝴蝶飞来飞去。野花遍地是：杂样儿，有名字的，没名字的，散在草丛里，像眼睛，像星星，还眨呀眨的。

图 4-7　多行文本与图像左对齐

代码如下：

```
<img src="images/1.jpg" align="left" hspace="10px"/>一切都像刚睡醒的。。。
```

例 4-10：多行文本与图像右对齐，如图 4-8 所示。

代码如下：

```
<img src="images/1.jpg" align="right" hspace="10px"/>一切都像刚睡醒。。。
```

图 4-8　多行文本与图像右对齐

4.4　设置页面背景图像

在网页设计中，背景控制是很常见的一种技术，如果网页有很好的背景颜色搭配，则可以为整体页面带来丰富的视觉效果，会深深吸引浏览者的眼球，给浏览者非常好的第一印象。除了使用纯颜色制作背景以外，还可以使用图像作为整个页面或者页面上的任何元素的背景。

本节主要向读者介绍如何使用 CSS 样式表对网页的背景颜色和背景图像进行控制。

4.4.1　背景控制属性

CSS 样式提供了六种标准背景属性及多个可选参数，如表 4-4 所示，对于背景的控制已经非常全面。

表 4-4　**CSS 背景属性**

属　性	描　述	参数与注释
background	设置背景的所有控制选项	background(背景颜色) background-image(背景图像) background-repeat(背景图像平铺方式) background-attachment(背景图像滚动) background-position(背景图像定位)
background-color	设置背景颜色	color-RGB(RGB 颜色格式) color-HEX(HEX 颜色格式) color-name(颜色的英文名称) color-transparent(颜色的不透明度)
background-image	设置背景图像	URL(背景图像地址) none(无)

续表

属　性	描　述	参数与注释
background-repeat	设置背景图像的平铺方式	inherit(继承) repeat(平铺) no-repeat(不重复) repeat-x(横向平铺) repeat-y(纵向平铺) round(两端对齐平铺，多出空间通过自身拉伸填充) space(两端对齐平铺，多出来的空间使用空白代替)
background-attachment	设置背景图像的滚动方式，可以为固定或随内容滚动	scroll(背景图像滚动) fixed(背景图像固定) inherit(继承)
background-position	设置背景图像的位置	水平位置：left、center、right 垂直位置：top、center、bottom x-% y-%(图像靠左上方百分比距离) x-pos y-pos(图像靠左上方绝对距离) inherit(继承)

4.4.2　实例演示

1. 控制页面背景颜色

例 4-11：如图 4-9 所示，在网页中插入了一张图片，现对页面添加背景颜色使之效果如图 4-10 所示。部分代码如下：

图 4-9　页面效果(无背景颜色)

图 4-10　页面效果(有背景颜色)

```
<style type="text/css">
body {
      background-color: #5b8a00;
     }
</style>
```

```
<body>
  <img src="images/1. jpg" />
</body>
```

背景颜色属性 background-color 可以用多种方法定义：颜色名称、RGB 代码、三元数字或者三元百分比，如下是一些背景颜色声明的代码。

```
h1{ background-color: white;}                          /*颜色名称*/
h2{ background-color: #FFFFFF;}                        /*16 进制颜色值*/
h3{ background-color: #FFF;}                           /*16 进制颜色值缩写*/
h4{ background-color: rgb(255, 255, 255);}             /*RGB 颜色值三元数字*/
h5{ background-color: rgb(100%, 100%, 100%);}          /*RGB 颜色值三元百分比*/
```

2. 控制背景图像

在设计网站页面时，除了可以使用纯颜色作为背景，还可以使用图片作为页面的背景，通过 CSS 可以对页面中的背景图片进行精确的控制，包括位置、平铺方式、对齐方式等。

（1）例 4-12：在网页中插入背景图片，如图 4-11 所示。

图 4-11　页面效果

部分代码如下：

```
body {
    margin: 0px;
    background-image: url(images/2. jpg);
    background-repeat: no-repeat;
 }
```

注：当图片作为背景图片插入时，如果图片的宽高刚好等于容器的宽高，则背景图片会完整的呈现；如果图片的宽高小于容器的宽高，则在默认情况下，图片会以平铺的方式重复

显示，铺满整个容器；如果图片的宽高大于容器的宽高，则图片只会呈现部分。

(2)设置背景图像的平铺方式，可以通过 background-repeat 代码进行控制。如在例 4-12 中，设置 background-repeat：no-repeat；让背景图片没有平铺。

如果要背景图片横向平铺，则可以设置 background-repeat：repeat-x；，如图 4-12 所示。

图 4-12　背景图片横向平铺

(3)对背景图片进行精确定位。通过 background-position 属性，可以更改初始背景图片的位置，从而实现精确定位。background-position 的值由两个大小值或者百分比组成：第一个值表示水平位置，第二个值表示垂直位置。如果只有一个值，则是水平位置。除了大小和百分比，还可以使用单词值，水平位置有：left、center、right，垂直位置有：top、center、bottom。

例 4-13：如图 4-13 所示，将背景图片定位在网页的水平居中，垂直顶部。

CSS 代码如下：

```
body {
    background-image: url(images/2.jpg);
    background-repeat: no-repeat;
    background-position: center top;
}
```

如图 4-14 所示，将背景图片定位在网页的水平向右偏移 350px，垂直向下偏移 200px。

CSS 代码改为：

```
    background-position: 350px 200px;
```

(4)在浏览器中预览网页时，当拖动滚动条时，页面背景会跟着滚动条一起滚动。在 CSS 样式表中，针对背景元素的控制，提供了 background-attachment 属性，该属性使背景不受滚动条的影响，始终保持在固定位置。

图 4-13 定位在水平中间

图 4-14 定位在 350px 200px

如图 4-15 所示，当滚动条下拉时，背景图片固定在右上角。

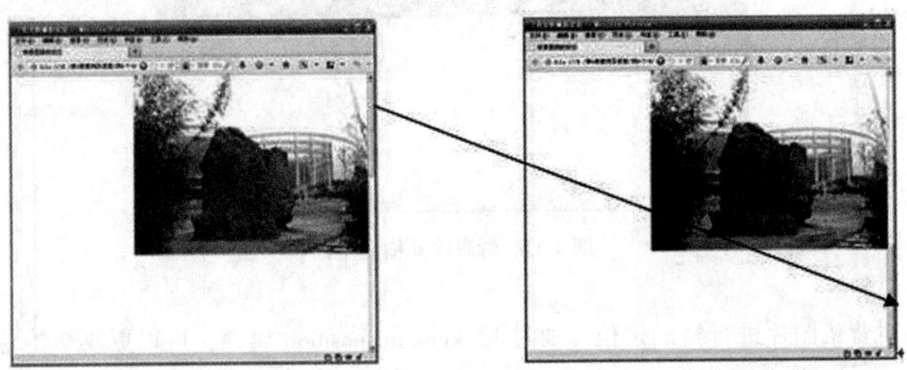

图 4-15 背景图片被固定

例 4-14：

```
body {
    height: 1500px;
    margin: 0px;
    background-image: url(images/2.jpg);
    background-repeat: no-repeat;
    background-position: top right;
    background-attachment: fixed;
}
```

Fixed 值表示背景为固定位置，背景将不会跟着滚动条的下拉而进行滚动，而是始终保持在固定的位置。

background-attachment 属性的值可以是 scroll、fixed，默认值为 scroll（当滚动页面时，背景图片会随着对象一起滚动）。

4.5　综合案例

制作如图 4-16 所示的网页，要求如下：

(1)标题，1 号标题，居中显示，字号：16px，字间距：0. 3em。

(2)段落：字号：12px，行高：160%，首行缩进 2 个字符。

(3)副标题：颜色为灰色，右对齐。

失败的权利

2006年5月11日美国《侨报》

自从儿子进了足球队，我们便随着他转战各地打比赛。这之中有捧回冠军杯的辉煌，也有败走麦城的沮丧，其中滋味，不亲身经历是无法体会的。

他们队有个传统，就是比赛结束的时候，家长们站成一排，伸手跟跑过来的小队员击掌庆贺。我一直很欣赏这个传统，这是一个技术成熟的足球队，在和许多足球队交锋的时候几乎是战无不胜的。

在我看来，就这个动作的含义而言，孩子们是当之无愧的。

接受孩子的失败，就是给他成功的机会。

图 4-16　页面效果

部分源代码如下：

```
<style type="text/css">
h1{ font-size: 16px;
    text-align: center;
    letter-spacing: 0.3em;}
p { font-size: 12px;
    line-height: 160%;
    text-indent: 2em;}
.source
    { color: #999999;
      text-align: right;}
</style>
<body>
<h1>失败的权利</h1>
<p class="source">2006 年 5 月 11 日美国《侨报》</p>
<p>自从儿子进了足球队，我们便随着他转战各地打比赛。这之中有捧回冠军杯的辉煌，也有败走麦城的沮丧，其中滋味，不亲身经历是无法体会的。</p>
<p>他们队有个传统，就是比赛结束的时候，家长们站成一排，伸手跟跑过来的小队员击掌庆贺。我一直很欣赏这个传统，这是一个技术成熟的足球队，在和许多足球队交锋的时
```

```
候几乎是战无不胜的。</p>
    <p>在我看来，就这个动作的含义而言，孩子们是当之无愧的。</p>
    <p>接受孩子的失败，就是给他成功的机会。</p>
    </body>
```

4.6 实训与习题

制作如图 4-17 所示的网页，要求如下：

(1)大容器添加背景颜色：#E9FAFD。

(2)添加“玩家天地”背景图片。

(3)左边添加图像 6202. gif，给该图片设置边框，边框颜色为#ACDBE4，图像左对齐，图像左右两侧留 10px 的空白。

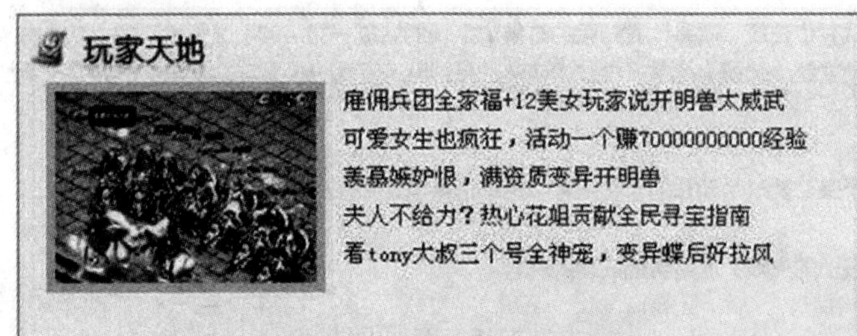

图 4-17　页面效果

部分代码如下：

```
<style type="text/css">
  body{
    font-family: "宋体";
    font-size: 12px;
    line-height: 20px;
    color: #666;
  }
  #box {
    width: 440px;
    height: 130px;
    background-image: url(images/6201. gif);
    background-repeat: no-repeat;
    background-position: 5px 5px;
    border: 1px solid #56BCD3;
    padding: 35px 5px 5px 5px;
    background-color: #E9FAFD;
  }
```

```
    img{ border: 5px solid #ACDBE4; }    /* 给图片添加 5px 宽的边框线 */
  </style>

  <body>
    <div id="box">
      <img src="images/6202.gif" width="140" height="100" align="left" hspace="10"/>
      雇佣兵团全家福+12 美女玩家说开明兽太威武<br />
      可爱女生也疯狂，活动一个赚 70000000000 经验<br />
      羡慕嫉妒恨，满资质变异开明兽<br />
      夫人不给力？热心花姐贡献全民寻宝指南<br />
      看 tony 大叔三个号全神宠，变异蝶后好拉风
    </div>
  </body>
```

本章小结

本章主要介绍了如何在网页中插入文本、特殊字符、图片等，并使用 CSS 样式表中相关属性对文本、图片进行控制，从而使页面排版整齐美观，方便用户使用和管理；然后还重点介绍了背景颜色、背景图片的使用，利用 CSS 中背景属性控制背景颜色、背景图片。通过大量案例分析让读者对这些样式属性有更清楚的认识和理解。

第 5 章 使用超链接

学习目标：

- 理解绝对路径和相对路径的概念
- 掌握超链接的使用方法
- 掌握内部链接、锚点链接、外部链接的方法
- 掌握 CSS 中控制超链接样式的属性

5.1 绝对路径和相对路径

超链接是整个互联网的基础，通过超链接能够实现页面的跳转、功能的激活等。超链接可以将每个页面串联在一起，然后通过设置超链接样式来控制链接元素的形式和颜色等变化。

超链接是通过 URL(统一资源定位器)来定位目标信息的。URL 包括四个部分：网络协议、域名或 IP 地址、路径和文件名。

URL 分为绝对 URL 和相对 URL。

5.1.1 绝对路径

绝对 URL 是采用完整的 URL 来规定文件在 Internet 上的精确地点，包括完整的协议类型、计算机域名或 IP 地址、包含路径信息的文档名。

书写格式为：协议：//计算机域名或 IP 地址[/文档路径][/文档名]

例如，http：//www. hyshopgo. com/download/download. gif

5.1.2 相对路径

相对 URL 是相对于包含超链接页的地点来规定文件的地点。如图 5-1 所示，wgzx 是一个网站根目录，其中包含 index. htm、oa. htm、yule，yule 文件夹中又包含 news. htm、pop. htm 两个文件。

(1)如果要链接到同级路径下子文件夹的文档，则先输入子文件夹名和斜杠(/)，再输入文件名。若在 index. htm 中跳转到 news. htm，则只需要输入：href="yule/news. htm"。

(2)如果要链接到上一级路径中，则要在文件名前输入"../"，其中".."表示上级目录，"."表示本级目录。若在 news. htm 中跳转到 oa. htm，则只需要输入：href="../oa. htm"。

(3)如果要链接到同级路径的文档，则直接输入文件名即可。若在 news. htm 中跳转到 pop. htm，则只需要输入：href="pop. htm"。

可以看出相对 URL 方式比较简便，不需输入一长串完整的 URL；另外，相对路径还有

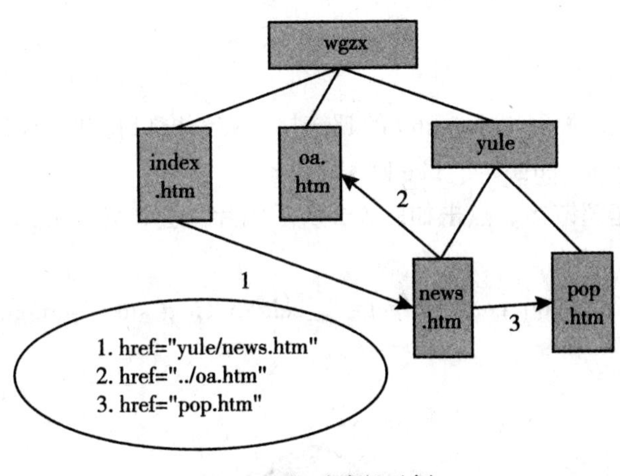

图 5-1　相对路径示例

一个非常重要的特点是：可以毫无顾忌地修改 Web 网站的域名或网站在服务器硬盘中的存放目录。

5.1.3　超链接标记<a>

超链接(Hyperlink)：是网页中指向一个目标的连接关系，这个目标可以是网页、网页中的具体位置、图片、邮件地址、文件、应用程序等。

我们通过使用 <a> 标记在 HTML 中创建链接。有两种使用<a>标签的方式：

(1)通过使用 href 属性—创建指向另一个文档的链接；

(2)通过使用 name 属性—创建文档内的书签。

超链接语法很简单，它类似于这样：<a href="url">Link text</a>，其中 href 属性指定链接的目标 URL，“Link text”为链接文本(即超文本)，“链接文本”不一定是文本，也可以是图片或其他 HTML 元素。下面给出<a>标记的常用属性，如表 5-1 所示。

表 5-1　<a>标记常用属性

属性	描　述	参数与注释
href	指定超链接目标的 URL	
target	规定在何处打开链接文档	_blank：在新窗口打开 _parent：在父窗口打开 _se_self:在本窗口打开(默认值) _top:在整个窗口打开
name	规定锚的名称	
download	规定被下载的超链接目标	
rel	规定当前文档与被链接文档之间的关系	
title	鼠标停留在该元素上时显示设置的说明文字	

5.1.4 实例演示

(1)创建跳转到同级路径 index. htm 的超链接，在新窗口打开。代码如下：

<a href="index. htm" target="_blank">首页</a>

(2)在图片上创建超链接。点击如图 5-2 所示图片，会跳转到 qq 首页，并在当前窗口打开。代码如下：

<a href="http://www. qq. com" target="_self"><img src="qq. gif" title="返回首页" border="0" /></a>

图 5-2 图片链接

(3)创建电子邮件链接。(本例在安装邮件客户端程序后才能工作)代码如下：

<a href="mailto：xiaoli@163. com">给我留言</a>

注意：电子邮件链接写法为：mailto：电子邮件地址。

5.2 内部链接

5.2.1 定义与概念

内部链接是指同一网站域名下的内容页面之间互相链接。如频道、栏目、内容页之间的链接，乃至站内关键词之间的 Tag 链接都可以归类为内部链接，因此内部链接也可以称为站内链接，对内部链接的优化其实就是对网站的站内链接的优化。

5.2.2 实例演示

演示程序如下：

```
<html>
<body>
<a href="lastpage. htm">This text</a> is a link to a page on this Web site.
</body>
</html>
```

运行结果：

This text is a link to a pape on this Web site.

当点击 This text 时，会跳转到网站内的 lastpage. htm 页面。

5.3 锚点链接

5.3.1 name 属性

name 属性规定锚(anchor)的名称。当使用命名锚时，我们可以创建直接跳至该命名锚(如页面中某个小节)的链接，这样读者无须不停的滚动页面来寻找他们需要的信息了。

下面我们通过案例 5-1 给大家介绍命名锚：

(1)首先，在 HTML 文档中对锚进行命名(即命名点)。

<a name="tips">基本的注意事项—有用的提示</a>

<p>提示：命名锚经常用于在大型文档开始位置上创建目录。可以为每个章节赋予一个命名锚，然后把链接到这些锚的链接放到文档的上部。如果您经常访问百度百科，您会发现其中几乎每个词条都采用这样的导航方式。</p>

<p>提示：假如浏览器找不到已定义的命名锚，那么就会定位到文档的顶端。不会有错误发生。</p>

…

(2)然后，在同一文档中创建指向该锚的链接(即调用点)。

<a href="#tips">有用的提示</a>

…

初始效果如图 5-3 所示。

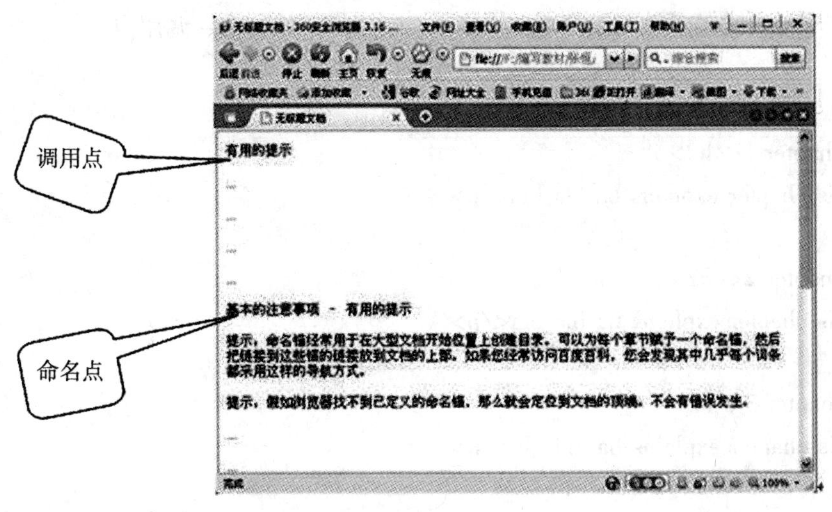

图 5-3 锚点页面

当点击调用点"有用的提示"时，页面直接跳转到下面的命名点：如图 5-4 所示。

5.3.2 实例演示

锚的演示程序如下：

<html>

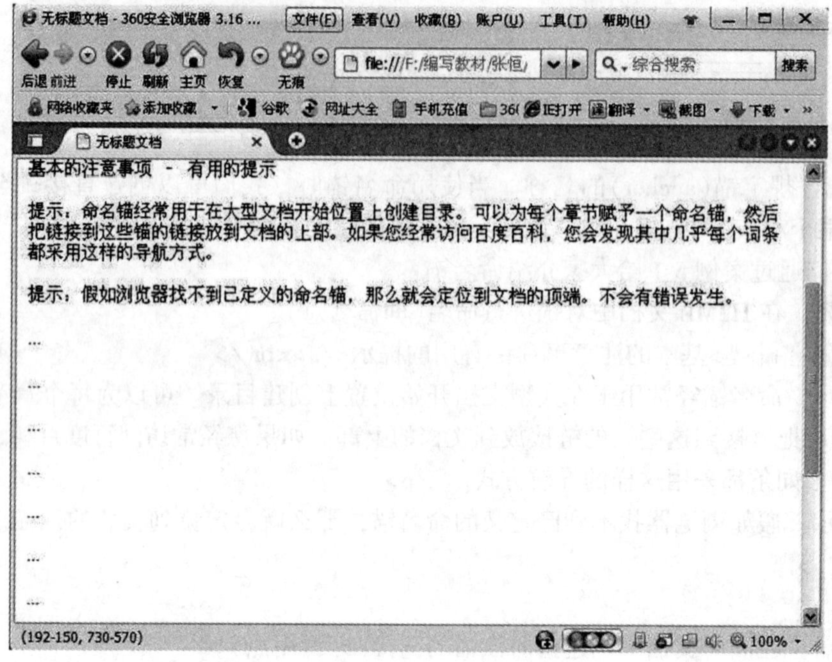

图 5-4　跳转到命名点

```
<body>
<p>
<a href="#C4">查看 Chapter 4。</a>                <!—调用点-->
</p>

<h2>Chapter 1</h2>
<p>This chapter explains ba bla bla</p>

<h2>Chapter 2</h2>
<p>This chapter explains ba bla bla</p>

<h2>Chapter 3</h2>
<p>This chapter explains ba bla bla</p>

<h2><a name="C4">Chapter 4</a></h2>             <!—命名点-->
<p>This chapter explains ba bla bla</p>

<h2>Chapter 5</h2>
<p>This chapter explains ba bla bla</p>

<h2>Chapter 6</h2>
```

```
<p>This chapter explains ba bla bla</p>

<h2>Chapter 7</h2>
<p>This chapter explains ba bla bla</p>

<h2>Chapter 8</h2>
<p>This chapter explains ba bla bla</p>

<h2>Chapter 9</h2>
<p>This chapter explains ba bla bla</p>

</body></html>
```

5.4　外部链接

5.4.1　定义与概念

外部链接，又常被称为"反向链接"或"导入链接"，是指通过其他网站链接到你的网站的链接。

外部链接在语法格式上与内部链接没有任何区别，仅仅只是链接内容不同，内部链接所指向的页面是当前网站下的其他页面，而外部链接则指向的是其他网站。

5.4.2　实例演示

演示程序如下：

```
<html>
<body>
<p>
<a href=" http://www.microsoft.com/" >This text</a> is a link to a page on the World Wide Web.
</p>
</body>
</html>
```

运行结果：

This text is a link to a page on the World Wide Web.

当点击"This text"时，页面会跳转到外部网页 www.microsoft.com。

5.5　超链接控制的属性

CSS 对于链接的样式控制是通过伪类来实现的，在 CSS 中提供了四个伪类，用于对链接样式进行控制，每个伪类用于控制链接在一种状态下的样式。如表 5-2 所示。该部分内容在

第2章2.3.3中介绍过，在此只简单回顾一下。

表 5-2　　控制超链接的伪类

属　性	描　述
a：link	链接的初始状态
a：visited	链接访问后的状态
a：hover	鼠标划过时的状态
a：active	鼠标点击时的状态

注意：在编写超链接的伪类时，必须按 a：link、a：visited、a：hover、a：active 的顺序写，否则会出错。

5.6　综合案例

下面给出各种类型的超链接案例，读者可以参考并自行添加到自己的网页中：

(1)用文本做超链接：

<a href="news.html" target="_blank">新闻</a>

(2)用图像做超链接：

<a href="index.htm"><img src="images/info.gif" title="返回首页" border="0" /></a>

(3)文本图像混合做链接：

<a href="brand1.htm"><img src="green.gif" />
格力空调1型</a>

该方法在商品展示的网站上较常用。

(4)空链接：即跳转到本页面。

<a href="#">首页</a>

(5)锚链接(链接到页面中某一指定的位置)。

当网页内容很长，需要进行页内跳转链接时，就需要定义锚点和锚点链接，锚点可使用name属性或id属性定义。

<a id="yyyy"></a>　　　　<! --定义锚点 yyyy，即命名点 -->

<a href="#yyyy">……</a>　　　<! --调用点-->

(6)电子邮件链接。

<a href="mailto：someone@microsoft.com">发送邮件</a>

5.7　实训与习题

制作如图5-5所示的网页。

部分代码如下：

```
style type="text/css">
  #news {
```

图 5-5　页面效果

```
    padding: 10px 22px 0px 0px;
    margin:0 auto;
    width: 335px;
}
#news img {
    margin: 8px 0px;
}
#news-list {
    font-family: 宋体;
    font-size: 12px;
    width: 302px;
    height: 115px;
    border: 3px solid #90C3F0;
    padding: 15px 10px 15px 20px;
}
#news-list a {
    line-height: 25px;
    padding-left: 25px;
    text-decoration: none;
}
. more_info {
    text-align: right;
    padding-right: 10px;
}
#news-list a:link {                    /* 超链接的初始状态 */
    font-family: "宋体";
    font-size: 12px;
    color: #666;
```

```
        text-decoration: none;
    }
    #news-list a:visited {                /* 超链接访问后的状态 */
        font-family: "宋体";
        font-size: 12px;
        color: #666;
        text-decoration: none;
    }
    #news-list a:hover {                  /* 超链接鼠标划过时的状态 */
        font-family: "宋体";
        font-size: 12px;
        color: #FC0;
        text-decoration: none;
    }
    #news-list a:active {                 /* 超链接鼠标点击时的状态 */
        font-family: "宋体";
        font-size: 12px;
        color: #0FF;
        text-decoration: none;
    }
    </style>
    <body>
    <div id="news">
      <img src="images/1.gif" width="162" height="36" />
      <div id="news-list">
        <a href="#">中华人民共和国道路交通安全法实施条例</a><br />
        <a href="#">最高人民法院关于审理人身损害赔偿案……</a><br />
        <a href="#">中华人民共和国道路交通安全法</a><br />
      <div class="more_info"><a href="#">&gt;&gt;更多...</a></div>
      </div>
    </div></body>
```

本章小结

本章主要介绍超链接，首先了解了相对路径和绝对路径的概念，其次介绍了超链接的使用方法，如内部链接、锚点链接、外部链接的使用，最后介绍了 CSS 中控制超链接的属性，即四个伪类，包括(a：link、a：visited、a：hover、a：active)。

第6章 使用列表

学习目标：

- 理解列表的概念
- 掌握无序列表、有序列表、定义列表的使用
- 掌握通过CSS样式表对列表进行设置

6.1 列表概述

列表让设计者能够对相关的元素进行分组，并由此给它们添加意义和结构。大多数网站都包含某种形式的列表，例如，新闻列表、活动列表、链接列表等。将这些条目标识为列表并加上标记，会在HTML文档中增加结构。

本章主要讲解各种列表标签的使用，以及如何通过CSS样式对网页中的列表进行控制，并通过网站实例的制作，详细讲解在页面中对列表样式的应用。

6.2 列表标签

6.2.1 无序列表

1. 定义与概念

所谓无序列表，是指列表中的各个元素在逻辑上没有先后顺序的列表形式。此列项目默认使用粗体圆点(典型的小黑圆圈)进行标记。

无序列表始于 <ul> 标签。每个列表项始于 <li>。

演示代码如下：

```
<ul>
<li>Coffee</li>
<li>Milk</li>
</ul>
```

浏览器显示如下：

- Coffee
- Milk

列表项内部可以使用段落、换行符、图片、链接以及其他列表，等等。

2. 实例演示

这个例子显示了一个无序列表。

例 6-1：

```
<html>
<body>
<h4>An Unordered List：</h4>
<ul>
    <li>Coffee</li>
    <li>Tea</li>
    <li>Milk</li>
</ul>
</body>
</html>
```

浏览器显示如下：

An Unordered List：

- Coffee
- Tea
- Milk

6.2.2 有序列表

1. 定义与概念

有序列表也是一列项目，列表项目使用数字进行标记。如果列表条目的顺序非常重要，就应该使用有序列表。相比较无序列表，有序列表会在列表条目前按顺序添加编号。

有序列表始于 <ol> 标签。每个列表项始于 <li> 标签。

演示代码如下：

```
<ol>
<li>Coffee</li>
<li>Milk</li>
</ol>
```

浏览器显示如下：

- Coffee
- Milk

2. 实例演示

这个例子显示了一个有序列表。

演示代码如下：

例 6-2：

```
<html>
<body>
<h4>An Ordered List：</h4>
<ol>
    <li>Coffee</li>
    <li>Tea</li>
    <li>Milk</li>
```

```
</ol>
</body>
</html>
```

浏览器显示如下：

An Ordered List：

- Coffee
- Tea
- Milk

6.2.3 定义列表

1. 定义与概念

定义列表不仅仅是一列项目，而且是项目及其注释的组合。

定义列表以 <dl> 标签开始。每个定义列表项以 <dt> 开始。每个定义列表项的定义以<dd>开始。

演示代码如下：

```
<dl>
    <dt>man</dt>
        <dd>boy</dd>
    <dt>woman</dt>
        <dd>girl</dd>
</dl>
```

浏览器显示如下：

man

　　boy

woman

　　girl

定义列表的列表项内部可以使用段落、换行符、图片、链接以及其他列表，等等。

2. 实例演示

这个例子说明了如何创建一个定义列表：

例 6-3：

```
<html>
<body>
<h4>A Definition List：</h4>
<dl>
    <dt>Coffee</dt>
    <dd>Black hot drink</dd>
    <dt>Milk</dt>
    <dd>White cold drink</dd>
</dl>
</body>
```

```
</html>
```

浏览器显示如下：

A Definition List：

Coffee

Black hot drink

Milk

White cold drink

6.2.4 嵌套列表

1. 定义与概念

在一个列表中再次使用列表即为嵌套列表。

演示代码如下：

```
<h4>一个嵌套列表：</h4>
<ul>
  <li>咖啡</li>
  <li>茶
    <ul>
        <li>红茶</li>
        <li>绿茶</li>
    </ul>
  </li>
  <li>牛奶</li>
</ul>
```

浏览器显示结果：

一个嵌套列表：

- 咖啡
- 茶
    - 红茶
    - 绿茶
- 牛奶

2. 实例演示

这个例子说明了如何创建一个嵌套列表：

例 6-4：

```
<html>
<body>
<h4>A nested List：</h4>
<ul>
    <li>Coffee</li>
    <li>Tea
```

```
        <ul>
            <li>Black tea</li>
            <li>Green tea</li>
        </ul>
    </li>
    <li>Milk</li>
</ul>
</body>
</html>
```

浏览器显示如下：

A nested List：

- Coffee
- Tea
    - Black tea
    - Green tea
- Milk

6.3 列表样式控制

6.3.1 列表样式属性

如表 6-1 所示，列出了对列表的样式控制。主要包括设置列表项标记的类型、列表项标记的位置，或者是将图片作为列表项的标记。

表 6-1 **CSS 列表属性**

属　性	描　述	参数与注释
list-style	设置列表的所有控制选项	list-style-type(列表项标记的类型) list-style-position(列表项标记的位置) list-style-image(列表项标记为图像)
list-style-type	设置列表项标记的类型	none(无标记) disc(实心圆) circle(空心圆) square(正方形) decimal(十进制数字) decimal-leading-zero(有前导零的十进制数字(01，02，03，等)) lower-roman(小写罗马数字(i，ii，iii，iv，v，等)) upper-roman(大写罗马数字(I，II，III，IV，V，等) lower-alpha(小写英文字母(a，b，c，d，e，等))upper-alpha(大写英文字母(A，B，C，D，E，等))

续表

属　性	描　述	参数与注释
list-style-position	设置列表中列表项标记的位置	inside(列表项目标记放置在文本以内，且环绕文本根据标记对齐。) outside(默认值。保持标记位于文本的左侧。列表项目标记放置在文本以外，且环绕文本不根据标记对齐。)
list-style-image	设置列表项标记为图像	URL(图像的路径)

6.3.2　实例演示

例 6-5：演示在 CSS 中不同类型的列表项标记。

```
<html>
  <head>
    <style type="text/css">
      ul. disc   {list-style-type: disc}
      ul. circle {list-style-type: circle}
      ul. square {list-style-type: square}
      ul. none   {list-style-type: none}
    </style>
  </head>
<body>
  <ul class="disc">
    <li>咖啡</li>
    <li>茶</li>
    <li>可口可乐</li>
  </ul>
  <ul class="circle">
    <li>咖啡</li>
    <li>茶</li>
    <li>可口可乐</li>
  </ul>
  <ul class="square">
    <li>咖啡</li>
    <li>茶</li>
    <li>可口可乐</li>
  </ul>
  <ul class="none">
    <li>咖啡</li>
    <li>茶</li>
```

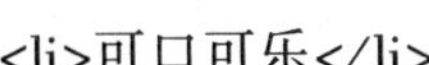

```
    <li>可口可乐</li>
  </ul>
</body></html>
```

浏览器显示如下：

- 咖啡
- 茶
- 可口可乐

○ 咖啡
○ 茶
○ 可口可乐

■ 咖啡
■ 茶
■ 可口可乐

咖啡
茶
可口可乐

例 6-6：演示列表项标记的位置。

```
<div id="news">
  <ul>
    <li>[讨论]大家都来说说自己印象最深的游戏</li>
    <li>[攻略]好东西与大家分享~~~</li>
    <li>[活动]本月底来趣家族大聚会</li>
    <li>[活动]二月三日，滑雪之旅与大家一起分享</li>
    <li>[讨论]有什么好的游戏可以推荐</li>
  </ul>
</div>
```

在默认情况下，列表项标记的位置为 outside，如图 6-1 所示。

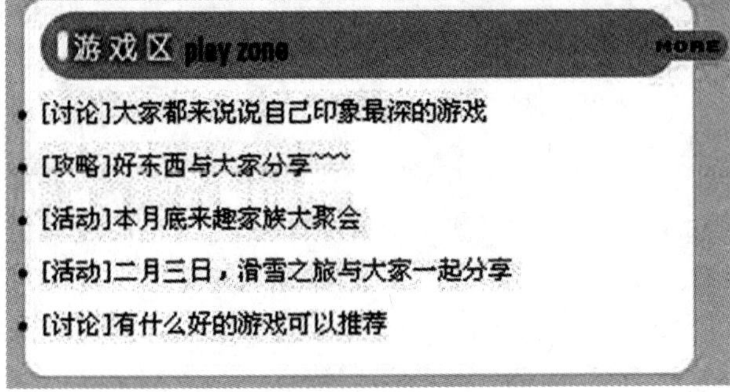

图 6-1　outside 页面效果

当对列表项标记的位置设置为 inside 后，变成如图 6-2 所示的效果。

其代码如下：

```
#news li{
    list-style-position: inside;
}
```

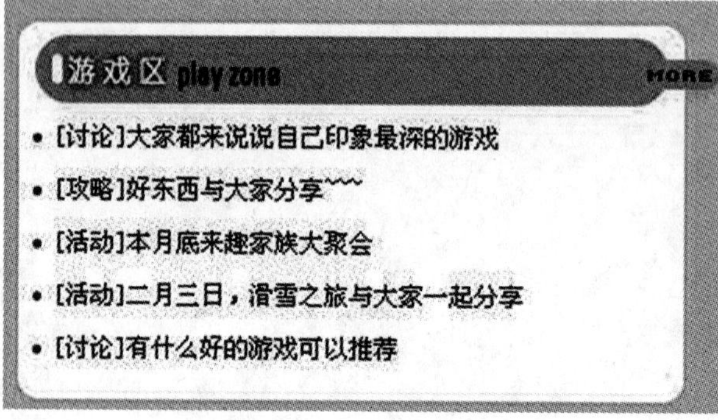

图 6-2　inside 页面效果

例 6-7：演示用图片作为列表项的标记。

```
<html>
  <head>
    <style type="text/css">
      ul{list-style-image: url(images/2.jpg)}
    </style>
  </head>
  <body>
    <ul>
      <li>咖啡</li>
      <li>茶</li>
      <li>可口可乐</li>
    </ul>
  </body></html>
```

浏览器显示如下：

咖啡

茶

可口可乐

6.4　综合案例

在许多音乐网站页面上，会用到大量的列表，如图 6-3 所示，就是利用定义列表制作的单曲排行列表。

图 6-3 单曲排行列表

下面是该案例的网页内容和结构：

```
<div id="dq">
        <div id="dq_title">单曲排行</div>
        <div id="dq_list">
          <dl>
            <dt>认真的雪</dt>
               <dd>薛之谦</dd>
            <dt>寓言</dt>
               <dd>张韶涵</dd>
            <dt>孙悟空</dt>
               <dd>五月天</dd>
            <dt>香水百合</dt>
               <dd>张韶涵</dd>
            <dt>美丽的插曲</dt>
               <dd>萧亚轩</dd>
            <dt>见习爱神</dt>
              <dd>Twins</dd>
            <dt>波斯猫</dt>
              <dd>S. H. E</dd>
            <dt>白月光</dt>
              <dd>张信哲</dd>
            <dt>就是你</dt>
              <dd>范玮琪</dd>
            <dt>我们都是...</dt>
              <dd>王争</dd>
```

```
        </dl>
    </div>
</div>
```

其 CSS 代码较长，具体见电子代码：第 6 章/综合案例/style/div. css。

6.5 实训与习题

现有如图 6-4 所示的网站，要求在该网站的基础上制作指定的两个列表模块。

图 6-4　页面效果

指定的两个模块如图 6-5 所示。

图 6-5　页面效果

具体制作要求如表 6-2 所示：

表 6-2

效果图	制作要求
	1. 网站公告版块(代码视图中<div id="notice">)要求： • 插入图片 521. gif • 添加无序列表 • 每个列表项添加超链接，超链接均采用空链接，打开方式为在新窗口打开
	2. 主体版块中的区块 1(代码视图中<div id="list1">)要求： • 插入图片 525. gif0 • 00 • +5 • 添加无序列表 • 无序列表的第一个子项中，文字加粗，文字后添加图片 532. gif
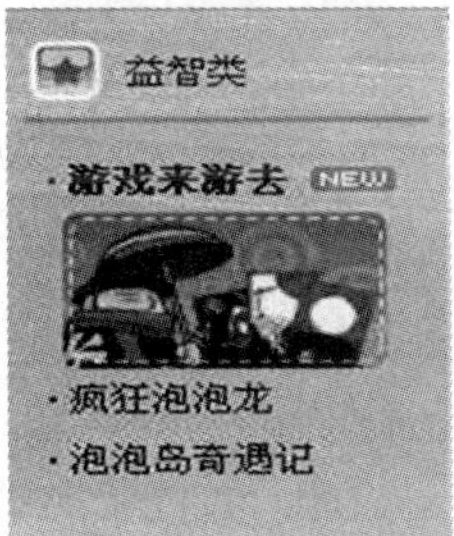	3. 主体版块中的区块 2(代码视图中<div id="list2">)要求： • 插入图片 526. gif • 添加无序列表，该列表只包含一个子项，将子项文字加粗，文字后添加图片 532. gif • 插入图片 529. gif • 添加无序列表，该列表包含两个子项
	4. 主体版块中的区块 3(代码视图中<div id="list3">)要求： • 插入图片 527. gif • 添加无序列表，该列表只包含 1 个子项，将子项文字加粗，文字后添加图片 532. gif • 插入图片 530. gif • 添加无序列表，该列表包含两个子项
	5. 主体版块中的区块 4(代码视图中<div id="list4">)要求： • 插入图片 528. gif • 添加无序列表，该列表只包含一个子项，将子项文字加粗，文字后添加图片 533. gif • 插入图片 531. gif • 添加无序列表，该列表包含四个子项

本 章 小 结

本章主要介绍了列表的概念，各种列表标签的使用方式，如无序列表、有序列表、定义列表，并重点介绍了如何使用CSS样式表对列表进行控制，其中分门别类地介绍了CSS中关于控制列表的属性，并给出实例。最后，通过综合案例制作和实训练习让读者能够熟练掌握列表的制作方法。

第7章 使用表格

学习目标：

- 理解表格的基本概念
- 理解并且熟练掌握使用表格常用标记与属性
- 掌握表格常用布局技巧

7.1 创建表格

表格是由若干的行与列构成，就像 Excel 中的电子表格或者老师手中的学生名单，所不同的是我们所讲的是网页中的表格。在网页中，表格的作用有两个：一是用来格式化地显示数据；二是对网页中的其他要素，如文字、图片和多媒体等进行定位布局(在本章最后一小节将会详细说明如何利用表格进行网页布局)。早期很多大型网站都是借助表格布局，但是由于表格布局所带来的不容易维护、额外消耗服务器资源等缺陷已经被 DIV+CSS 布局所代替，而表格则更多的恢复其本质作用——显示格式化数据。

创建表格的基本语法：

```
<table>定义表格
    <th>定义表头</th>
    <tr>定义表行
            <td>…</td>定义单元格
            <td>…</td>
        </tr>
</table>
```

下面一一详细介绍其中标记的含义及其用法。

7.2 表格常用标记及其属性

7.2.1 <table>标记

<table>标记用来定义一个 HTML 表格，以<table>开始，以</table>结束(必须引起注意的是在 XHTML1.0 中该标记必须成对使用，即一个开始标记，必须有一个结束标记相对应)。简单的 HTML 表格由<table>元素以及一个或多个<tr>(行标记)、<th>(表头标记)或<td>(单元格标记)元素组成。<table>标记的常见属性如表 7-1 所示。

表 7-1　　　　　　　　　　表格的<table>标记的属性

属　性	描　　述
align	整个表格的水平对齐方式
width	整个表格的宽度
height	整个表格的高度
border	表格边框的外观
bgcolor	表格的背景颜色
background	表格的背景图像
cellspacing	指定表格的单元格与单元格之间的间距
cellpadding	指定表格的单元格内容和单元格边界之间的距离

(1) align 属性：指定表格的水平对齐方式。它的取值有三种：left(水平左对齐)，center(水平居中)，right(水平右对齐)。取值格式为：align="value"，value 为相对应的值。

(2) width 属性：指定整个表格的宽度。单位可以是%或者像素。

(3) height 属性：指定整个表格的高度。单位可以是%或者像素。

这两个属性通常用来控制表格的大小。

注：关于是使用百分比还是像素，这就要依据实际需要。通常，网站访问者的屏幕分辨率是不同的，如果想要表格灵活的适应不同的显示屏幕就使用百分比。例如，width="50%"，就代表占屏幕或者相应区域的一半的大小；而如果坚持使用固定的长宽尺寸，那么就使用像素。例如，如果访问者的屏幕分辨率是 1024 * 768，表格的宽度取值 width="512"，那么这个表格的宽度就是屏幕的一半大小，而访问者的屏幕分辨率更高，比如，1366 * 768 的话，就不是一半大小。

(4) border 属性：用来定义表格边框的外观，通常包括是否显示边框和显示什么类型的可见边框，它的取值范围是 0 到 100，以像素作为单位(pixels)。0 代表不显示边框，而 1 到 100 之间的数值则决定可见边框的厚度。

另外表格边框还有很多修饰属性，包括：

① bordercolor 属性：指定表格或某一个单元格的边框颜色，它的值可以是英文颜色名称、十六进制颜色值或 RGB 系统颜色，即 colorname、#xxxxxx、rgb(x，x，x)；

② bordercolorlight 属性：指定表格或某一个单元格的亮边框的颜色，它的值可以是英文颜色名称、十六进制颜色值或 rgb 系统颜色；

③ bordercolordark 属性：指定表格或某一个单元格的暗边框的颜色，它的值可以是英文颜色名称、十六进制颜色值或 rgb 系统颜色。感兴趣的读者可以自己动手试一试它们的效果。

注：下面我们来谈谈计算机中颜色是如何来表示的。第一种是计算机中的颜色是采用 rgb 颜色系统，也就是每种颜色采用红、绿、蓝三种分量。每个颜色分量的取值从 0 到 255，一共有 256 种可能。则计算机中所能表示的颜色为 256×256×256=16777216 种，这也是 16M 色的来由。例如，(255，0，0)就表示红色，这和我们熟悉的调色原理相近。第二种是用颜色的对应英文表示，例如，Red 表示红色。这些英文必须是系统中承认的颜色，自己定义的

不予认可。大约 200 种。再如，Wheat 表示小麦色。它的颜色表示为(245，222，179)。第三种是三个分量用 16 进制表示，用 00 表示 0，用 FF 表示 255，这样，就可以用六位 16 进制的数表示一种颜色。例如，#FF0000 表示红色。

(5) bgcolor 属性：指定表格或某一个单元格的背景颜色。它的值可以是英文颜色名称、十六进制颜色值或 rgb 系统颜色。

(6) background 属性：除了背景颜色之外，我们还可以为表格或某一个单元格设置背景图像，图像来源可以是任何 GIF 或者 JPEG 图片文件。其属性值为图片文件的 URL 地址。URL 地址直接指向服务器或者其他网站服务器上的图片。

(7) cellspacing 属性：用于指定单元格与单元格之间的间距，单位为像素。如果省略 cellspacing 属性，则它的默认值是 2 个像素。

(8) cellpadding 属性：用于指定单元格内容和单元格边界之间的距离，单位为像素。如果省略 cellpadding 属性，则它的默认值是 1 个像素。

下面我们通过例 7-1 来说明表格这些属性的应用。

例 7-1：<table>标记常见属性的应用。创建如图 7-1 所示的页面，要求整个表格在页面中水平居中，表格宽度占页面宽度的 60%，高度为 100，表格边框厚度为 2，表格的各单元格之间的距离为 10，单元格内容与单元格边界之间的距离为 10。

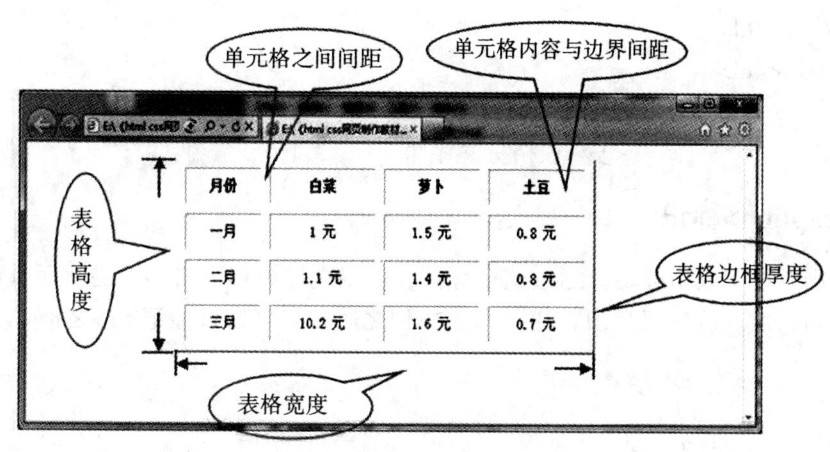

图 7-1 <table>标记常见属性的应用

实现代码如下：

```
<table width="60%" height="100" border="2" cellspacing="10" cellpadding="10" align="center">
<! --表格标签开始，表格的宽度设置为 60%，高度设置为 100 像素，表格边框厚度为 2 个像素，单元格之间的间距为 10 像素，单元格内容与单元格边界之间的距离为 10 像素，表格在整个页面中水平居中-->
  <tr align="center">          <! --定义第一行标签，第一行中所有单元格内文字水平居中-->
    <th>月份</th>              <! --定义第一行第一列单元格-->
    <th>白菜</th>
    <th>萝卜</th>
```

```
    <th>土豆</th>
  </tr >                  <! --第一行标签结束-->
  <tr align="center">
    <td>一月</td>
    <td>1 元</td>
    <td>1. 5 元</td>
    <td>0. 8 元</td>
  </tr>
  <tr align="center">
    <td>二月</td>
    <td>1. 1 元</td>
    <td>1. 4 元</td>
    <td>0. 8 元</td>
  </tr>
  <tr align="center">
    <td>三月</td>
    <td>10. 2 元</td>
    <td>1. 6 元</td>
    <td>0. 7 元</td>
  </tr>
</table>                  <! --表格标签结束-->
```

7. 2. 2 <caption>标记

该标记用于设定表格标题。通过这个标记，可以直接添加表格的标题，而且可以控制标题文字的排列属性。该标记必须紧随<table>标记之后，并且在行标记<tr>之前。其基本语法如下：

```
<table>
    <caption> ... </caption>
  <tr>... . </tr>
</table>
```

每个表格只能定义一个标题，在默认情况下，这个标题会居中于表格之上。但是，表格的标题也可以居于表格的下方，这可以通过 valign 属性进行调整。valign 属性有两个取值：top(居上)、bottom(居底)。另外，在 XHTML 1. 0 中，是不支持 caption 元素的 align 属性的。

例 7-2：设置表格的标题。其效果如图 7-2 所示，标题默认居中于表格的上方。

实现图 7-2 中页面的代码如下：

```
<table width="60%" border="1" cellpadding="0" align="center">
<caption><h2>2013 年一季度菜价表</h2></caption>
<tr align="center">      <! --定义第一行标签，第一行中所有单元格内文字水平居中-->
    <th>月份</th>         <! --定义第一行第一列单元格-->
    <th>白菜</th>
```

2013年一季度菜价表

月份	白菜	萝卜	土豆
一月	1 元	1.5 元	0.8 元
二月	1.1 元	1.4 元	0.8 元
三月	10.2 元	1.6 元	0.7 元

图 7-2　设置表格的标题

```
    <th>萝卜</th>
    <th>土豆</th>
  </tr >
```

7.2.3　<tr>标记

该标记定义表格的一行。一个表格内需要几行，就要相应有几个<tr>标记。而一行内又可以包含多个<td>或者<th>标记(这两个标记，下一小节将会详细阐述)。该标记的常见属性包括：align、bgcolor、bordercolor、bordercolorlight、bordercolordark、valign 等，其中，其他属性与<table>中的属性用法大致相同，这里重点介绍 valign 属性。

valign 属性：指定某一个单元格里的内容(文本、图片等)的垂直对齐方式。它的值可以是 top(顶端对齐)、bottom(底端对齐)、middle(居中对齐)、baseline(相对于基线对齐)。取值格式为：valign="value"，value 为对应的相应的值。

例 7-3：设置单元格里的内容的垂直对齐方式。设置如图 7-3 所示的页面，要求第一行是顶端对齐、第二行是底端对齐、第三行是居中对齐、第四行相对于基线对齐。

月份	白菜	萝卜	土豆
一月	1 元	1.5 元	0.8 元
二月	1.1 元	1.4 元	0.8 元
三月	10.2 元	1.6 元	0.7 元

图 7-3　设置单元格里的内容的垂直对齐方式

实现图 7-3 中页面的代码如下：

```
<table width="60%" border="1" cellpadding="10" align="center">   <! --表格标签开始，表格边框为 1 个像素-->
<tr height="100" valign="top">                <! --定义第一行标签-->
    <th>月份</th>                             <! --定义第一行第一列单元格-->
    <th>白菜</th>
    <th>萝卜</th>
    <th>土豆</th>
</tr >                                        <! --第一行标签结束-->
<tr align="center" height="100" valign="bottom">
    <td>一月</td>
    <td>1 元</td>
    <td>1.5 元</td>
    <td>0.8 元</td>
</tr>
<tr align="center" height="100" valign="middle">
    <td>二月</td>
    <td>1.1 元</td>
    <td>1.4 元</td>
    <td>0.8 元</td>
</tr>
<tr align="center" height="100" valign="baseline">
    <td>三月</td>
    <td>10.2 元</td>
    <td>1.6 元</td>
    <td>0.7 元</td>
</tr>
</table>                                      <! --表格标签结束-->
```

注：什么是基线？基线就是下面的黑线，这是英文对齐方式中常见的概念，是由于字母的书写并不是都是在一条水平线上而引入的概念(如下所示，可以看下 y 字母)。

<u>Here is my baseline.</u>

7.2.4 <td>和<th>标记

<td>标记定义 HTML 表格中的标准单元格。<th>标记定义表格内的表头，表头标记一般位于首行或者首列。<th>元素内部的文本通常会为居中的粗体文本，而<td>元素内的文本通常是左对齐的普通文本。两个标记必须嵌套在<table>标记内使用。

例 7-4：实现表格的表头和单元格。实现如图 7-4 所示的表格。

实现图 7-4 中页面的代码如下：

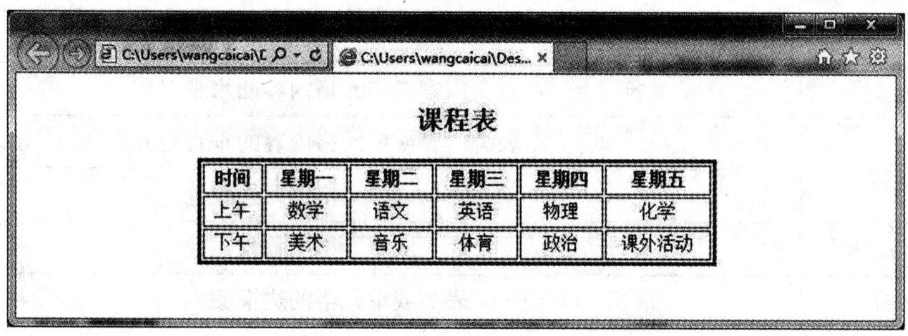

时间	星期一	星期二	星期三	星期四	星期五
上午	数学	语文	英语	物理	化学
下午	美术	音乐	体育	政治	课外活动

图 7-4 实现表格的表头和单元格

```
<table width="60%" border="3" cellpadding="3" align="center">
  <caption><h2>课程表</h2></caption>
  <tr align="center">
    <th>时间</th>
    <th>星期一</th>
    <th>星期二</th>
    <th>星期三</th>
    <th>星期四</th>
    <th>星期五</th>
  </tr>
  <tr align="center">
    <td>上午</td>
    <td>数学</td>
    <td>语文</td>
    <td>英语</td>
    <td>物理</td>
    <td>化学</td>
  </tr>
  <tr align="center">
    <td>下午</td>
    <td>美术</td>
    <td>音乐</td>
    <td>体育</td>
    <td>政治</td>
    <td>课外活动</td>
  </tr>
</table>
```

表头标记<th>和单元格标记<td>都可以使用其相应属性进行修饰。这两个标记的属性和<table>标记的属性非常相似，如表 7-2 所示。

表 7-2　　　　**表格的<th>和<td>标记的属性**

属　性	描　　述
align	表头内容或单元格内容的水平对齐
valign	表头内容或单元格内容的垂直对齐
bgcolor	表头或单元格的背景颜色
background	表头或单元格的背景图像
bordercolor	表头或单元格的边框颜色
bordercolorlight	表头或单元格的亮边框颜色
bordercolordark	表头或单元格的暗边框颜色
width	表头或单元格的宽度
height	表头或单元格的高度

除了这些与<table>标记相似的属性外，<td>标记还有两个特有的属性：rowspan 属性和 colspan 属性。

(1) rowspan 属性：在复杂的表格结构中，有的单元格是要跨越多行的，这时，需要使用跨行属性 rowspan。其属性值表示当前单元格跨越几行。

例 7-5：rowspan 属性应用。如图 7-5 所示的效果图，“1 元”单元格跨越两行。 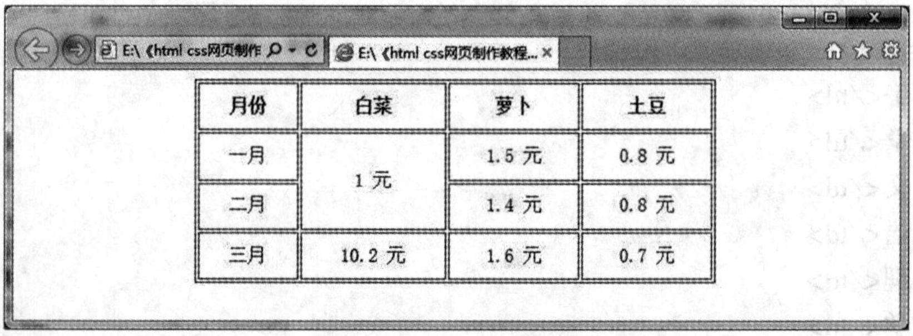

月份	白菜	萝卜	土豆
一月	1 元	1.5 元	0.8 元
二月		1.4 元	0.8 元
三月	10.2 元	1.6 元	0.7 元

图 7-5　rowspan 属性应用举例

实现图 7-5 中页面的代码如下：

```
<tr align="center">
   <td>一月</td>
   <td rowspan="2">1   元</td>
   <td>1.5 元</td>
   <td>0.8 元</td>
</tr>
```

(2) colspan 属性：同样，在复杂的表格结构中，有的单元格是要跨越多列的，这时，需要使用跨列属性 rowspan。其属性值表示当前单元格跨越几列。

例 7-6：colspan 属性应用。如图 7-6 所示的效果图，“1 元”单元格跨越两列。

实现图 7-6 中页面的代码如下：

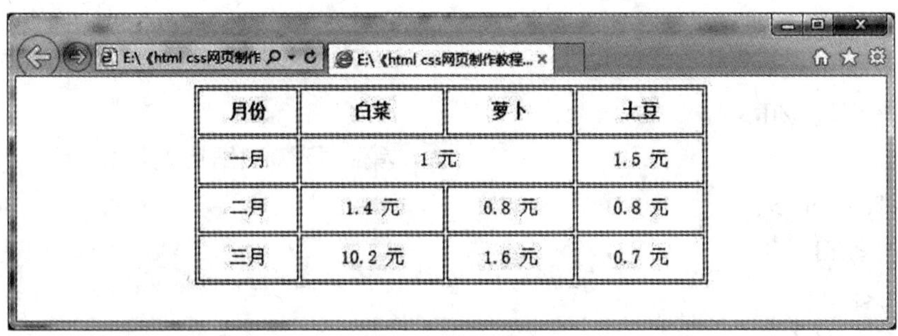

月份	白菜	萝卜	土豆
一月	1 元		1.5 元
二月	1.4 元	0.8 元	0.8 元
三月	10.2 元	1.6 元	0.7 元

图 7-6　colspan 属性应用举例

```
<tr align="center">
  <td>一月</td>
  <td colspan="2">1    元</td>
  <td>1.5 元</td>
</tr>
```

7.2.5　表格标记元素综合演示

上面我们学习了表格标记元素及其属性值的含义和应用，下面我们利用上面所学知识进行综合运用。

例 7-7：表格标记元素综合应用。使用表格实现如图 7-7 所示的页面。

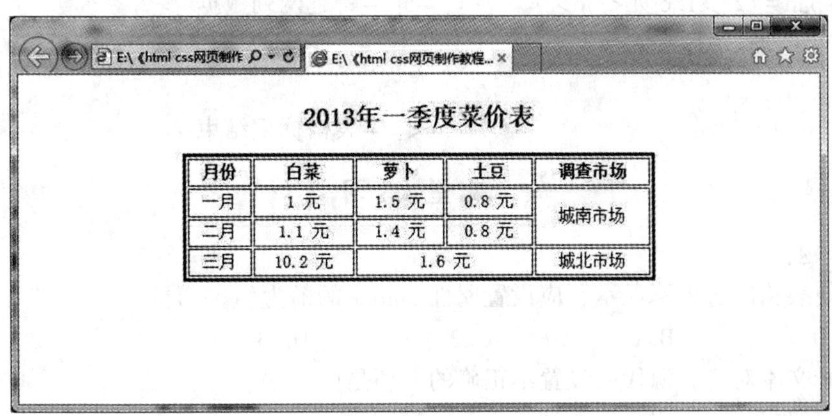

2013年一季度菜价表

月份	白菜	萝卜	土豆	调查市场
一月	1 元	1.5 元	0.8 元	城南市场
二月	1.1 元	1.4 元	0.8 元	
三月	10.2 元	1.6 元		城北市场

图 7-7　表格标记元素综合运用

实现图 7-7 中效果的代码如下：

```
<table width="60%" border="3" cellpadding="3" align="center">  <!--表格标记开始，表格边框为 1 个像素-->
  <caption><h2>2013 年一季度菜价表</h2></caption>   <!--表格标题标记，字体为 h2-->
  <tr align="center">                              <!--定义第一行标记-->
    <th>月份</th>                                  <!--定义第一行第一列单元格-->
```

```
    <th>白菜</th>
    <th>萝卜</th>
    <th>土豆</th>
    <th>调查市场</th>
  </tr>                                    <! --第一行标记结束-->
  <tr align =" center" >
    <td>一月</td>
    <td>1 元</td>
    <td>1. 5 元</td>
    <td>0. 8 元</td>
    <td rowspan =" 2" >城南市场</td>       <! --跨越两行数据-->
  </tr>
  <tr align =" center" >
    <td>二月</td>
    <td>1. 1 元</td>
    <td>1. 4 元</td>
    <td>0. 8 元</td>
  </tr>
  <tr align =" center" >
    <td>三月</td>
    <td>10. 2 元</td>
    <td colspan =" 2" >1. 6 元</td>        <! --跨越两列数据-->
    <td>城北市场</td>
  </tr>
</table>                                   <! --表格标记结束-->
```

课 堂 练 习

1. 选择题：

(1)要使表格的边框不显示，应设置属性 border 的值为(　　)。

A. 0　　B. 1　　C. 2　　D. 3

(2)关于文本对齐，源代码设置不正确的一项是(　　)。

A. 左对齐，<tr align =" left" >

B. 右对齐，<tr align =" right" >

C. 居中对齐，<tr align =" center" >

D. 两端对齐，<tr align =" justify" >

(3)以下标记中，用于定义表格标题的是(　　)。

A. <tr>…</tr>

B. <table>…</table>

C. <caption>…</caption>

D. <th>…</th>

(4)用于设置表格背景颜色的属性是(　　)。

A. background

B. bgcolor

C. backgroundColor

D. BorderColor

2. 填空题:

(1)定义表格的标签是________，定义表头的标签是________。

(2)定义表格的宽度或高度可以使用的单位是______和________。

(3)表格在网页中的作用有__________和__________。

(4)要设置一条长为100像素，粗为2像素的左对齐的水平线，应使用的语句是________。

(5)<hr width=60%>表示创建一条__________的水平线。

(6)要控制单元格内容与表格框线之间的空白，应在table标记符中使用属性________。

3. 操作题:

利用表格实现如图7-8所示的页面。

要求：表格的边界值设为1；标题“通信录”加粗居中；表格为4行4列，其中，首行字体加粗，“联系方式”为2列合并。

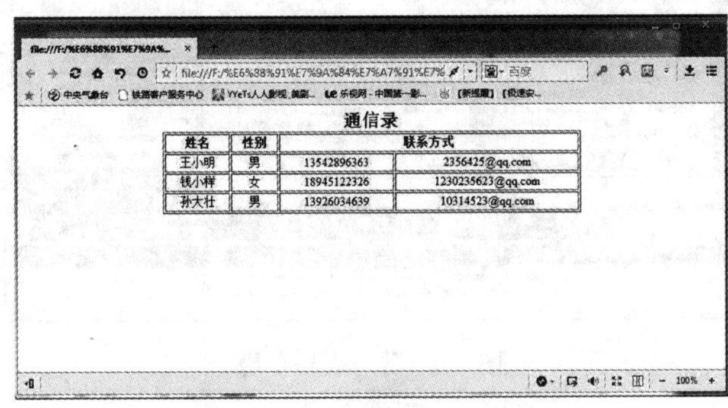

图7-8　利用表格实现通信录

7.3　普通表格布局

表格布局是利用表格的行、列位置，以及向单元格内插入图片或文字对网站进行布局设置。如图7-9所示的页面就是利用表格进行布局的一个实例。从图7-9中我们可以清楚地看到网页分为网站标识、导航栏、侧边栏、内容区、底部信息等几个区域。

下面通过几种常见的网页布局，并结合实际代码来展示如何用表格实现布局。

(1)表格常见布局1：如图7-10所示，图中布局包含网站标识、左侧导航栏、右侧网站内容区域、底部版权信息四个部分组成，整个表格共三行三列。网站标识位于整体的上部也就是表格的第一行(其中的三列合并为一个单元格)，第二行的导航栏和内容区分别位于左右两侧的两列，中间的一列则是空白(其作用是使布局看起来更加清晰和美观，也可以不要)，最后一行是底部版权信息，和网站标识一样为三列合并为一个单元格，占据整行位置。

图 7-9　普通表格布局

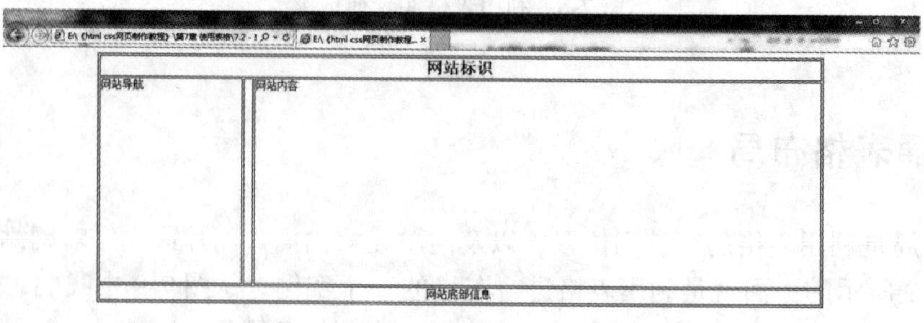

图 7-10　表格常见布局 1

实现代码如下：

```
<table border="1" width="80%" align="center">
    <tr>
        <td colspan="3"   align="center"><h2>网站标识</h2></td>
    </tr>
```

```
    <tr height="300">
        <td width="20%" valign="top">网站导航</td>
        <td width="10"> </td>
        <td valign="top">网站内容</td>
    </tr>
    <tr>
        <td colspan="3"  align="center">网站底部信息</td>
    </tr>
</table>
```

(2)表格常见布局2：与布局1类似，共四部分内容，不同的是，布局2为四行二列布局，网站标识下面一行为水平网站导航，第三行内网站内容区在左侧一列，侧边栏在右侧一列，通常侧边栏用于放置通知、用户登录入口、广告等小幅内容，底部仍然是版权信息。如图7-11所示。

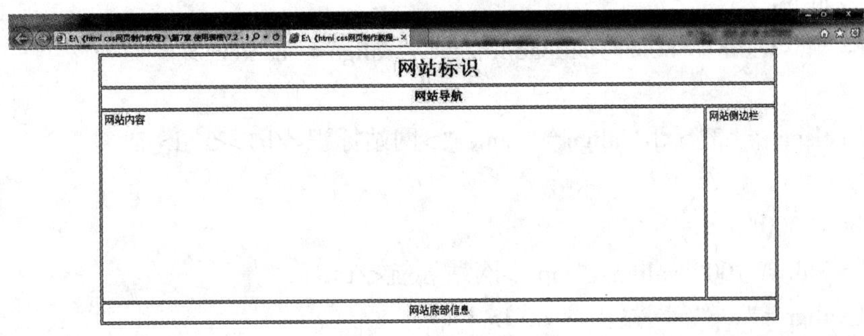

图7-11　表格常见布局2

实现代码如下：

```
<table border="1" width="80%" cellpadding="5" align="center">
    <tr>
        <td colspan="2"><h1 align="center">网站标识</h1></td>
    </tr>
    <tr>
        <td colspan="2"><h3 align="center">网站导航</h3></td>
    </tr>
    <tr height="300">
        <td valign="top">网站内容</td>
        <td width="100" valign="top">网站侧边栏</td>
    </tr>
    <tr>
        <td colspan="2"  align="center">网站底部信息</td>
    </tr>
</table>
```

(3)表格常见布局3：布局3采用的是常见的左中右布局，整体采用三行三列的布局，第二行的导航、内容区、侧边栏分别位于左中右三列，现在大部分网站均是采用这种布局。如图7-12所示。

图7-12　表格常见布局3

实现代码如下：

```
<table border="1" width="80%" cellpadding="5" align="center">
    <tr>
        <td colspan="3"><h1 align="center">网站标识</h1></td>
    </tr>
    <tr height="300">
        <td width="100" valign="top">网站导航</td>
        <td valign="top">网站内容</td>
        <td width="100" valign="top">网站侧边栏</td>
    </tr>
    <tr>
        <td colspan="3"  align="center">网站底部信息</td>
    </tr>
</table>
```

不过，必须提醒大家的是，为了使用表格布局，往往要在代码中插入<table>、<td>、<tr>等标记以及属性控制代码，当网站新加入板块或者内容时，整体布局中的表格均要重做，极大地耗费人力物力。另外，由于数据以及实现外在表现的代码集中在页面上，造成页面代码量极大，在大数据量访问页面时会对服务器造成额外压力，容易造成网站的不稳定。因此，我们不建议用表格对网站进行布局。

7.4 综合案例

如图7-13所示的页面是使用表格进行布局和格式化显示数据的一个综合案例。大家思考一下，应该如何来实现？

实现代码如下：

```
<table border="0" width="1005" cellpadding="1" align="center">
```

图 7-13　表格综合案例

```
<tr>
    <td colspan="2"><img src="images/banner.jpg" /></td>
</tr>
<tr>
    <td colspan="2" ><img src="images/navigation.jpg" /></td>
</tr>
<tr height="300">
    <td width="100" valign="top"><img src="images/siderrbar.jpg" /></td>
    <td valign="top">
        <p>  </p>
        <p align=center><font style="font-size: 14pt; font-family: 黑体" size=3>学   院   简   介</font><font style="font-size: 10.5pt"></p>
        <p><font style="font-family: 黑体"></font></p>
        <p></font>  </p>
        <p><font style="font-size: 10.5pt"><font style="font-size: 10.5pt"></font></font></p>
        <p align=left><font style="font-size: 14pt; font-family: 黑体"><font style="font-size: 10.5pt; font-family: 宋体">      武汉软件工程职业学院是武汉市人民政府主办的综合性高等职业院校。是“国家骨干高职院校立项建设单位”、“全国示范性软件职业技术学院”、高职高专人才培养工作水平评估“优秀”院校；是“国家软件技术实训基地”、教育部等六部委确定的“计算机应用与软件技术”、“汽车运用与维修”技能型紧缺人才
```

```
培养培训基地、全国高职高专计算机类教育师资培训基地；是中国高职教育研究会授予的“高等职业教育国家职业资格教学改革试点院校”，湖北省职业教育先进单位。</font></p>
            <p><font style="font-size: 10.5pt; font-family: 宋体">     
学院地处“国家自主创新示范区”——武汉市东湖高新技术开发区，即“武汉·中国光谷”腹地，环境优美，设施优良。占地面积 1200 余亩，建筑面积 40 余万平方米，仪器设备总值 8000 余万元，计算机 5113 台，实训(实验)室 186 间；图书馆馆藏图书 210 余万册，其中纸质图书 40 余万册，电子图书 169 余万册，学院师生可通过校园网共享清华同方、万方数据等中文数据库。</font></p>
        </td>
    </tr>
    <tr>
        <td colspan="2"  align="center"><img src="images/bottom.jpg" /></td>
    </tr>
</table>
```

代码实现细节：

- 本案例采用布局 1 的模式进行布局，为了使读者忽略其他技术细节而专注于布局练习，本案例的网站标识、导航、侧边栏、底部信息为截图展示。读者可以自己动手尝试进行布局。
- <img src="images/banner.jpg" />，插入的图片为相对路径，这只适用于图片在本站服务器端的状况下。
- <p align=center><font style="font-size: 14pt; font-family: 黑体" size=3>学   院   简   介</font><font style="font-size: 10.5pt"></p>，采用段落标记进行文章标题样式设置，值得注意的是在 HTML 中单纯的空格需要用   来表示，否则浏览器是不会解析出空格的。

课堂练习

利用表格标记和表格布局相关知识来实现如图 7-14 所示的效果图。

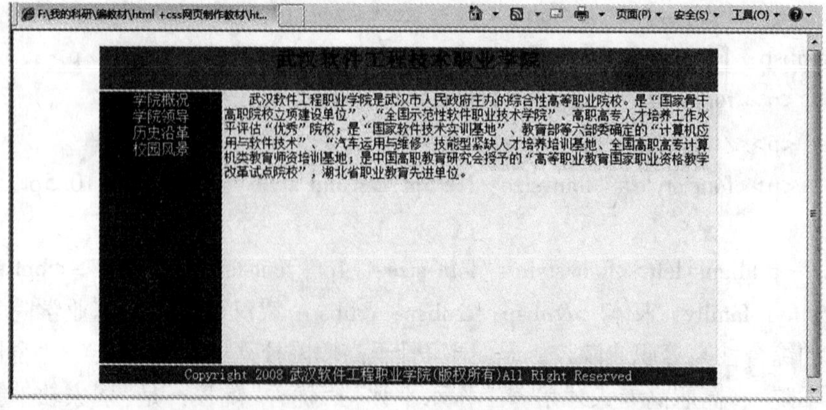

图 7-14 综合操作题效果图

本章小结

本章首先介绍了 HTML 中表格的基础知识，随后一一介绍了常用的表格标记，及其相应的属性和含义，利用示例说明了如何制作并且美化一个表格；其次利用实例介绍了三种常见的表格布局，使读者直观地理解如何使用表格对网页进行布局，最后通过综合案例的演示完整融合所讲内容，使读者学用合一，将理论知识转化为实用操作技巧。

第 8 章 使用多媒体

学习目标：

- 了解常见多媒体格式文件
- 理解并熟练掌握插入多媒体标记的使用
- 熟练掌握在网页中插入多媒体的使用技巧

8.1 多媒体文件类型

在早期的互联网中，我们现在所熟悉的网页或者网站都是由单纯的文字构成，以现在的眼光来看是无法接受的，毕竟世界是多姿多彩的，同样人们需要的网络世界也是一样的。如今我们所浏览的网站几乎都包含了精美的图片（尽管很多已经被广告占据）、悦耳的音乐、生动的影片等可看可听甚至可以与之交互的程序，这些就是多媒体（Multimedia）。本章我们将学习在网页中插入多媒体的技术。

8.1.1 常见音频文件

目前流行的音频格式文件（通常是利用文件的扩展名来代表音频文件类型）包括以下几种类型：

- .mp3 文件。MP3 的全称是 Moving Picture Experts Group Audio Layer III。它是在 1991 年，由位于德国埃尔朗根的研究组织 Fraunhofer-Gesellschaft 的工程师发明和标准化的。简单的说，MP3 就是一种音频压缩技术。它能够在音质丢失很小的情况下把文件压缩到更小的程度。而且能够非常好地保持原来的音质。
- .wav 文件。WAV（Waveform audio format）是微软与 IBM 公司所开发的一种声音编码格式，此音频格式未经过压缩，所以在音质方面不会出现失真的情况，文件的体积因而在众多音频格式中较大。
- .mid 文件。乐器数字接口（Musical Instrument Digital Interface，MIDI）是一个工业标准的电子通信协定，为电子乐器等演奏设备（如合成器）定义各种音符或弹奏码，容许电子乐器、电脑、手机或其他的舞台演出设备彼此连接、调整和同步，得以实时交换演奏数据。
- .flac 文件。FLAC（Free Lossless Audio Codec），中文译为无损音频压缩编码。其特点是可以对音频文件无损压缩。不同于其他有损压缩编码如 MP3 及 WMA（9.0 版本支持无损压缩），它不会破坏任何原有的音频信息，所以可以还原音乐光盘音质。FLAC 与 MP3 相仿，都是音频压缩编码，但 FLAC 是无损压缩，就是说音频以 FLAC 编码压缩后不会丢失任何信息。
- .cda 文件。CD（Compact Disc），是一种用以储存数字资料的光学盘片，原被开发用作

储存数字音乐。一个CD音频文件是一个＊.cda文件，这只是一个索引信息，并不是真正包含声音信息，所以不论CD音乐的长短，在电脑上看到的“＊.cda文件”都是44字节长。不能直接复制CD格式的＊.cda文件到硬盘上播放，需要使用像EAC这样的抓音轨软件把CD格式的文件转换成WAV，这个转换过程如果光盘驱动器质量过关而且EAC的参数设置得当的话，可以说是基本上无损抓音频。

- .ape文件。Monkey's Audio，是一种常见的无损音频压缩编码格式。与有损音频压缩(如MP3、Ogg Vorbis或者AAC等)不同的是，Monkey's Audio压缩时不会丢失数据。一个压缩为Monkey's Audio的音频文件听起来与原文件完全一样。

8.1.2 常见视频文件

目前流行的视频文件格式通常包括以下几种：

- .mpg文件。MPEG(运动图像专家组)是Motion Picture Experts Group的缩写。这类格式包括了MPEG-1，MPEG-2和MPEG-4在内的多种视频格式。MPEG-1被广泛地应用在VCD的制作和一些视频片段下载的网络应用上面。MPEG-2则是应用在DVD的制作，同时在一些HDTV(高清晰电视广播)和一些高要求视频编辑、处理上面也有相当多的应用。MPEG-4(ISO/IEC 14496)则是基于第二代压缩编码技术制定的国际标准，它以视听媒体对象为基本单元，采用基于内容的压缩编码，以实现数字视音频、图形合成应用及交互式多媒体的集成。
- .avi文件。AVI，音频视频交错(Audio Video Interleaved)的英文缩写。AVI这个由微软公司发表的视频格式。AVI格式调用方便、图像质量好，压缩标准可任意选择，是应用最广泛的格式之一。
- .mov文件。MOV即QuickTime影片格式，它是Apple公司开发的一种音频、视频文件格式，用于存储常用数字媒体类型。QuickTime因具有跨平台、存储空间要求小等技术特点，而采用了有损压缩方式的MOV格式文件，画面效果较AVI格式要稍微好一些。
- .wma文件。一种独立于编码方式的在互联网上实时传播多媒体的技术标准。WMA的主要优点在于：可扩充的媒体类型、本地或网络回放、可伸缩的媒体类型、流的优先级化、多语言支持、扩展性等。
- .mkv文件。MKV不是一种压缩格式，而是Matroska的一种媒体文件，Matroska是一种新的多媒体封装格式，也称多媒体容器(Multimedia Container)。它可将多种不同编码的视频及16条以上不同格式的音频和不同语言的字幕流封装到一个Matroska Media文件当中。MKV最大的特点就是能容纳多种不同类型编码的视频、音频及字幕流。
- .rmvb文件。RMVB的前身为RM格式，它们是Real Networks公司所制定的音频视频压缩规范，根据不同的网络传输速率，而制定出不同的压缩比率，从而实现在低速率的网络上进行影像数据实时传送和播放，具有体积小，画质也还不错的优点。
- .flv文件。FLV是FLASH VIDEO的简称，FLV流媒体格式是一种新的视频格式。由于它形成的文件极小、加载速度极快，使得网络观看视频文件成为可能，它的出现有效地解决了视频文件导入Flash后，使导出的SWF文件体积庞大，不能在网络上很好地使用等缺点。

8.2 插入多媒体

8.2.1 <embed>标记

在网页中，我们通常需要嵌入各种多媒体内容，如音乐、电影、动画等。在 XHTML 中，利用<embed>标记可以向网页中插入各种多媒体，它是一个单标记，因此没有相应的结束标记。插入的多媒体格式可以是以 midi、wav、mp3 等为后缀的文件类型，Netscape 浏览器及新版的 IE 浏览器都支持该标记。使用<embed src=url/>这样的 XHTML 代码插入要使用的媒体，其中 url 为音频或视频文件及其路径，可以是相对路径或绝对路径。

<embed>标记的常见属性有以下几种：

(1) autostart 属性。该属性规定音频或视频文件是否在下载完之后就自动播放。其取值有两种。true：音乐文件在下载完之后自动播放；false：音乐文件在下载完之后不自动播放。默认为 false。

(2) loop 属性。该属性规定音频或视频文件是否循环及循环次数。属性值为正整数值时，音频或视频文件的循环次数与正整数值相同；属性值为 true 时，音频或视频文件循环；属性值为 false 时，音频或视频文件不循环。

(3) hidden 属性。该属性控制播放面板是否显示，默认值为 no。其属性值有两种。ture：隐藏面板；no：显示面板。

(4) starttime 属性。该属性规定音频或视频文件开始播放的时间。未定义则从文件开头开始播放。

(5) volume 属性。该属性规定音频或视频文件的音量大小。未定义则使用系统本身的设定。

(6) height 属性和 width 属性。该属性规定控制面板的高度和宽度。height：控制面板的高度；width：控制面板的宽度。取值为正整数或百分数，单位为像素。

(7) units 属性。该属性指定高和宽的单位为 pixels 或 en。

(8) controls 属性。该属性控制播放面板的外观。默认值是 console。其属性的取值如表 8-1 所示。

表 8-1　　controls 属性值

controls 属性值	描　述
console	一般正常面板
smallconsole	较小的面板
playbutton	只显示播放按钮
pausebutton	只显示暂停按钮
stopbutton	只显示停止按钮
volumelever	只显示音量调节按钮

(9) name 属性。该属性给对象取名，以便其他对象利用。

(10)title 属性。该属性规定音频或视频文件的说明文字。

(11)palette 属性。该属性表示嵌入的音频或视频文件的前景色和背景色，第一个值为前景色，第二个值为背景色，中间用 | 隔开。color 可以是 RGB 色(RRGGBB)也可以是颜色名，还可以是 transparent(透明)。

(12)align 属性。该属性规定控制面板和当前行中的对象的对齐方式。其属性的取值如表 8-2 所示。

表 8-2　**align 属性值**

align 属性值	描　述
center	控制面板居中
left	控制面板居左
right	控制面板居右
top	控制面板的顶部与当前行中的最高对象的顶部对齐
bottom	控制面板的底部与当前行中的对象的基线对齐
baseline	控制面板的底部与文本的基线对齐
texttop	控制面板的顶部与当前行中的最高的文字顶部对齐
middle	控制面板的中间与当前行的基线对齐
absmiddle	控制面板的中间与当前文本或对象的中间对齐
absbottom	控制面板的底部与文字的底部对齐

例 8-1：在网页中插入 mp3 音频文件，其效果如图 8-1 所示。

```
<embed src="Trepak_ Russian Dance. mp3" />
```

说明：这里要注意的是 src 是 source 的英文缩写，请读者注意是 src 而不是 scr 或是其他，避免拼写错误。

图 8-1　使用<embed>插入 MP3 音频文件

8.2.1　<object>标记

相似于<embed>标记，<object>标记也可以在网页上插入多媒体文件。不过，不同的是<object>需要</object>来结束，这一点在 XHTML 中是十分重要的。下面介绍<object>标记的常用属性。

(1)data 属性。规定对象使用的资源的 URL。也就是对象所代表的文件。

(2)type 属性。指定多媒体文件的类型。

(3)classid 属性。用于识别用户 PC 上已经安装的 ActiveX 控件，如果用户没有安装该控件，浏览器会自动下载并安装它。

注：ActiveX 控件是用于互联网小程序，有时称为插件程序。它们会允许播放动画，或帮助执行任务。一些网站会要求安装 ActiveX 控件，才能看得到该网站或执行网站上的某些任务。访问此类网站时，IE 会提示是否希望安装 ActiveX 控件。ActiveX 控件结合了 Java 程序和 Netscape 插件优点，还可以用许多编程语言，包括所有 Microsoft 编程和在数据库语言编写程序中使用 ActiveX 控件。使用 ActiveX 控件可快速实现小型的组件重用、代码共享。

(4)codebase 属性。用来指定插件位置的相对路径。

另外，<object>标记还包括 height 属性、width 属性、autostart 属性、loop 属性、hidden 属性等，这些属性的含义、属性值，及其用法都与<embed>一致，这里我们就不再重复介绍。

例 8-2：使用<object>标记插入例 8-1 中的音乐，其效果如图 8-2 所示。

```
<object data="Trepak_Russian Dance. mp3" autostarts="ture"></object>
```

图 8-2　使用<object>标记插入音频文件

课堂练习

1. 选择题：

(1)循环播放背景音乐 background. mid，以下用法中正确的是(　　)

A. <bgsound src="background. mid" loop="1">

B. <bgsound src="background. mid" loop=true>

C. <sound src="background. mid" loop="true">

D. <embed src="background. mid" autostart=true></embed>

(2)下面关于插入多媒体的说法中错误的是(　　)

A. <object>标记用来插入各种多媒体

B. loop=#用来设定是否循环播放以及循环播放的次数

C. Autostart=#属性设定是否在音频或者视频下载完后就自动播放，默认为 true

D. Volume 属性用来规定音频或视频的音量大小

2. 填空题：

(1)在网页中嵌入多媒体，如电影，声音等用到的标记是__________和__________。

(2)在页面中添加背景音乐 background. mid，循环播放 4 次的语句是__________。

3. 操作题：

创建一个简单页面，插入一首音乐作为背景音乐循环播放，显示音乐播放控制面板，使

访问者可以随时停止播放该音乐。

8.3　插入 Flash

8.3.1　什么是 Flash

Flash 是由 Macromedia 公司推出的交互式矢量图和 Web 动画的标准，后来被 Adobe 公司收购。网页设计者可以使用 Flash 创作出既漂亮又可改变尺寸的导航界面以及其他奇特精美的效果。由于 HTML 语言的功能十分有限，无法达到人们的预期设计，以及实现令人耳目一新的动态效果，在这种情况下，各种脚本语言应运而生，使得网页设计更加多样化。然而，程序设计总是不能很好地普及，因为它要求一定的编程能力，而人们需要一种既简单直观又有功能强大的动画设计工具，而 Flash 的出现正好满足了这种需求。

Flash 特别适用于创建通过互联网传播的内容，因为它的文件非常小。Flash 是通过广泛使用矢量图形做到这一点的。与位图图形相比，矢量图形需要的内存和存储空间小很多，因为它们是以数学公式而不是大型数据集来表示的。位图图形之所以更大，是因为图像中的每个像素都需要一组单独的数据来表示。

8.3.2　在网页上插入 Flash

下面我们通过实例来学习如何在网页上插入 flash，分别采用刚刚所学过的两种标记：<embed>标记和<object>标记。

例 8-3：使用<embed>标记插入 Flash 文件。其效果如图 8-3 所示。

```
<embed src="日历翻阅.swf" width="300" height="220"></embed>
```

图 8-3　使用<embed>标记插入 Flash 文件

例 8-4：使用<object>标记插入 Flash 文件。其效果如图 8-4 所示。

```
<object classid=clsid：D27CDB6E-AE6D-11cf-96B8-444553540000
codebase=http：//download.macromedia.com/pub/shockwave/cabs/flash/swflash.cab#version=
4，0，2，0 height=210 width=750>
    <param name="movie" value="日历翻阅.swf">
```

高职高专计算机系列教材

```
    <param name="quality" value="high">
    <param name="wmode" value="transparent">
</object>
```

图 8-4 使用<object>标记插入 Flash 文件

8.3.3 在图像上放置透明 Flash

利用 Dreamweaver 软件实现，首先可以将一张需要放置透明 flash 的图片作为单元格的背景导入，然后在此单元格内插入一个透明 flash 文件，可以调整此 flash 元素的大小与单元格相一致，选中该 flash 文件，点击属性面板里的"参数"按钮，新建一个参数"wmode"，将其值设置为"transparent"。如图 8-5 所示。

例 8-5：利用 Dreamweaver 插入透明 Flash 文件。

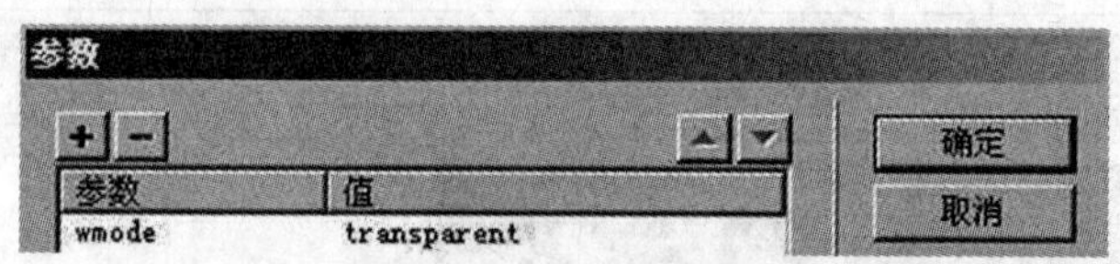

图 8-5 利用 Dreamweaver 插入透明 Flash 文件

实现代码如下：

```
<object classid="clsid: D27CDB6E-AE6D-11cf-96B8-444553540000" width="768" height="132">
        <param name="movie" value="xxwlzx/10.swf" />
        <param name="quality" value="high" />
        <param name="wmode" value="transparent" /><!--这句代码使 flash 在 IE 浏览器中透明-->
         <embed src="xxwlzx/10.swf" quality="high" pluginspage="http://www.macromedia.com/go/getflashplayer"
type="application/x-shockwave-flash" width="768" height="130"
wmode="transparent"><!--这句使 flash 在非 IE 浏览器中透明-->
```

</embed>

</object>

以上代码也可以手动在源代码添加。

8.4　插入视频文件

除了音乐和动画外，我们常常也在网络上见到丰富多彩的视频文件。下面以网络上常见的 rmvb 与 mp4 格式的视频文件为例子来介绍如何在网页插入视频。

例 8-6：在网页中插入名称为"生活大爆炸 . rmvb"的 rmvb 格式视频。其效果如图 8-6 所示。

图 8-6　插入 rmvb 视频文件

<object classid = " clsid: CFCDAA03-8BE4-11cf-B84B-0020AFBBCCFA " name = " player" width="624" height="352" d="player"><! --用于指定 ActiveX 控件的唯一的字符串标示，可以识别嵌入的 RealPlayer 播放器-->

<param name="AUTOSTART" value="1"><! --控制播放方式：x=1，打开网页自动播放；x=0，按播放键播放-->

<param name="SHUFFLE" value="0"><! --同多文件片的 rm 文件或是 smil 文件一起使用。可以让 RealPlayer 随机播放列表中的文件-->

<param name="PREFETCH" value="0"><! --指定在播放前，RealPlayer 是否可以获得流描述信息，默认值是 False-->

<param name="NOLABELS" value="-1"><! --禁止或者显示标题或是版权信息-->

<param name="SRC" value="生活大爆炸 . rmvb"><! --指定播放的文件或是源文件的地址-->

<param name="CONTROLS" value="Imagewindow"><! --可以让你指定哪些控制是可见

的。-->

<param name="CONSOLE" value="clip1"><! --可以将各种不同的 RealPlayer 控制聚集在网页上，这样它们可以交互使用或是保持独立，而且互相不影响-->

<param name="LOOP" value="true"><! --指定片断是否无限循环-->

<param name="NUMLOOP" value="0"><! --指定文件片循环的次数，不需要参数 loop-->

<param name="CENTER" value="0"><! --指定片断使用初始编码大小播放，并且在图像窗口的中央。-->

<param name="MAINTAINASPECT" value="0"><! --默认 RealPlayer 拉伸所有的片断来充满整个图像窗口。-->

<param name="BACKGROUNDCOLOR" value="#000000"><! --设置背景颜色->

</object>

例 8-7：在网页中插入名称为“林来疯 . mp4”的 mp4 格式视频。其效果如图 8-7 所示。

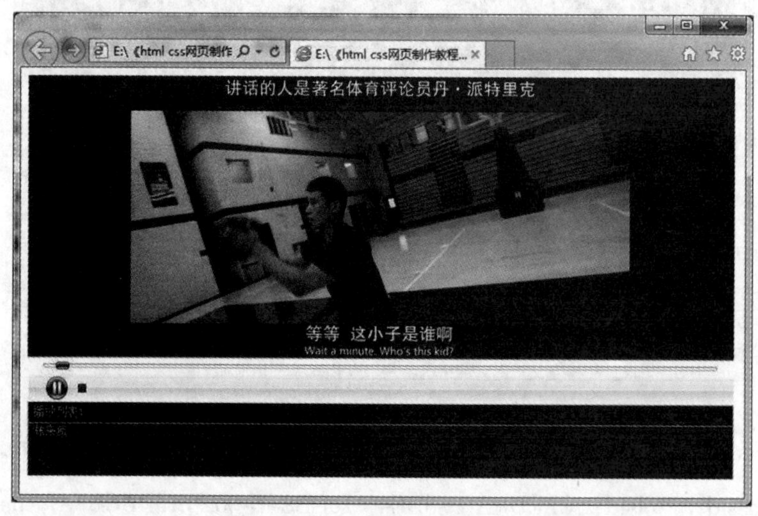

图 8-7　插入 mp4 视频文件

<object classid="clsid：05589FA1-C356-11CE-BF01-00AA0055595A" id="ActiveMovie1" width="720" height="400">

<param name="AutoStart" value="-1"><! --是否自动播放-->

<param name="Balance" value="0"><! --左右声道平衡，最左-9640，最右 9640-->

<param name="CurrentPosition" value="0"><! --当前播放进度-1 表示不变，0 表示开头单位是秒，比如 10 表示从第 10 秒处开始播放，值必须是-1.0 或大于等于 0-->

<param name="Enabled" value="-1"><! --播放器是否可人为控制-->

<param name="EnableContextMenu" value="-1"><! --是否启用上下文菜单-->

<param name="EnableTracker" value="-1"><! --是否允许拉动播放进度条到任意地方播放-->

<param name="Filename" value="林来疯 . mp4" valuetype="ref"><! --播放的文件地

址-->

<param name="FullScreenMode" value="0"><! --开始播放是否自动全屏-->

<param name="MovieWindowSize" value="0">

<param name="PlayCount" value="1"><! --重复播放次数，0为始终重复-->

<param name="Rate" value="1"><! --播放速率控制，1为正常，允许小数-->

<param name="ShowControls" value="-1"><! --是否显示控制，比如播放，停止，暂停-->

<param name="ShowDisplay" value="-1"><! --显示节目信息，比如版权等-->

<param name="ShowPositionControls" value="0"><! --是否显示往前往后及列表，如果显示一般也都是灰色不可控制-->

<param name="ShowTracker" value="-1"><! --是否显示当前播放跟踪条，即当前的播放进度条-->

<param name="Volume" value="-480"><! --音量大小，负值表示是当前音量的减值，值自动会取绝对值，最大为0，最小为-9640-->

</object>

值得注意的是，实质上网页插入视频的本质是调用本地解码器的一个过程，这里classid="clsid：CFCDAA03-8BE4-11cf-B84B-0020AFBBCCFA"是RealPlayer播放器的唯一标识。如果读者的PC没有安装RealPlayer软件，那么是不会播放视频的，mp4的播放也是如此(mp4是调用的微软自带的Windows Media Player)。如果读者对其他的格式视频的播放感兴趣，可以在网络搜索相关格式视频的播放代码，原理不变。

课堂练习

1. 选择题：

(1)向网页中插入GIF动画文件的标记是(　　)。

A. <GIF>　　B. <IMG>　　C. <EMBED>　　D. <BGSOUND>

(2)在网页中播放名为example.avi的动画，正确标记使用语法的是(　　)。

A. <embed src="example.avi" autostart=true>

B. <embed src="example.avi" autostart=true></embed>

C. <embed src="example.avi" autoopen=true></embed>

D. <embed src="example.avi" autoopen=true>

2. 填空题：

(1)<img src="ex.gif" dynsrc="ex.avi" loop=3 loopdelay=250>语句的功能是__________。

(2)在网页中插入透明flash时，<param name="wmode" value="transparent" />这句代码的作用是__________。

3. 操作题：

创建一个简单页面，插入一个mp4视频文件，显示视频播放控制面板，使访问者可以控制该视频的播放，如图8-8所示。

图 8-8　插入视频文件

本 章 小 结

本章首先介绍了常见的音频和视频等多媒体格式，以便读者了解各种文件的概况以及格式；其次介绍了插入多媒体文件的两个标记<embed>和<object>的含义、属性、使用方法以及这两者之间使用的区别；最后以实例介绍了插入音频、动画和视频的方法及注意事项，能帮助读者掌握在网页上插入多媒体的技能。

第9章 使 用 表 单

学习目标：

- 理解表单工作原理。
- 理解并熟练掌握使用表单标记的方法技巧。
- 掌握完整表单的建立方法。

9.1 表单的工作原理

表单是什么？其实，在日常浏览网页的时候，我们很多时候都在使用表单，它是网站实现互动功能的重要组成部分。在使用搜索引擎来查找自己感兴趣的知识或寻求答案时，在购物网站填写订单或给卖家留言的时候，给远方的家人朋友写一封电子邮件的时候，我们都离不开表单。在使用这些表单的时候，我们通常在文本框中填写姓名、邮箱、电话等基本信息，在复选框中来勾选自己丰富多彩的兴趣，在单选框中选择自己生日，在密码框中填写自己网站论坛的通行证密码等，表单就是利用这些控件(文本框、复选框、单选框、密码框等)来获取用户输入的信息，完成用户与网站的互动功能。无论网站使用哪种语言来构架动态网站，例如 asp、php、java 等，表单的组成已经相对固定，也是相对一致的外在表现形式。

现在来看一个详细的表单页面，如图 9-1 所示的腾讯 QQ 账号注册页面，是一个典型的表单页面。该表单用于接收用户的注册信息。这里的文本框、密码框、单选框、下拉菜单、复选框和图像按钮，都是不同类型的表单元素。

表单是一个 XHTML 元素，它用于包含和组织表单元素并从网站访问者那里接收信息。一般的表单由两部分组成：一是，描述表单和表单元素的 XHTML 源代码，它构成了网页的用户界面，是我们所能看到的；二是，服务器端用来处理用户所填信息的程序或者客户端的脚本，这一部分是网页访问者看不到的，它的作用非常重要，例如将用户填写数据存入到数据库、将书写好的电子邮件发送出去或在网站服务器上执行一些其他的操作等。在 XHTML 里，我们可以定义表单，并且使表单与 CGI 或 ASP 等服务器端的表单处理程序配合，最终完成网站的互动功能。

注：关于 CGI，公共网关接口(Common Gateway Interface) 是 WWW 技术中最重要的技术之一，有着不可替代的重要地位。CGI 是外部应用程序(CGI 程序)与 Web 服务器之间的接口标准，是在 CGI 程序和 Web 服务器之间传递信息的规程。CGI 规范允许 Web 服务器执行外部程序，并将它们的输出发送给 Web 浏览器，CGI 将 Web 的一组简单的静态超媒体文档变成一个完整的新的交互式媒体。那么我们看一个实际例子：现在的个人主页上大部分都有一个留言本。留言本的工作是这样的：先由用户在客户端输入一些信息，如名字之类的东西。接着用户按一下“留言”(到目前为止工作都在客户端)，浏览器把这些信息传送到服务

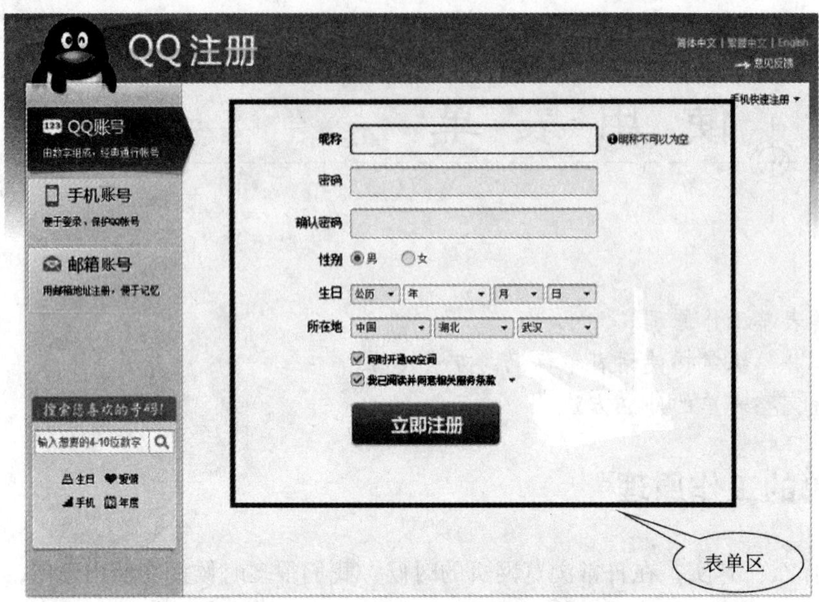

图 9-1　表单示例

器的 CGI 目录下特定的 CGI 程序中，于是 CGI 程序在服务器上按照预定的方法进行处理。在本例中就是把用户提交的信息存入指定的文件中。然后 CGI 程序给客户端发送一个信息，表示请求的任务已经结束。此时用户在浏览器里将看到“留言结束”的字样。整个过程结束。

9.2　表单<form>标记及属性

在 XHTML 中，使用<form></form>标记用来创建一个表单区域，即定义表单的开始和结束位置。但是<form>是绝对不能包含其他<form>标记的，也就是说，一个网页中可以包含多个表单，但是这些表单之间不能相互嵌套。这一标记有两方面的作用：第一，限定表单的范围。所有属于该表单域的表单元素，都要插入到表单域之中。单击提交按钮时，提交的也是该表单范围之内的数据。第二，携带表单的相关信息。例如处理表单的脚本程序的位置(action)、提交表单的方法(method)等。这些信息对于浏览者是不可见的，但对于处理表单的确起着决定性的作用。

表单的相关信息我们可以通过设置<form>标记的属性来指定，例如表单的名称(设置 name 属性)、表单的唯一标识(设置 id 属性)、用服务器端的什么程序来处理该表单(设置 action 属性)、如何将信息发送到服务器(设置 method 属性)等。表单的常见属性包括以下四个：

(1) action 属性：该属性是可选的，它通常用于指定服务器端的哪个程序或脚本将使用 CGI 处理你的表单数据。该属性的取值通常是服务器端处理程序的文件名，是服务器上一个有效的文件名。通常是一个 php 脚本(扩展名为 .php)，一个 asp 活动服务器页面(扩展名为 .asp)，或者一个 jsp 文件(扩展名为 .jsp)等。

例 9-1：<form>标记的使用。当 action 属性取值为一个名称为"login. asp"的 asp 活动服务器页面时，就是说使用服务器上"login. asp"文件来处理表单数据。

说明：①点击该表单的提交按钮将会链接到网页——" login. asp" 。代码如下：

```
<form name =" login"  method =" post"  action =" login. asp" ></form>
```

②同时还会将表单中输入的数据发送给该网页进行处理。

(2)id 属性：该属性是可选的，它是表单的唯一标识。它的取值可以是字母或数字、但不能含空格。取值必须是唯一的，并且不能用于同一个 XHTML 文件的其他表单的 id 值。

(3)method 属性：该属性用于指定将表单数据提交到服务器的方式，包括 get 和 post 两个方法。该属性是可选的，如果省略的话，则默认为 get 方法。

说明：①get 方法，是将表单数据附加在页面的 URL 地址的后面，将数据作为 URL 的一部分一起发送到 Web 服务器，因此，该方法对提交信息的长度进行了限制，信息长度不可以超过 8192 个字符，同时 get 方法不具保密性，不适合处理保密性要求高的内容，而且不能传送非 ASCII 码的字符。

②post 方法，是将用户在表单中填写的数据包含在表单的主体中，一起传送到服务器的处理程序中，这种方式不会在浏览器的地址栏中显示提交的信息，这种方式对传送的数据没有限制。

(4)name 属性：该属性是可选的。它为表单进行命名以方便客户端脚本能够方便地访问表单。它的取值可以是字母或数字，但不能含空格，且要以字母打头。建议使用描述性较强的名字，便于日后维护。例如，为一个登录表单取名为"LoginForm"就比"Form1"要好得多。

表单将数据提交给动态页后，动态页通过 request 对象取下数据，就能对数据进行相应的处理了，例如把这些数据存入数据库，或按这些数据进行查询等。

9.3 表单中的基本元素

表单的作用是从网页访问者那里收集信息，表单元素的作用是提供给网页访问者输入信息。表单元素的类型主要包括单行文本框、单选框、复选框、文件域、图像域、按钮、密码框等。这些表单元素可以通过 XHTML 标记来添加，即表单域<form>标记中包含的表单标记。这些标记主要有输入标记<input>、菜单和列表标记<select>和菜单和列表项目标记<option>、多行文本域标记<textarea> 。

9.3.1 输入标记<input>

输入标记<input>是表单中最常用的标记之一，用于收集用户输入信息，是一个单标记。它具有两个属性，一个是 name 属性，一个是 type 属性。name 属性为该标记命名，而该标记的含义由其 type 属性的值决定。<input>标记的 type 属性总共有 10 种取值，如表 9-1 所示。

表 9-1　<input>标记的 type 属性值

type 属性值	描　述
text	文本域
password	密码域
radio	单选框
checkbox	复选框
file	文件域
button	普通按钮
submit	提交按钮
reset	重置按钮
hidden	隐藏域
image	图像域(图像按钮)

Type 属性的 10 种不同取值决定了 10 种不同类型的表单元素。下面分别来介绍它们的作用，以及如何通过 XHTML 代码来添加这些表单元素。

- **单行文本框 text**

当<input>标记的 type 属性取值为"text"时，表单元素为单行文本框。用于接收文本或数字信息，通常是一行文本，例如：姓名、email 地址、电话号码、查询关键字等。

例 9-2：使用表单完成根据关键字进行查询的页面，如图 9-2 所示。

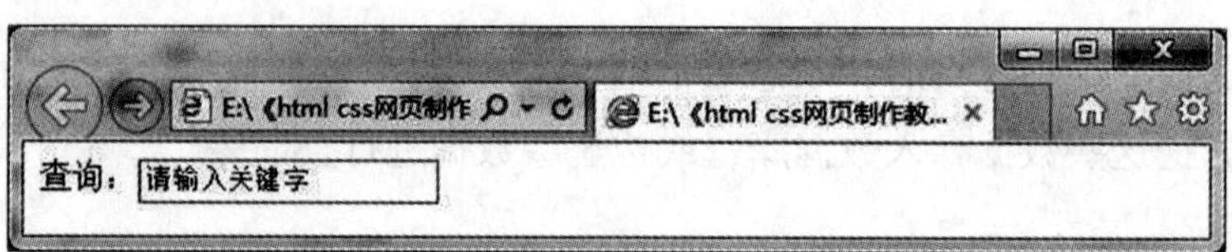

图 9-2　单行文本框示例

实现图 9-2 中页面的代码如下：

查询：<form><input type="text" name="seach" size=20 onfocus="this.value=""value="请输入关键字"/></form>

- **密码输入框 password**

当<input>标记的 type 属性取值为"password"时，表单元素为密码输入框。与单行文本输入框相类似，不同的是密码输入框是用来收集用户的敏感数据，安全性较高。该控件隐藏用户在屏幕上输入的字符，通常用星号或者圆点代替。

例 9-3：使用表单完成密码输入的页面，如图 9-3 所示。

实现图 9-3 中页面的代码如下：

密码：<input type="password" name="password" id="password" size="30"/>

- **单选框 radio**

当<input>标记的 type 属性取值为"radio"时，表单元素为单选框。单选框允许用户从事

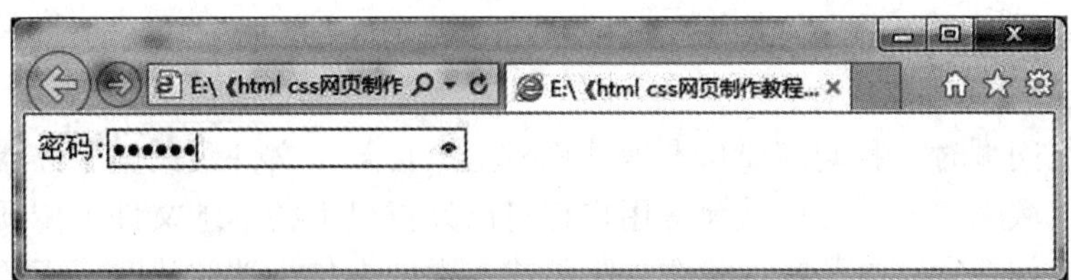

图 9-3 密码输入框示例

先确定的一组选项中选择其中一个选项。通常用户单选的情况，如选择性别时，我们只能从男、女两个选项中选择其中一个。

例 9-4：用户在填写个人信息时，通常对于性别的选择用单选框来实现，如图 9-4 所示。

图 9-4 单选框示例

实现图 9-4 中页面的代码如下：

性别：

<input type="radio" name="gender" value="F" />女性

<input type="radio" name="gender" value="M" checked="checked" />男性

其中，checked 属性设定初始状态时一组单选按钮中的哪一项处于选定状态，在图 9-4 中，则是"男性"选项处于被选定状态。同一组单选按钮 name 属性的值必须相同，这样这一组单选框中就有且仅有一个能被选中。

- **复选框 checkbox**

当<input>标记的 type 属性取值为"checkbox"时，表单元素为复选框。允许用户从事先确定的一组选项中选择一个或者多个选项。通常用于可以多选的情况，如对兴趣爱好的选择。

例 9-5：用户在填写个人信息时，通常对于兴趣的选择可以用复选框来实现，如图 9-5 所示。

图 9-5 复选框示例

实现图 9-5 中页面的代码如下：

你的兴趣是：

<input type="checkbox" name="checkbox1" value="1" checked="checked" />看书

<input type = " checkbox" name = " checkbox2" value = " 2" checked = " checked" />上网

<input type = " checkbox" name = " checkbox3" value = " 3" />听音乐

- **文件域 file**

通常在浏览网页时，我们需要从本地计算机上上传某个文件到网站服务器上，这个功能由表单元素文件域来完成。文件域允许用户将自己计算机上的本地文件上传到网站服务器。

例如，当我们在发送电子邮件时添加附件或在微博上传本地照片时，通常都通过文件域来实现。

从外观上看，文件域由一个文本框和一个“浏览”按钮组成，用户可以直接将要上传给网站的文件的路径填写在文本框中，也可以单击“浏览”按钮在本地主机中选择要上传的文件。

例 9-6：用文件域上传本地文件，如图 9-6(a)所示。

图 9-6(a) 文件域

在例 9-6 中，当单击图 9-6(a)中的“浏览”按钮时，出现图 9-6(b)所示的文件选择窗口，我们就可以从本地主机上选择要上传的文件。

实现图 9-6(b)中页面的代码如下：

图 9-6(b) 点击“浏览”按钮后的文件选择窗口

请选择你要上传的文件：

<input type = " file" name = " upfile" />

- **按钮**

按钮的作用在表单中是不可忽视的。其作用可以分为三个：第一，当用户点击按钮时用来提交表单数据到服务器；第二，清空表单数据或者完成重置操作；第三，经常用来触发某些处理程序或者脚本。根据按钮的不同功能，可以把按钮分为以下三种类型：

(1)提交按钮(type = " submit")，将表单中所有具有 name 属性的元素内容发送到服务器

端指定的应用程序。

(2)重置按钮(type="reset")，用户在填写表单时，若希望重新填写，单击该按钮将使全部表单元素的值还原为初始值。

(3)普通按钮(type="button")，该按钮没有内在行为，但可用 javascript 为其指定动作。比如，显示另一个页面，完成计算或其他功能。

例 9-7：使用表单完成聊天登录的页面，如图 9-7 所示，其中“登录”按钮为提交按钮、“取消”按钮为重置按钮、“注册新用户”按钮为普通按钮。

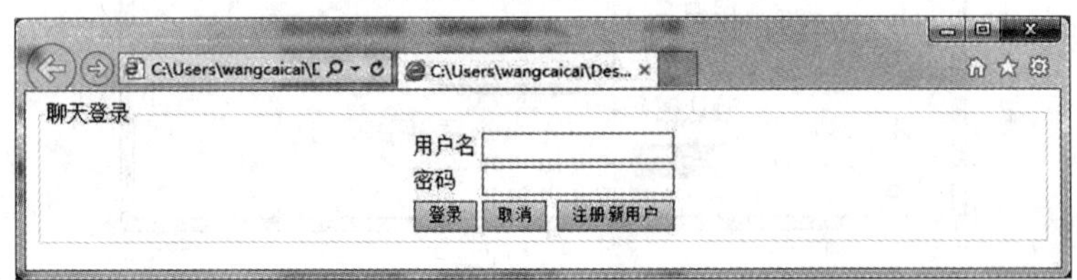

图 9-7　按钮示例

实现图 9-7 中页面的代码如下：

```
<fieldset>
    <legend>聊天登录</legend>
    <table align="center" >
      <tr>
          <td>用户名</td>
          <td><input type="text" name="email" id="email" size="20"/></td>
      </tr>
      <tr>
          <td>密码</td>
          <td><input type="password" name="nickname" id="nickname" size="20"/>
</td>
      </tr>
      <tr>
          <td><input type="submit" value="登录"></td>
          <td><input type="reset" value="取消"> <input type="button" value="
注册新用户"></td>
      </tr>
   </table>
</fieldset>
```

说明：此例中，采用了表格对表单进行格式化。另外，此例中的<fieldset>和<legend>标记为字段集标记，将在 9. 4. 1 节详细讲解。

- **图像域 image**

图像域，即图像按钮，是指用一张图片做按钮，其功能和提交按钮相同。在前面的例子中我们可以看到，标准的提交按钮外观显得比较单调，而很多时候我们的网页需要丰富多彩的元素从而更具有吸引力。当我们设计了一个精美的色彩鲜明的网页时，再使用表单默认的按钮与之搭配时，就会破坏整体的美感。使用图像域就可以创建和网页其他元素相搭配的图像按钮。

例 9-8：利用表单完成如图 9-8 所示的页面，其中的"注册"按钮即为图像按钮。

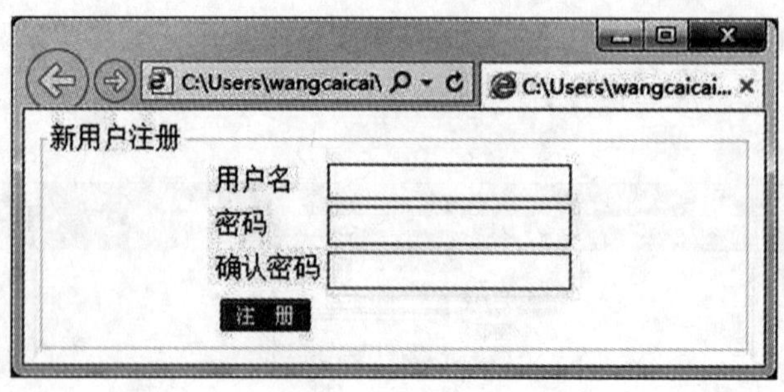

图 9-8　图像域示例

实现图 9-8 中页面的代码如下：

```
<fieldset>
    <legend>新用户注册</legend>
    <table align="center" >
        <tr>
            <td>用户名</td>
            <td><input type="text" name="email" id="email" size="20"/></td>
        </tr>
        <tr>
            <td>密码</td>
            <td><input type="password" name="nickname1" id="nickname1" size="
20"/></td>
        </tr>
        <tr>
            <td>确认密码</td>
            <td><input type="password" name="nickname2" id="nickname2" size="
20"/></td>
        </tr>
        <tr>
            <td><input type="image" name="denglu" src="images/2. jpg" /></td>
        </tr>
    </table>
</fieldset>
```

9.3.2　菜单和列表标记<select>和<option>

前面我们讲过，在表单中允许用户从一组选项中选择其中一项，我们通常使用单选框。

如选择性别时，从“男”、“女”两个选项中选择一个。大家试想一下，当我们选择省份时，一组选项则包含26个单选项，这时，如果我们再用单选框来实现，将是一个庞大、复杂的事情，也极大浪费网页空间。对于这种情况，我们通常采用下拉菜单框或列表框来实现。

下拉菜单框最能节省网页的空间，因为在正常状态下，我们只能看到一组选项中的一项，只有单击按钮打开菜单后才能看到全部的选项。

列表框可以显示一定数量的选项，如果选项的总数目超过了这个数量，则会自动出现滚动条，浏览者可以通过拖动滚动条来看到所有选项。

<select>标记是下拉菜单框或列表框标记，而下拉菜单框或列表框中的每一项由<option>标记定义，还可使用<optgroup>标记添加一个不可选中的选项。<select>标记的含义由其size属性决定，如果该标记没有设置size属性，那么该标记添加的是下拉菜单框；如果设置了size属性，则变成了列表框，size值的大小表示列表框可以显示的选项数目。如果是列表框时，当设置了multiple属性时，则表示列表框允许多选。

例9-9：使用菜单和列表标记<select>和<option>标记实现一个下拉菜单框，用于喜欢的运动的选择。其效果如图9-9所示。

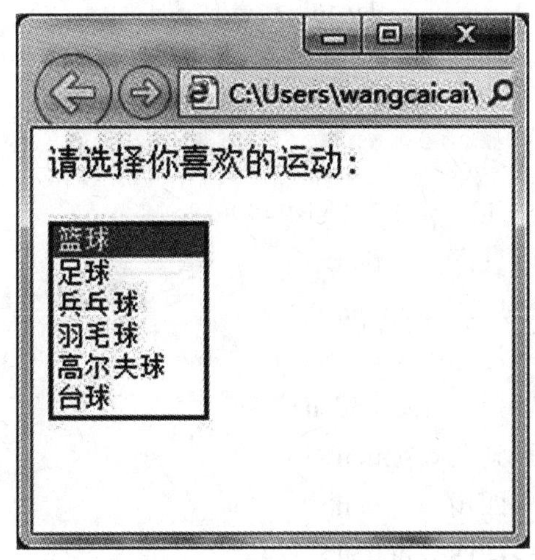

图9-9　下拉菜单框示例

实现图9-9中的代码如下：

```
请选择你喜欢的运动：<br/><br/>
<select name="sport" id="select">
    <option value="1">篮球</option>
    <option value="2">足球</option>
    <option value="3">兵乓球</option>
    <option value="4">羽毛球</option>
    <option value="5">高尔夫球</option>
    <option value="6">台球</option>
</select>
```

说明：在<select>标记中没有设置 size 属性，则表单元素为下拉菜单框。

例 9-10：使用菜单和列表标记<select>和<option>实现一个列表框，用于省份的选择，如图 9-10 所示。

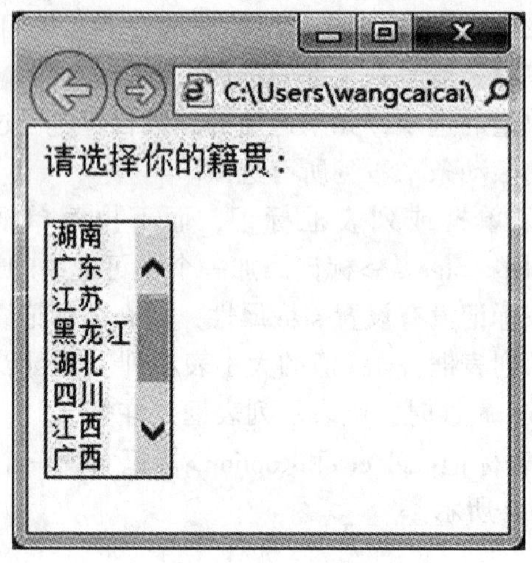

图 9-10　列表框示例

实现图 9-10 示例代码：

```
请选择你的籍贯：<br/><br/>
<select name="province" id="select" size="8">
    <option value="1">湖南</option>
    <option value="2">广东</option>
    <option value="3">江苏</option>
    <option value="4">黑龙江</option>
    <option value="5">湖北</option>
    <option value="6">四川</option>
    <option value="7">江西</option>
    <option value="8">广西</option>
    <option value="9">山东</option>
    <option value="10">贵州</option>
</select>
```

说明：在<select>标记中设置了 size＝“8”，则表单元素为列表框，可以显示 8 个选项，由于有超过 8 个选项，所以浏览器显示了滚动条。

9.3.3　多行文本域标记<textarea>

当只有一行文本输入时，我们使用单行文本框 text，如输入姓名、电话或 Email 等。而在很多情况下，我们需要输入多行文本，如书写邮件、发表评论或留言等。这时，我们使用多行文本域标记<textarea>，用于让浏览者输入多行文本。多行文本域的属性中：name 为文本区的名称；rows 属性定义文本区内可见的行数；cols 属性定义文本区内可见的列数。

例 9-11：使用多行文本域标记<textarea>实现一个个人简历输写页面，如图 9-11 所示。

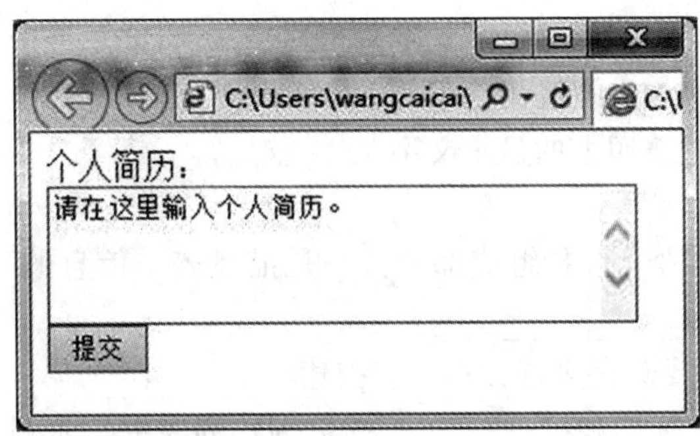

图 9-11　使用多行文本域标记<textarea>

实现图 9-11 中页面的代码如下：

```
个人简历：<br/>
<textarea name="comments" cols="40" rows="4" >请在这里输入个人简历。</textarea>
<input type="submit" value="提交">
```

说明：这里建立的多行文本域，可以显示一个 4 行 40 列的内容。如果浏览者输入的内容超过这个范围，则滚动条被激活。

课堂练习

1. 选择题

(1)下列不属于表单标记的是(　　)。

A. <form>　　B. <Input>　　C. <textarea>　　D. <action>

(2)若要创建一个 6 行 24 列的多行文本域，以下方法中，正确的是(　　)。

A. <Input type="text" Name="comment" Rows="6" Cols="24" >

B. <TextArea Name="comment" Rows="6" Cols="24" >

C. <TextArea Name="comment" Rows="24" Cols="6" ></TextArea>

D. <TextArea Name="comment" Rows="6" Cols="24" ></TextArea>

(3)若要创建下拉菜单框，则应设置<select>标记的 size 属性值为(　　)。

A. size=0　　B. size=1　　C. 不设置 size　　D. length=0

(4)下列哪一项表示的不是按钮(　　)。

A. type="submit"　　B. type="reset"

C. type="commenbutton"　　D. type="button"

(5)下列哪一项不属于表单的常见属性(　　)。

A. action　　B. method　　C. size　　D. name

(6)如果要在表单里创建一个文件域，以下哪一项是正确的(　　)。

A. <input type="text">

B. <input type="file"><input>

C. <input type="checkbox">

D. <input type="file">

(7)以下有关按钮的说法中，错误的是(　　)。

A. 可以用图像作为提交按钮

B. 可以改变提交按钮上的显示文字

C. 可以用图像作为重置按钮

D. 可以控制普通按钮上的显示文字

2. 填空题

(1)表单实际上包含两个重要组成部分：一是描述表单信息的__________，二是用于服务器端处理表单数据的__________。

(2)在表单控件中，要保存多行文本，应创建__________。

(3)使用__________标记和__________标记创建列表框，若列表框可以显示的选项数目为4，则应设置__________。

(4)<input type="radio">用来创建的表单元素是__________。

(5)在指定单选框时，只有将__________属性的值指定为相同，才能使它们成为一组。

(6)在表单中，用于接收网页访问者输入的敏感信息如密码等，我们通常使用________控件。

9.4 改善表单的标记

9.4.1 <fieldset>和<legend>标记

在例9-7和例9-8中都利用了表格来格式化表单，使表单元素排列清晰整齐。而另一种创建清晰的表单的方法是使用<fieldset>标记来对表单元素进行分组。<fieldset>标记是字段集标记，它必须包含一个legend标记，legend标记是字段集的标题。如果表单中的控件较多，可以将逻辑上是一组的控件放在一个字段集内，这样显得有条理些。支持这一功能的浏览器可以在用<fieldset>标记分组的表单元素周围加上一圈轮廓或边框。

例9-12：使用<fieldset>和<legend>标记实现一个个人简历的页面，如图9-12所示。

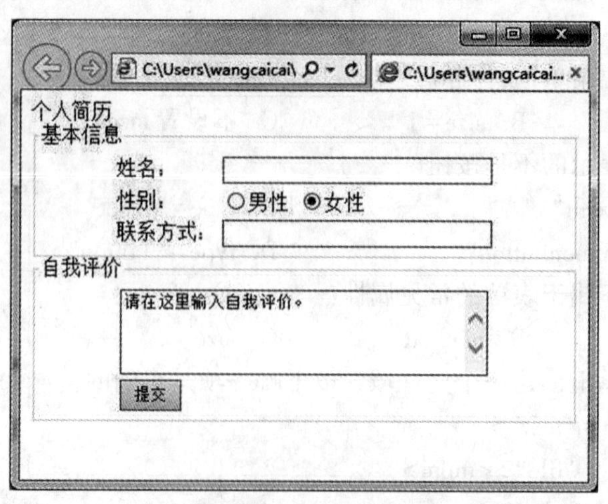

图9-12　<fieldset>和<legend>标记

实现图9-12中页面的代码如下：

```
个人简历<br/>
<fieldset>
    <legend>基本信息</legend>
    <table align="center">
        <tr>
            <td>姓名：</td>
            <td><input type="text" name="email" id="email" size="30"/></td>
        </tr>
        <tr>
            <td>性别：</td>
            <td><input type="radio" name="gender" value="F" />男性 <input type="radio" name="gender" value="M" checked="checked" />女性</td>
        </tr>
        <tr>
            <td>联系方式：</td>
            <td><input type="text" name="email" id="email" size="30"/></td>
        </tr>
    </table>
</fieldset>
<fieldset>
    <legend>自我评价</legend>
    <table align="center">
        <tr>
            <td><textarea name="comments" cols="40" rows="4" wrap="virtual">请在这里输入自我评价。</textarea></td>
        </tr>
        <tr>
            <td><input type="submit" value="提交"></td>
        </tr>
    </table>
</fieldset>
```

说明：在此例中，将"姓名"、"性别"和"联系方式"分别对应的三个控件归入第一个字段集，字段集的标题为"基本信息"。同时，将"自我评价"对应的多行文本域归入第二个字段集，字段集的标题为"自我评价"。从图9-12中我们还可以看出，在属于每个字段集的表单元素周围有一圈边框。

9.4.2 <label>标记

在XHTML中，我们可以使用<label>标记来改善表单，<label>标记可以将表单元素与其对应的文本标签关联起来。这样，当点击某一个表单元素或与其相关联的文本标签时都能把光标焦点设定在表单元素上。

有两种方法可以实现在标签和表单元素之间建立联系：第一种方法是把<label>标记作为一个容器放在文本描述和表单元素两侧；第二种方法是利用 id 属性作为纽带在文本标签和其对应的表单元素之间进行关联。具体实现代码参考下面的例子 9-13。

例 9-13：如图 9-13 所示，使用<label>标记的两种方法建立单选框与其对应文本标签之间的联系。

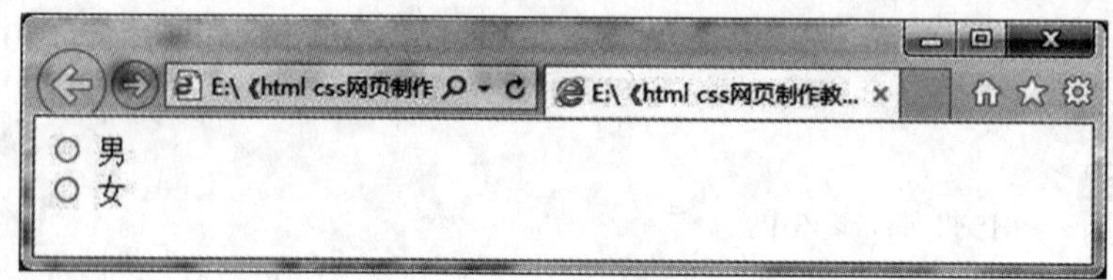

图 9-13　<label>标记示例

实现图 9-13 中页面的代码如下：

第一种方法：

```
<label><input type="radio" name="sex" value="m" id="male" /></label>
<label><input type="radio" name="sex" value="f" id="female" /></label>
```

第二种方法：

```
<input type="radio" name="sex" value="m" id="male" />
<label for="male">男</label><br />
<input type="radio" name="sex" value="f" id="female" />
<label for="female">女</label>
```

说明：在此例中，使用<lable>标记将“男”这个文本标签和其前面的单选按钮关联起来之后，当我们单击“男”前面的单选按钮时可以选中这个选项，单击“男”这个文本标签同样也可以选中这个选项。值得注意的是，在第二种方法中，<lable>标记的 for 属性值与<input>标记的 id 属性值是相同的，这在<label>标记和表单元素之间就建立起了联系。

9.5　综合案例

下面我们使用表单来制作一个邮箱注册的页面，其效果图如图 9-14 所示，请大家思考一下如何利用这章所学的知识来实现呢？

实现图 9-14 中页面的代码如下：

```
<form>
    <br/>
    <fieldset>
        <legend>邮箱注册</legend>
        <table align="center">
            <tr>
                <td>邮箱账号</td>
```

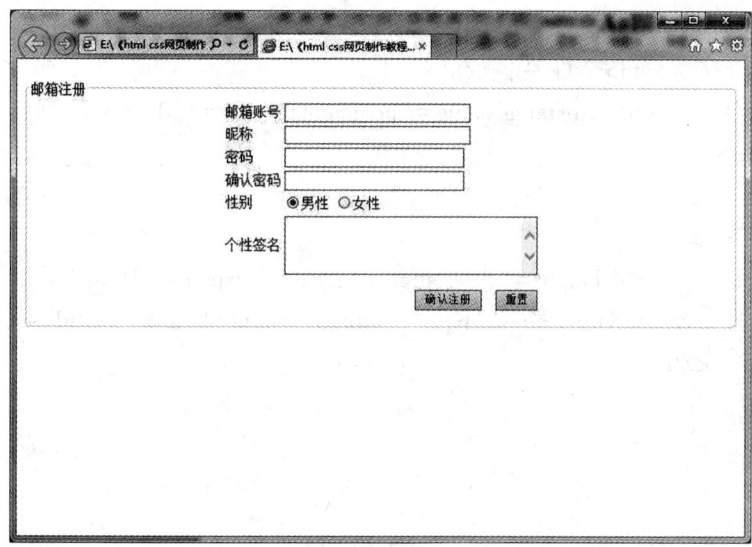

图 9-14　综合案例

```
          <td><input type="text" name="email" id="email" size="30"/></td>
     </tr>
     <tr>
          <td>昵称</td>
          <td><input type="text" name="nickname" id="nickname" size="30"/></td>
     </tr>
     <tr>
          <td>密码</td>
          <td><input type="password" name="password" id="password" size="30"/></td>
     </tr>
     <tr>
          <td>确认密码</td>
          <td><input type="password" name="identifypassword" id="identifypassword" size="30"/></td>
     </tr>
     <tr>
          <td>性别</td>
          <td>
               <input type="radio" name="gender" value="M" checked="checked" />男性
               <input type="radio" name="gender" value="F" />女性
          </td>
```

```
                </tr>
                <tr>
                        <td>个性签名</td>
                        <td><textarea name=" comments" cols="40" rows="4" wrap=" virtual"
></textarea></td>
                </tr>
              <tr>
                        <td height=" 50" align=" right" colspan=" 2" ><input type=" submit"
value=" 确认注册" >  <input type=" submit" value=" 重置" ></td>
                </tr>
          </table>
      </fieldset>
  </form>
```

课 堂 练 习

1. 填空题：

(1) 改善表单的表单标记有__________标记和__________标记。

(2) <fieldset>和<legend>标记的作用是______________________。

(3) <label>标记的作用是______________________。

2. 操作题：

(1) 制作一个留言簿，如图 9-15 所示。

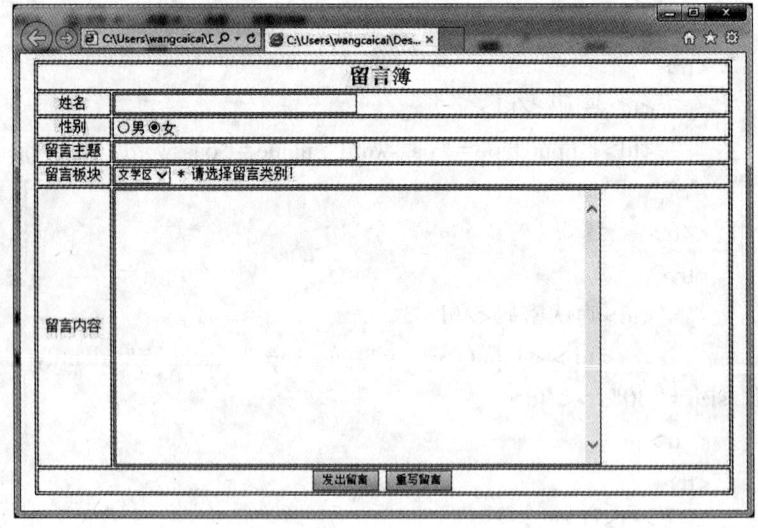

图 9-15　留言簿制作

(2) 制作一个完整的个人简历表单：要求运用 8 种及以上的表单元素，内容自定，要与表格相结合。

(3) 将 (2) 中所制作的个人简历利用改善表单的标记进行完善，使得页面看起来更加清晰美观。

本章小结

本章首先介绍了表单的概念、组成、作用，并概括地介绍了表单的工作原理；其次一一详细地介绍了表单标记<form>及其属性；然后以实例为载体详细讲解了表单的基本元素及其应用，和如何通过改善表单标记使创建的表单更加清晰美观。最后利用建立一个完整的表单来展现表单的综合使用，让读者从细节到宏观对表单有更深的理解。

第10章 使用框架

学习目标:

- ➢ 理解框架的概念以及用途
- ➢ 熟练掌握框架常用标记及其属性含义
- ➢ 掌握框架实际使用方法

10.1 框架的概念

框架的作用是把一个浏览器窗口分成几个区域，每个区域都显示一个独立的页面，这些独立可控的区域就称为框架。如图 10-1(a)所示，就是利用框架结构在不同的区域来独立显示三个不同的网站。当访问者打开类似示例网站的时候并不是打开三个网站的网址，而是控制整个浏览器窗口设置的框架集的 URL。

框架以前也用于网页的排版，现在用得比较少了，比如网站的管理后台程序常用左右分割的框架版式。在我们日常浏览网页的时候，如果一个网页的某一部分是固定的(通常是导航栏)，而页面的其他部分可以上下滚动，一般就可以认为这是一个框架型网页。也就是说，框架技术一直普遍运用于页面导航。如图 10-1(b)所示的导航页面就是典型的框架应用。

图 10-1(a)　框架示例 1

使用框架来组织浏览器页面具有很多的好处，这些好处包括：(1)方便导航，为网站访问者提供更方便的导航。通常将主站点的导航放在页面固定的框架内，访问者通过导航就可以很方便的找到需要访问的内容，并且在切换浏览页面时由于导航固定，访问者可以避免再次寻找导航的麻烦，这也是网站管理后台仍旧使用框架结构的主要原因；(2)便于维护，为

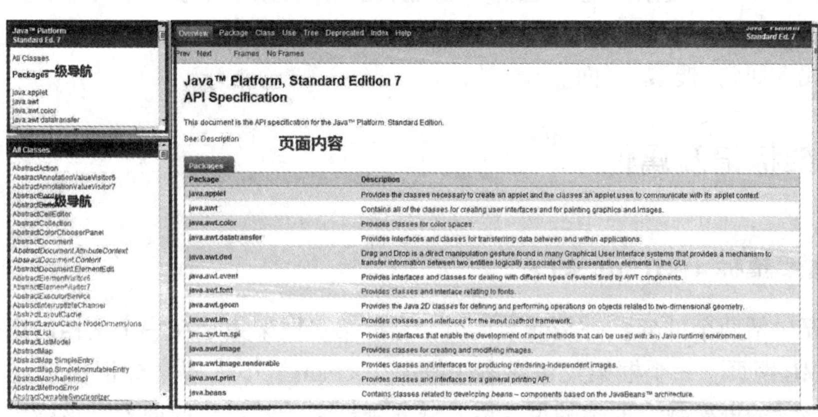

图 10-1(b)　框架示例 2：页面导航

网页开发人员节省时间和精力。由于可以将一部分相对稳定的内容放在固定的框架内，维护时就可以去更改其他框架内的内容，而不用全部都去修改；(3)统一资源。就像图 10-1(a)中所显示的，使用框架可以将不同服务器上的内容在一个页面中显示，这样也可以减轻单一服务器的压力。

不过使用框架还有一些缺陷，包括：(1)由于在浏览器地址栏中显示的 URL 只是框架集页面的 URL，所以难以收藏或打印某一个框架页面。例如，在图 10-1 中网页页面显示的 3 个页面中，网页的 URL 不会体现出深层页面的域名(也就是 3 个网站的网址)，这就意味着在浏览器的 URL 一栏中，不会显示你当前所看的深层页面，而是主页的 URL，这时当我们想收藏其中一个页面的地址用来日后快速浏览的时候就会无法链接到地址(除非打开源代码)；(2)由于大多数的搜索引擎都无法识别网页中的框架，如 Google 的 GoogleBot 和 Freshbot，其设计思路都是完全忽略某些 HTML 代码，转而直接锁定网页上的实际内容进行索引。这样一来，由于那些具体内容都在内部的框架内，网络蜘蛛在一般性的框架网页上根本找不到要搜索的内容。这样对于网站的推广十分不利；(3)浏览器的后退按钮只能针对实现当前光标所在页面的前进与后退，无法实现整个页面的前进与后退。

在 XHTML 中，使用框架需要运用框架集<frameset>和框架标记<frame>，这两个标记是成组出现的，也就是说，<frame>标记必须嵌套在<frameset>标记内。接下来我们将为大家介绍这两个标记的应用。

注：搜索引擎简单原理。在搜索引擎的后台，有一些用于搜集网页信息的程序。所收集的信息一般是能表明网站内容(包括网页本身、网页的 URL 地址、构成网页的代码以及进出网页的链接)的关键词或者短语。接着将这些信息的索引存放到数据库中。开始工作时，搜索引擎派出一个能够在网上发现新网页并抓文件的程序，这个程序通常称之为网络蜘蛛(Spider)。搜索引擎从已知的数据库出发，就像正常用户的浏览器一样访问这些网页并抓取文件。搜索引擎通过这些爬虫去爬互联网上的外链，从这个网站爬到另一个网站，去跟踪网页中的链接，访问更多的网页，这个过程就叫爬行。这些新的网址会被存入数据库等待搜索。后台对蜘蛛抓取的页面文件进行分解、分析，并以巨大表格的形式存入数据库，这个过程即是索引(index)。在索引数据库中，网页文字内容，关键词出现的位置、字体、颜色、加粗、斜体等相关信息都有相应记录。用户在搜索引擎界面输入关键词，单击“搜索”按钮

后，搜索引擎程序即对搜索词进行处理。处理后完毕，搜索引擎程序便开始工作，从索引数据库中找出所有包含搜索词的网页，并且根据排名算法计算出哪些网页应该排在前面，然后按照一定格式返回到“搜索”页面。

10.2 框架标记及属性

10.2.1 框架集标记<frameset>

框架主要包括两个部分：一是框架集，二是框架。框架集是在一个文档内定义一组框架结构的 XHTML 网页。一个框架集包含多个框架。<frameset>框架集标记用来定义在一个浏览器窗口中显示的框架数、框架的尺寸以及载入到框架的网页页面内容。该标记有几个常见且重要的属性，如表 10-1 所示。

表 10-1 **<frameset>标记属性值**

属性	值	描　述
cols	像素、%、＊	水平(左右)分割窗口，定义框架集中列的数目和尺寸。
rows	像素、%、＊	垂直(上下)分割窗口，定义框架集中行的数目和尺寸。
framespacing	像素	设定框架集的边框宽度
bordercolor	英文颜色名称、十六进制颜色值或 rgb 系统颜色	设定框架集边框的颜色

下面我们重点介绍 rows 属性和 cols 属性。

(1)rows 属性：根据 rows(行)属性将浏览器窗口进行上下分割(参照表格布局进行理解)，rows 值的大小定义了页面中框架集或嵌套的框架集的行的大小及数目。它的值必须是引号括起来并用逗号分开的值列表，这些值确定了浏览器将会在页面中显示多少行的框架。

(2)cols 属性：根据 cols(列)属性将窗口进行左右分割，cols 属性的值定义了页面中框架集或嵌套的框架集的列的大小及数目。它的值必须是引号括起来并用逗号分开的值列表，这些值确定了浏览器将会在页面中显示多少列的框架。

这里属性值的单位可以是像素或百分比，其含义与之前表格布局中所讲的含义一致，而＊则代表用于预留窗口的剩余部分。

例 10-1：代码<frameset cols="30%，40%，＊">代表的含义。

用 cols 属性将窗口进行水平分割为 3 列，其中 3 部分的尺寸分别是：左边部分的宽度是页面的 30%，中间部分的宽度是页面的 40%，右边部分的宽度是页面的 30%，可见，其中“＊”就代表除去前两部分尺寸的总和后余下的 30%的宽度；同理，如果用 rows 属性将窗口分为上中下部分，使用代码<frameset rows="30%，40%，＊">来实现，＊的含义不变。

上面我们提到了两种分割页面方式：水平分割和垂直分割。如果希望在同一浏览器窗口既按照行来分割又按照列来分割，这就是第三种方式，即嵌套分割。下面通过实例将这三种方式来进行一一介绍。

(1)水平分割:

例10-2:将浏览器窗口进行水平分割,效果如图10-2所示。

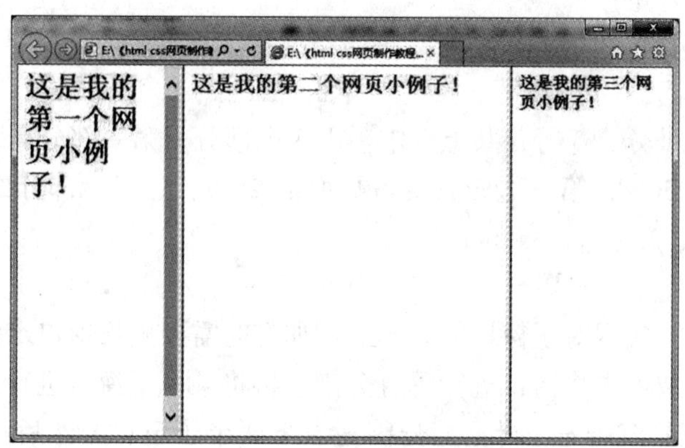

图10-2 水平分割框架示例

实现图10-2中页面的代码如下:

```
<frameset cols="25%, 50%, 25%">
  <frame src="1. html">
  <frame src="2. html">
  <frame src="3. html">
</frameset>
```

说明:这里页面被水平分割成3列,共左、中、右3个部分。第一部分的宽度占页面的25%,第二部分的宽度占页面的50%,第三部分的宽度占页面的25%。每个部分的框架分别链接3个不同的页面:1. html、2. html、3. html。

(2)垂直分割

例10-3:将浏览器窗口进行垂直分割,效果如图10-3所示。

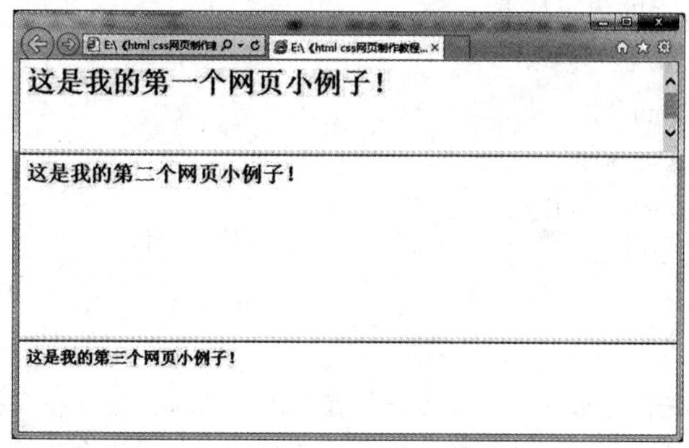

图10-3 垂直分割框架示例

实现图 10-3 中页面的代码如下：

```
<frameset rows="25%, 50%, 25%">
  <frame src="1. html">
  <frame src="2. html">
  <frame src="3. html">
</frameset>
```

说明：这里页面被分成 3 行，共上、中、下 3 个部分。第一部分高度占页面的 25%，第二部分高度占页面的 50%，第三部分高度占页面的 25%。这三个部分的框架分别链接 3 个不同的页面：1. html、2. html、3. html。

(3)嵌套分割

通过框架的嵌套可实现对子窗口的分割。例如有时需要先将窗口水平分割，再将某个子窗口进行垂直分割；或者先将窗口进行垂直分割，再将某个子窗口进行水平分割。

例 10-4：将浏览器窗口先进行垂直分割为上下两个子窗口，然后再把下面的子窗口进行水平分割为左右两个窗口。其效果如图 10-4 所示。

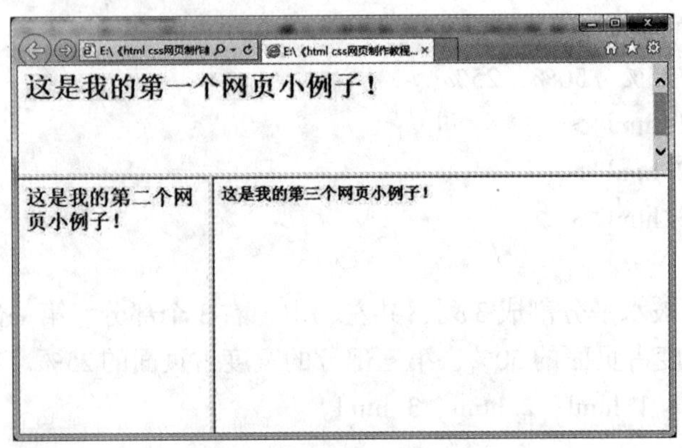

图 10-4　嵌套分割框架示例

实现图 10-4 中页面的代码如下：

```
<frameset rows="30%, *">
  <frame src="1. html"/>
    <frameset cols="30%, *">
      <frame src="2. html"/>
      <frame src="3. html"/>
    </frameset>
</frameset>
```

说明：这里页面先被分成 2 行，高度分别是 30%、70%，第 2 行又被分成 2 列，宽度分别是 30%、70%。这其中包含了两个框架集，第二个框架集是嵌套在第一个框架集内部，代码中粗体字部分为第二个框架集。第二个框架集又包含左右两个框架部分。

10.2.2 框架标记<frame>

框架集中的一个独立的区域，我们称为一个框架，这个区域经常用来单独显示一个页面，被称为框架页面。从前面的例子中可以看到，我们大量使用了<frame>标记。通过<frame>框架标记可以定义框架界面的内容。它是一个独立的标记(没有结束标记)，与<frameset>标记配套使用，嵌套在<frameset>标记内。<frame>标记的属性如表 10-2 所示。

表 10-2 **<frame>标记属性**

属性	值	描　述
src	URL	规定在框架中显示的文档的 URL
name	name	规定框架的名称
frameborder	0，1	规定是否显示框架周围的边框 0 为不显示，1 为显示
bordercolor	有效的十六进制颜色或者颜色名称	设置框架边框颜色
scrolling	yes，no，auto	规定是否在框架中显示滚动条
marginheight	pixels	定义框架的上方和下方的边距
marginwidth	pixels	定义框架的左侧和右侧的边距
id	id	规定框架的唯一标识
longdesc	URL	规定一个包含有关框架内容的长描述的页面
noresize	noresize	规定不能调整框架的大小

下面通过实际例子来介绍几种常见属性的应用。

(1)src 属性。该属性用于设置框架显示的文件的路径。

(2)name 属性。该属性用于为框架指定名称，顾名思义，它标识被定义的框架的名字，它用于指定文件应当加载到哪一个框架内，具体用法将通过下面的例子进行详细讲解。

例 10-5：使用框架制作如图 10-5 所示的导航页面。

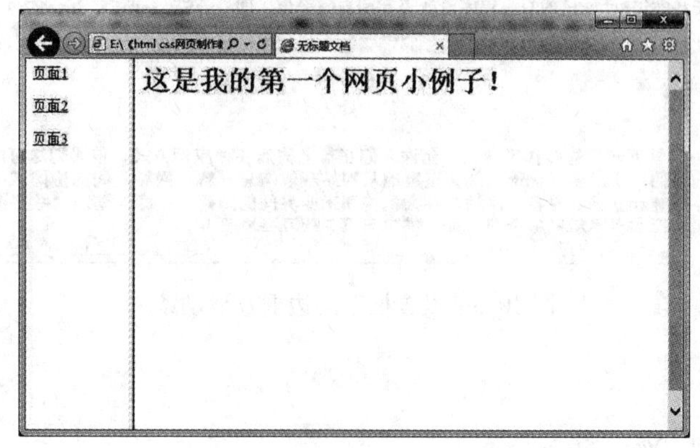

图 10-5 利用框架制作导航页面

实现图 10-5 中页面的代码如下：

nav. html 的代码：

```
<a href="1. html" target=" showframe"/>页面 1<br/><br/>
<a href="2. html" target=" showframe" />页面 2<br/><br/>
<a href="3. html" target=" showframe"/>页面 3<br/>
```

frameset. html 的代码：

```
<frameset cols="120, *">
   <frame src=" nav. html" />
   <frame src="1. html" name=" showframe"/>
</frameset>
```

说明：图 10-5 中是一个 2 列框架的布局格式，frameset. html 为主体页面，包含左右两个框架。左侧框架的 nav. html 是图中左侧的导航栏，包含 3 个导航内容，分别链接到不同的页面，他们的 target 属性均为 showframe。右侧的框架的 name 属性为 showframe，即为导航栏内容的 target，这样，二者就建立了一种对应关系。也就是右侧框架内只能显示 target 属性均为 showframe 的页面，这样当访问者点击左侧导航内的页面 1 时，就相当于发送它的链接 href="1. html" 给右侧框架，右侧框架就相应地显示 1. html 的内容而不会显示其他内容。这样就运用框架实现了导航页面。

(3) frameborder 属性。用于设定框架的边框是否显示，其取值为 0 或 1，默认为 1。值为 0 表示不显示边框，值为 1 表示显示边框。

(4) scrolling 属性。该属性用于设定边框的滚动条是否显示。通常，当框架内的控件不足以显示页面的内容时，可以通过滚动条来拖动页面查看完整内容。

例 10-6：设定框架的边框是否显示及滚动条。如图 10-6 所示。

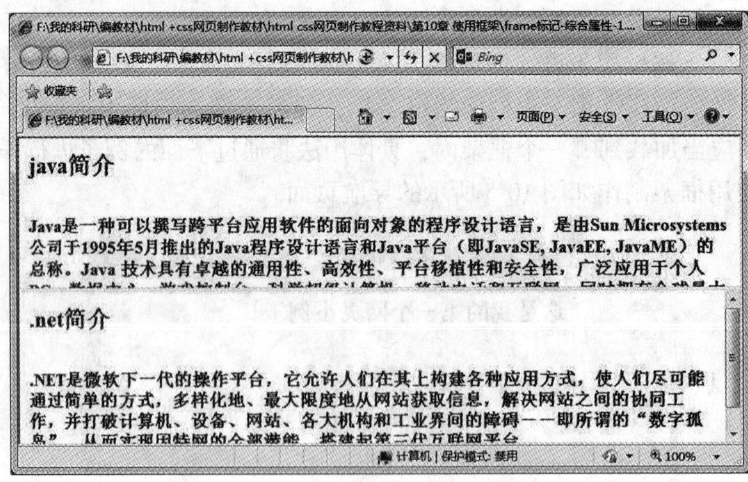

图 10-6　设置框架的边框及滚动条

实现代码：

```
<frameset rows="50%, 50%">
   <frame src="4. html" frameborder=1 scrolling=" no">
```

```
    <frame src="5. html" frameborder=0 scrolling="auto">
</frameset>
```

说明：图 10-6 中，上面一个框架的边框为显示，下面框架的边框为不显示。同时，设置了上面框架的滚动条为不显示，而下面框架的滚动条为自动。当下面框架的内容显示不全时，自动出现滚动条。

(5) marginwidth 属性。该属性定义了框架左右边缘的宽度。单位为像素。

(6) matginheight 属性。该属性定义了框架上下边缘的高度。单位为像素。

例 10-7：设置框架上下左右边缘的宽度。其效果如图 10-7 所示。

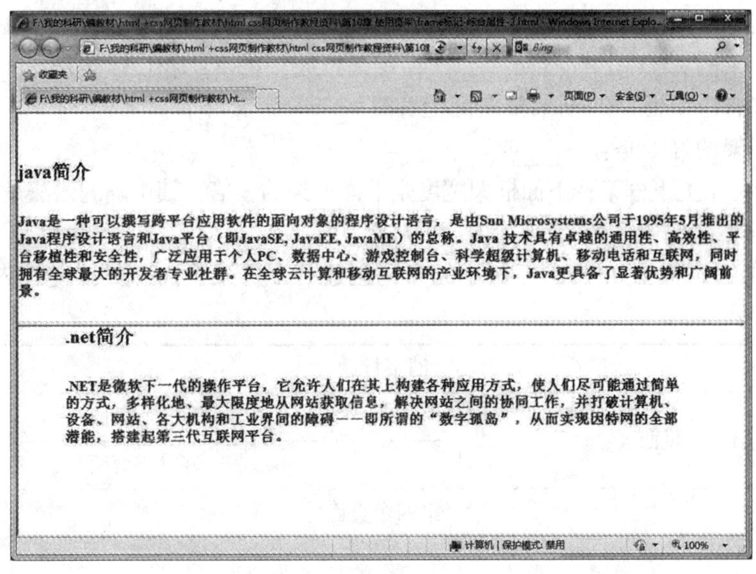

图 10-7 设置框架上下左右边缘的宽度

实现代码：

```
<frameset rows="50%, 50%">
    <frame src="4. html"  scrolling="no" marginheight=60>
    <frame src="5. html"  scrolling="auto" marginwidth=60>
</frameset>
```

说明：该例设置了上面一个边框的上下边缘的宽度为 60 像素，下面一个边框的左右边缘的高度为 60 像素。

课堂练习

1. 选择题：

(1) <frameset cols="25%, 50%, *">，语句中 * 代表(　　)

A. 25%　　B. 30%　　C. 40%　　D. 50%

(2) 下面关于框架的说法正确的有(　　)

A. 框架集边框宽度和颜色可以根据相应属性设置

B. 框架大小设置完毕后不能再调整大小

C. 框架集的边界宽度和边界高度可以随意调整

D. 框架集没有边框

(3) <frameset cols=#>是用来设置(　　)

A. 水平分割　　B. 混合分割　　C. 任意分割　　D. 垂直分割

(4)下面关于框架的构成及设置的说法错误的有(　　)

A. 一个框架实际上是由一个 HTML 文档构成

B. <frame>在使用时必须相对应使用</frame>标记来结束

C. 框架集是可以相互嵌套的

D. 一般主框架用来放置网页内容，而其他小框架用来进行导航

2. 填空题：

(1)定义框架的 XHTML 标签是______，定义框架集的 XHTML 标签是______。

(2)一个包含三个框架的框架集实际上存在______个文件。

(3)使用框架的好处是：________ 。

(4)要创建一个上下框架，下面框架宽度是上面框架的 3 倍，其正确的语法是：________ 。

3. 操作题：

制作框架页面。根据如图 10-8 所示的布局创建一个框架页面，具体链接内容自定。

<table>
<tr><td colspan="2">网页标题</td></tr>
<tr><td rowspan="2">第一个页面</td><td>第二个页面</td></tr>
<tr><td>第三个页面</td></tr>
<tr><td colspan="2">第四个页面</td></tr>
<tr><td colspan="2"></td></tr>
</table>

图 10-8　制作框架页面

10.2.3　浮动框架<iframe>

浮动框架也叫内嵌框架，框架集标记只能对网页进行左右或上下分割，如果要让网页的中间某个区域显示其他网页，看上去就像框架漂浮在主页面上一样，通常用于制作网站的欢迎页面。这时，则需要用到浮动框架标记<iframe>，浮动框架是不需要出现在<frameset>内部的。如表 10-3 所示。

浮动框架标记<iframe>的基本语法：

```
<iframe src="/blog/URL" width="x" height="x" scrolling="[option]" frameborder="x" name="main"></iframe>
```

其常见属性包括：

(1) src：URL 地址，指明了浮动框架显示的文件的路径，这里的文件可以是 html 文件、asp 文件或 php 文件等。

(2) width 和 height：指定浮动框架区域的宽与高。

(3) scrolling：当指定的浮动框架区域的空间不能完全显示 src 的指定的 HTML 文件内容时，可以通过滚动条来实现页面的滚动，通过 scrolling 的值来对滚动条滚动方式进行设置。

表 10-3　　**浮动框架标记<iframe>属性值**

属性	描　述
no	不出现滚动条
auto	根据内容的多少自动出现滚动条
yes	显示滚动条

(4)frameborder：区域边框的宽度，用于指定框架的边框是否显示。为了让内嵌框架与邻近的内容相融合，通常设置为0。

(5)name：框架的名字，用来进行识别。

例 10-8：浮动框架示例，其效果图如图 10-9 所示。

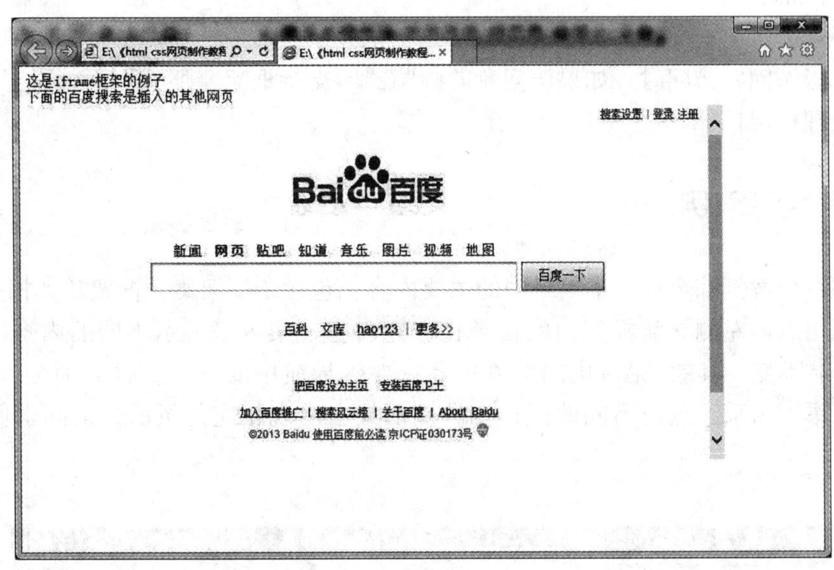

图 10-9　name 浮动框架示例

实现的代码如下：

```
它是 iframe 框架的例子<br/>
下面的百度搜索是插入的其他网页<br/>
<iframe src="http://www.baidu.com/index.php? tn=98012088_3_dg" frameborder="0" scrolling="yes" width ="800" height="400" />
```

说明：这里 src 链接的是百度的一个固定的网页文件，而不是一个跳转地址，这是需要说明一下的。

10.2.4　不支持框架标记<noframes>

虽然框架技术是较早使用的一种导航技术，但是仍然有一些较早期版本的浏览器不支持框架。所以在这种不支持框架的浏览器中，需要在页面上显示文本，提示网页访问者该浏览器不支持框架。<noframes>标记就是完成这一功能的。<noframes>标记也是必须放在框架集中，且出现在最后一个框架之后。在 XHTML 中<noframes>必须包含<body>，由于浏览器无法解释<frameset>元素，那么它就会忽略掉<frameset>和<noframes>标记，这样就直接解释<body>内部的元素，这样页面就是没有框架集余下的内容。

例 10-9：设定不支持框架的浏览器显示的页面。

```
<html>
    <frameset cols="25%, 50%, 25%">
        <frame src="1. html">
        <frame src="2. html">
        <frame src="3. html">
        <noframes>
            <body>您的浏览器无法处理框架！</body>
            </noframes>
    </frameset>
</html>
```

说明：当访问者访问时，如果访问者的浏览器不支持框架，那么页面就会显示“您的浏览器无法处理框架!”。

10.3 综 合 案 例

下面的综合案例综合运用了本章中的主要内容，包含了框架集、框架及其相关一些属性的应用，利用点击左侧导航框架内的目录在右侧内容框架内来显示不同的内容，而页面的banner 和导航不变，其效果图如图 10-10 所示。左侧导航中的三个栏目分别是：新生入校、图片展播、军训风采，点击不同的栏目在右侧框架中出现相应的页面。请同学们思考如何实现。

图 10-10　使用框架的综合实例

实现图 10-10 中页面的代码如下：

```
<html>
<head>
    <title>
    </title>
</head>
<frameset cols="*, 1004, *" frameborder="no" border="0" framespacing="0">
<frame src="blank.html" name="Frame" scrolling="no" noresize="noresize" id="topFrame" title="topFrame">
<frameset rows="600, 1200, 600" frameborder="no" border="0" framespacing="0">
<frame src="top.html" name="topFrame" scrolling="no" noresize="noresize" id="topFrame" title="topFrame">
<frameset cols="200, *" frameborder="no" border="0" framespacing="0">
        <frame src="left.html" name="leftFrame" scrolling="no" noresize="noresize" id="leftFrame" title="leftFrame">
          <frame src="right1.html" name="rightframe" id="rightFrame" title="rightFrame">
      </frameset>
      <frame src="bottom.html" name="bottomFrame" scrolling="no" noresize id="bottomFrame" title="bottomFrame">
   </frameset>
   <frame src="blank.html" name="Frame" scrolling="no" noresize="noresize" id="topFrame" title="topFrame">
   </frameset>
   <noframes>
     <body>
     </body>
 </noframes>
 </html>
```

说明：

- 例子中 src="blank.html"的框架均是没有实际意义，只是单纯的占位。保持框架集的整体性。
- <frameset cols="*, 1004, *" frameborder="no" border="0" framespacing="0">中的 * 代表将屏幕除去 1004 像素后的剩余像素均分为 2 份，左右各一份。这样做是为了使页面显示。
- <frame src="top.html" name="topFrame" scrolling="no" noresize="noresize" id="topFrame" title="topFrame">为页面上方 logo。
- <frameset cols="200, *" frameborder="no" border="0" framespacing="0">为页面 banner 下面的主体内容。包括左侧导航和右侧页面内容。

课堂练习

1. 选择题：

(1)框架的标记不包括(　　)

A. frameset　　B. iframe　　C. noframe　　D. noframes

(2)在一个框架的属性面板中，不能设置下面哪一项(　　)

A. 源文件　　B. 滚动条　　C. 子框架的高度　　D. 边框颜色

(3)下面关于 Iframe 的说法错误的是(　　)

A. 网页的设计者可以在 HTML 页面的任何地方插入一个内联框架

B. Iframe 是 Inline Frame 的缩写，一般被称作内联框架或者浮动框架

C. 使用 Iframe，像使用普通框架前需要在一个主页面里用 FrameSet 标签为每个框架划分空间

D. 每个内联框架都可以独立地定义其大小，而不仅仅局限于一个浏览器窗口的大小

2. 填空题：

(1)框架中“不显示边框”的语法为______。

(2)浮动框架的标签是________ 。

3. 操作题：

创建一个页面，在页面上添加一个浮动框架，框架内显示网易的主页。

本章小结

本章首先介绍了框架的概念及其用途，其次一一介绍了<frameset>标记、<frame>标记、<iframe>内嵌框架标记、<noframes>不支持框架标记，并且比较详细地结合实例分析了每个标记的用法及其常用属性和含义，最后通过综合案例来直观展示了框架的使用，有助于读者在日后的实际操作中有案例可以参考。

第11章　理解 CSS 盒子模型

学习目标：

- 理解 CSS 盒子模型
- 掌握盒子模型的总宽度和总高度计算
- 掌握盒子模型的属性
- 理解盒子在标准流下的定位原则

11.1　CSS 盒子模型

11.1.1　盒子模型基础

在 CSS 控制页面时，盒子模型是一个很重要的概念。掌握了盒子模型以及其中每一个属性的用法，才能真正控制页面中的各个元素的位置。

什么是 CSS 盒子模型？为什么叫它盒子？我们可以从日常生活中的盒子来理解，日常生活中我们经常看到很多能装东西的盒子，盒子里装的东西就是内容(content)；因为怕盒子里装的东西(贵重的)损坏而添加的泡沫或者其他抗震的辅料就是填充(padding)；盒子本身就是边框(border)；盒子在摆放的时候不能全部堆在一起，要留一定空隙保持通风，同时也为了方便取出，这就是边界(margin)。

网页设计中的 CSS 盒子模型也具有这四种属性：内容(content)、填充(padding，有书中翻译为内边距)、边框(border)、边界(margin，有书中翻译为边距、外边距)，所以称之为盒子模型，如图 11-1 所示。在网页设计中，内容常指文字、图片等元素，但是也可以是小盒子(DIV 嵌套)，与现实生活中盒子不同的是，现实生活中的东西一般不能大于盒子，否则盒子会被撑坏的，而 CSS 盒子具有弹性，里面的东西大过盒子本身时最多把它撑大，但它不会损坏。填充只有宽度属性，可以理解为生活中盒子里的抗震辅料厚度，而边框有大小和颜色之分，我们又可以理解为生活中所见盒子的厚度以及这个盒子是用什么颜色材料做成的，边界就是该盒子与其他东西要保留多大距离。

每个 HTML 元素都被浏览器看成是一个盒子，网页就是由许多个盒子通过不同的排列方式(上下排列、左右排列、嵌套)堆积而成。

11.1.2　盒子模型的宽度和高度计算

盒子的概念是很容易理解的，但如果要精确地利用盒子排版，有时候 1px 都不能差，这就需要非常精确地理解盒子的计算方法。盒子模型的填充、边框、边界都可以通过相应的属性分别设置上、右、下、左四个方位的值，内容区域的宽度高度可通过 width 和 height 属性设置，增加填充、边框和边界不会影响内容区域的尺寸，但是会增加盒子的总尺寸。

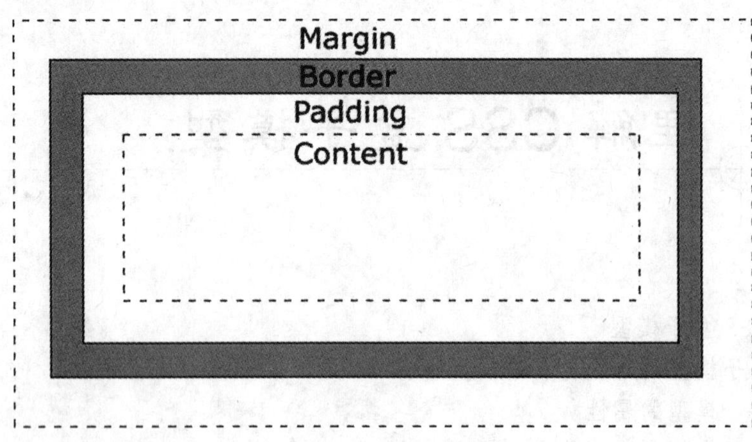

图 11-1　盒子模型

因此一个元素盒子的实际宽度=左边界+左边框+左填充+内容宽度+右填充+右边框+右边界。如图 11-2 所示，该 div 块的 CSS 样式定义如下：

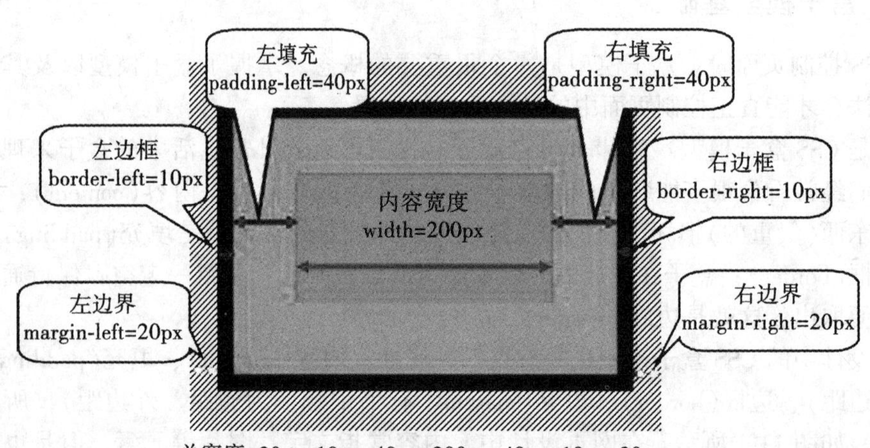

图 11-2　盒子模型的总宽度

例 11-1：

```
div{
    background-color: #3CF;
    margin: 20px;                         /*边界为 20px*/
    border: 10px solid#03F;               /*边框为 10px*/
    padding: 40px;                        /*填充为 40px*/
    width: 200px;                         /*内容宽度为 200px*/
    }
```

盒子的实际高度=上边界+上边框+上填充+内容高度+下填充+下边框+下边界。

由于默认情况下绝大多数元素的盒子边界、边框和填充的宽度都是 0，盒子的背景颜色

是透明的，所以在不设置 CSS 样式的情况下是看不到元素的盒子的。

通过 CSS 重新定义元素颜色，可以分别设置盒子的 margin、padding、border 的宽度值，还可以设置盒子边框和背景的颜色，巧妙设置从而美化网页元素。

11.2　盒子模型的属性

11.2.1　填充 padding 属性

padding 属性定义元素边框与元素内容之间的空白区域。padding 属性接受长度值或百分比值，但不允许使用负值。在 CSS 中，填充属性包括 4 个单侧填充属性和 1 个综合属性，如表 11-1 所示。

表 11-1　**CSS 填充属性表**

属性	描　述
padding	综合属性。作用是在一个声明中设置元素的填充属性
padding-top	设置元素的上填充
padding-right	设置元素的右填充
padding-bottom	设置元素的下填充
padding-left	设置元素的左填充

例 11-2：如果希望 h1 元素的上填充、右填充、下填充、左填充分别为 10px、20px、30px、40px，可以这样：

```
h1{padding-top：10px；
    padding-right：20px；
    padding-bottom：30px；
    padding-left：40px；
    }
```

说明：在综合属性 padding 中，如果只提供一个值，将用于四边的填充；如果提供两个值，第一个值用于上下填充，第二个值用于左右填充；如果提供三个值，第一个用于上填充，第二个用于左右填充，第三个用于下填充；如果提供四个参数值，将按上右下左的顺时针方向作用于四边的填充。margin 属性也具有相同特点。

例 11-3：如果希望 h1 元素的各边都有 10 像素的填充，可以这样：

```
h1{padding：10px；}
```

例 11-4：如果希望 h1 元素的上下有 10 像素的填充，左右有 20 像素的填充，可以这样：

```
h1{padding：10px 20px；}
```

例 11-5：如果希望 h1 元素的上边填充为 10 像素，右左填充为 20 像素，下边填充为 30 像素，可以这样：

```
h1{padding：10px 20px 30px；}
```

例 11-6：如果希望 h1 元素的上填充、右填充、下填充、左填充分别为 10px、20px、30px、40px：，可以这样：

h1{padding：10px 20px 30px 40px；}

11.2.2 边框 border 属性

边框就是围绕元素内容和填充的一条或多条线。每个边框有 3 个方面的属性：宽度(border-width)、样式(border-style)、颜色(border-color)，下面为读者详细讲解这三个方面。

1. 边框的样式

可以通过 border-style 属性为边框指定样式，样式是边框最重要的一个方面，因为如果没有样式，将根本没有边框。border-style 属性定义了 10 个不同的样式，效果如图 11-3 所示。

none：无边框。与任何指定的 border-width 值无关

hidden：隐藏边框。IE 不支持

dotted：在 MAC 平台上 IE4+与 WINDOWS 和 UNIX 平台上 IE5.5+为点线。否则为实线

dashed：在 MAC 平台上 IE4+与 WINDOWS 和 UNIX 平台上 IE5.5+为虚线。否则为实线

solid：实线边框

double：双线边框。两条单线与其间隔的和等于指定的 border-width 值

groove：根据 border-color 的值画 3D 凹槽

ridge：根据 border-color 的值画菱形边框

inset：根据 border-color 的值画 3D 凹边

outset：根据 border-color 的值画 3D 凸边

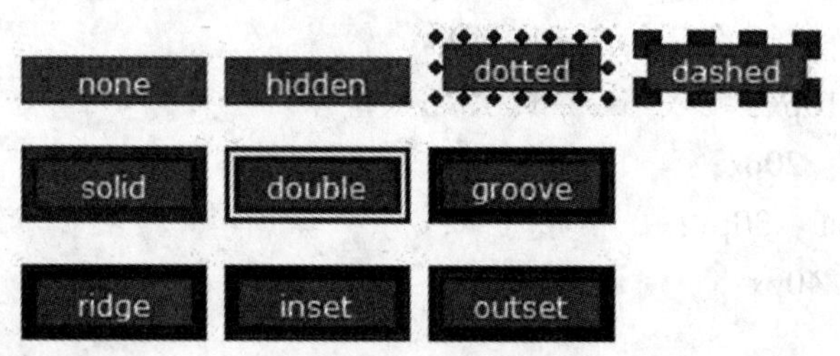

图 11-3 边框样式图

说明：边框样式的参数值也将按上-右-下-左的顺序作用于四个边框。

例 11-7：设置某 div 块的边框样式为上下虚线，左右实线，可以这样：

```
#divtop{ width：300px；
        Height：100px；
        border-style：dotted solid；
        }
```

如果希望为元素的某一个边设置边框样式，而不是设置所有 4 个边的边框样式，可以使用下面的单边边框样式属性：

- border-top-style
- border-right-style

- border-bottom-style
- border-left-style

因此下面这两种方法是等价的：

例 11-8-1：

```
p{border-style: solid double dotted none;}
```

例 11-8-2：

```
p{border-top-style: solid;
  border-right-style: double;
  border-bottom-style: dotted;
  border-left-style: none;
  }
```

2. 边框的宽度

可以通过 border-width 属性为边框指定宽度。为边框指定宽度有两种方法：可以指定长度值，比如 2px 或 0.1em；或者使用 3 个关键字之一，它们分别是 thin 、medium(默认值)和 thick。

例 11-9：我们可以这样设置边框的宽度：

```
p{border-style: solid; border-width: 5px;}
```

或者：

```
p{border-style: solid; border-width: thick;}
```

例 11-10：定义单边宽度，可以按照上-右-下-左 的顺序设置元素的各边边框：

```
p{border-style: solid; border-width: 15px 20px 25px 5px;}
```

也可以通过下列属性分别设置边框各边的宽度：

- border-top-width
- border-right-width
- border-bottom-width
- border-left-width

```
p{ border-style: solid;
   border-top-width: 15px;
   border-right-width: 20px;
   border-bottom-width: 25px;
   border-left-width: 5px;
   }
```

3. 边框的颜色

设置边框颜色非常简单，CSS 使用一个简单的 border-color 属性，它一次可以接受最多 4 个颜色值。可以使用任何类型的颜色值，例如可以是命名颜色，也可以是十六进制或 RGB 值：

例 11-11：

```
p{ border-style: solid;
   border-color: blue rgb(25%, 35%, 45%) #909090 red;
   }
```

例 11-12：段落的上下边框是蓝色，左右边框是红色：

```
p{ border-style: solid;
   border-color: blue red;
  }
```

还有一些单边边框颜色属性，它们的原理与单边样式和宽度属性相同：

- border-top-color
- border-right-color
- border-bottom-color
- border-left-color

例 11-13：要为 h1 元素指定实线黑色边框，而右边框为实线红色，可以这样指定：

```
h1{ border-style: solid;
    border-color: black;
    border-right-color: red;
   }
```

4. 边框综合属性

border 是边框综合属性，通过 border 属性可以设置每条边的宽度、样式、颜色。

例 11-14：设置 div 块的边框为 1 像素的红色实线：

```
div{ border: 1px solid red; }
```

注意：在该例中，border 的属性值是有先后顺序的，按照宽度、样式、颜色的顺序设置。

也可以单独设置各边框：

- border-top
- border-right
- border-bottom
- border-left

例 11-15：设置 div 块的上边框为 5 像素的蓝色双线：

```
div{ border-top: 5px double blue; }
```

所有边框属性如表 11-2 所示。

表 11-2　　**CSS 边框属性表**

属性	描　述
border	综合属性，用于把针对四个边的属性设置在一个声明
border-style	综合属性，用于设置元素所有边框的样式，或者单独地为各边设置边框样式
border-width	综合属性，用于为元素的所有边框设置宽度，或者单独地为各边边框设置宽度
border-color	综合属性，设置元素的所有边框中可见部分的颜色，或为 4 个边分别设置颜色
border-bottom	综合属性，用于把下边框的所有属性设置到一个声明中
border-bottom-color	设置元素的下边框的颜色
border-bottom-style	设置元素的下边框的样式

续表

属性	描　　述
border-bottom-width	设置元素的下边框的宽度
border-left	综合属性，用于把左边框的所有属性设置到一个声明中
border-left-color	设置元素的左边框的颜色
border-left-style	设置元素的左边框的样式
border-left-width	设置元素的左边框的宽度
border-right	综合属性，用于把右边框的所有属性设置到一个声明中
border-right-color	设置元素的右边框的颜色
border-right-style	设置元素的右边框的样式
border-right-width	设置元素的右边框的宽度
border-top	综合属性，用于把上边框的所有属性设置到一个声明中
border-top-color	设置元素的上边框的颜色
border-top-style	设置元素的上边框的样式
border-top-width	设置元素的上边框的宽度

11.2.3　边界 margin 属性

围绕在元素边框外的空白区域是边界（又称边距、外边距）。设置边界会在元素外创建额外的“空白”。边界属性接受任何长度单位、百分数值甚至负值。在 CSS 中，边界属性包括 4 个单侧边界属性和 1 个综合属性，如表 11-3 所示。

表 11-3　　**CSS 边界属性表**

属性	描　　述
margin	综合属性。作用是在一个声明中设置元素的边界属性
margin-top	设置元素的上边界
margin-right	设置元素的右边界
margin-bottom	设置元素的下边界
margin-left	设置元素的左边界

例 11-16：如果希望 p 元素的上边界是 20 像素，可以这样：

p{margin-top：20px；}

其他三个单侧边界属性的使用和例 11-16 一样。

例 11-17：如果希望 p 元素的四个边界都是 20 像素，可以这样：

p{margin：20px；}

例 11-18：如果希望 p 元素的上下边界是 10 像素，左右边界是 20 像素，可以这样：

p{margin：10px 20px；}

例 11-19：如果希望 p 元素的上边界是 10 像素，左右边界是 20 像素，下边界是 30 像素，可以这样：

p{margin：10px 20px 30px;}

例 11-20：如果希望 p 元素的上右下左边界值分别是 10 像素、20 像素、30 像素、40 像素，可以这样：

p{margin：10px 20px 30px 40px;}

1. 边界属性应用——盒子水平居中显示

如果希望某块级元素在水平方向居中显示，可以通过设置该元素的 margin 值实现，代码如下，效果如图 11-4 所示。

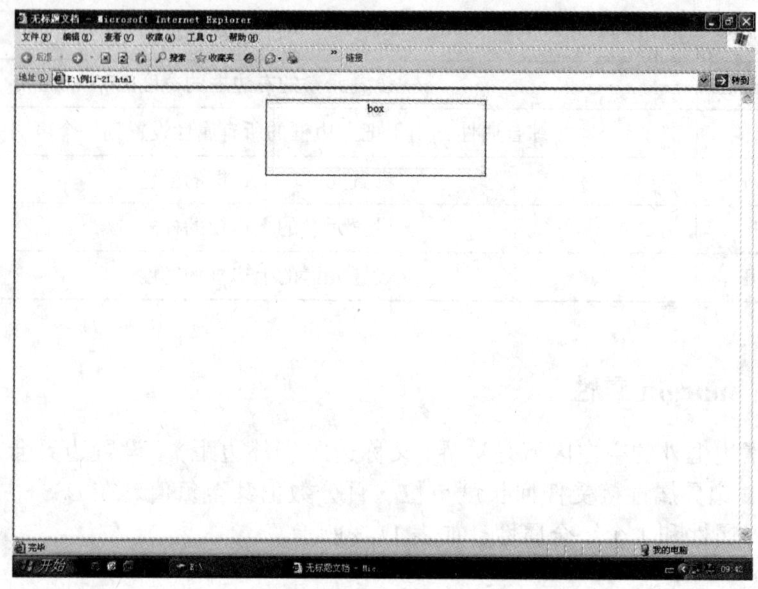

图 11-4　盒子水平居中

例 11-21：

```
<style type="text/css">
  #box{
    width：300px;          /*必须要有一定的宽度*/
    height：100px;
    margin：0 auto;        /*0代表上下边界为零，auto代表左右边界自适应*/
    border：1px solid red;
    text-align：center;
  }
</style>

<body>
<div id="box">box</div>
</body>
```

2. 边界合并

边界合并(叠加)是一个相当简单的概念，但是，在实践中对网页进行布局时，它会造成许多混淆。简单地说，边界合并指的是，当两个垂直边界相遇时，它们将形成一个边界。合并后的边界的高度等于两个发生合并的边界的高度中的较大者。

左右排列的盒子其左右边界不发生合并，如图 11-5 所示。

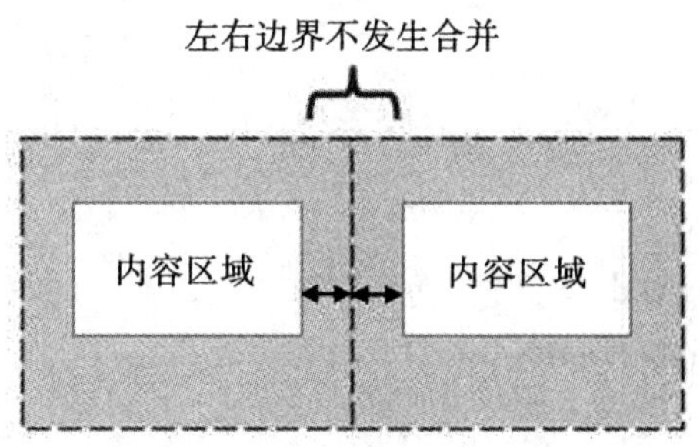

图 11-5　元素左右排列时左右边界不合并

(1)元素上下排列时，第一个元素的下边界与第二个元素的上边界会发生合并。代码参考例 11-22，效果如图 11-6 所示。

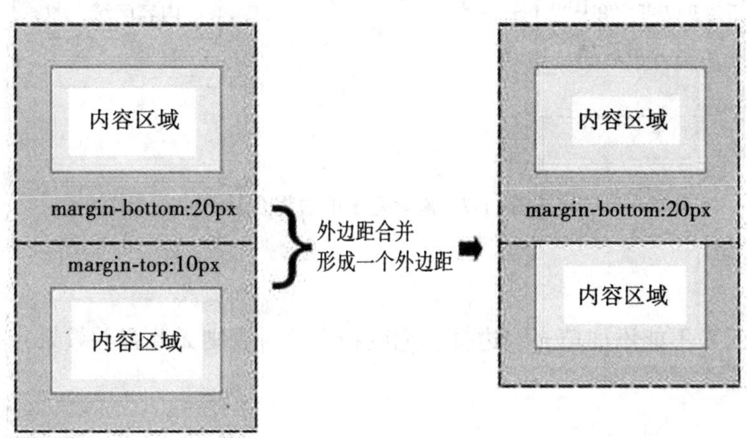

图 11-6　上下盒子的边界合并

例 11-22：标准流中的两个元素上下排列，第一个元素的下边界为 20px，第二个元素的上边界为 10px，两者进行叠加时，只显示为 20px 的空隙。

```
<style type="text/css">
    body{margin: 0px;}
    div{text-align: center;}
    #divtop{
     width: 148px;
     height: 48px;
     border: 1px solid red;
```

```
        margin：10px 10px 20px 10px；
      }
      #divbottom{
        width：148px；
        height：48px；
        border：1px solid blue；
        margin：10px；
      }
    </style>
<body>
      <div id=" divtop" >divtop</div>
      <div id=" divbottom" >divbottom</div>
</body>
```

(2)当一个元素包含在另一个元素中时(假设父元素没有填充或边框把外边距分隔开)，它们的上和/或下边界也会发生合并。代码参考例 11-23，效果如图 11-7 所示。

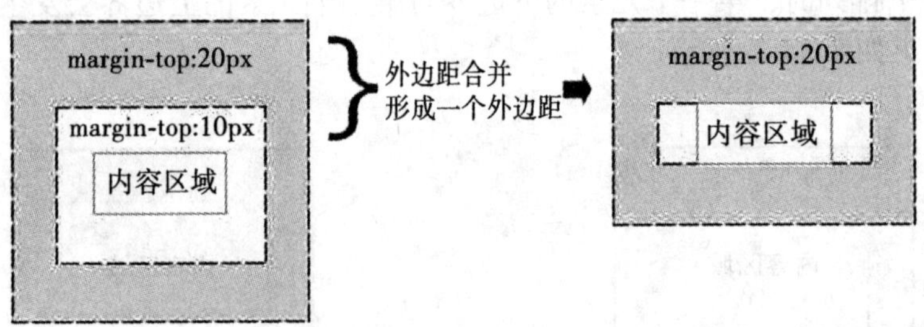

图 11-7　嵌套盒子的边界合并

例 11-23：

```
/＊注：父元素不能添加填充、边框、宽度和高度，否则无此合并效果＊/
<style type=" text/css" >
    ＊{
        margin：0；
        padding：0；
        border：0；
    }
    #outer {
        background-color：yellow；
        margin：20px 10px ；          /＊父元素的上边界为 20px＊/
    }
    #inner {
        width：50px；
        height：50px；
```

```
    background-color: blue;
    margin: 10px;              /* 子元素的上边界为 10px */
}
</style>
<body>
    <div id="outer"><div id="inner">inner</div></div>
</body>
```

课 堂 练 习

1. 选择题:

(1)如何显示这样一个边框:上边框 10 像素、下边框 5 像素、左边框 20 像素、右边框 1 像素?

A. border-width: 10px 5px 20px 1px

B. border-width: 10px 20px 5px 1px

C. border-width: 5px 20px 10px 1px

D. border-width: 10px 1px 5px 20px

(2)如何改变元素的左边距?

A. text-indent;　　　　B. indent;

C. margin;　　　　D. margin-left;

(3)请判断以下说法是否正确:如需定义元素内容与边框间的空间,可使用 padding 属性,并可使用负值?

A. 正确　　　　B. 错误

2. 填空题:

(1)假设某框的每个边上有 10 个像素的边界和 5 个像素的填充,无边框线。如果希望这个元素框总的宽度达到 100 个像素,请问需要将内容的宽度设置为____________像素?

(2)根据如下 css 代码,确定该 div 块的总宽度是____________。

```
div{
    width: 100px;
    border-left: 20px solid red;
    border-right: 1px solid blue;
    padding: 5px;
}
```

3. 操作题:如何让一个<a>超链接的下边为一条灰色虚线,如图 11-8 所示。

新闻

图 11-8

4. 操作题:制作如图 11-9 所示 div 块:该 div 块在网页中水平居中显示;内容宽度为

300px；高度 150px；上下填充为 0px、左右填充为 20px；添加 5px 灰色实线的边框线，添加一种背景颜色，添加如下文字。

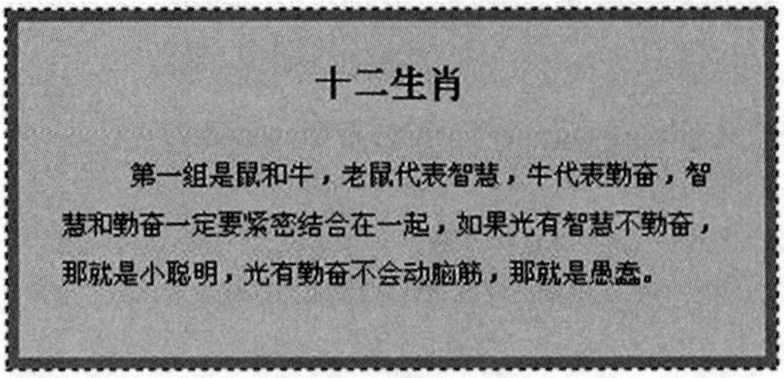

十二生肖

第一组是鼠和牛，老鼠代表智慧，牛代表勤奋，智慧和勤奋一定要紧密结合在一起，如果光有智慧不勤奋，那就是小聪明，光有勤奋不会动脑筋，那就是愚蠢。

图 11-9　页面效果图

11.3　盒子在标准流下的定位原则

11.3.1　标准流的含义

CSS 有三种基本的定位机制：标准流、浮动和绝对定位。除非专门指定，否则所有盒子都在标准流中定位。标准流中元素盒子的位置由元素在 XHTML 中的位置决定，即块级元素的盒子从上到下一个接一个地排列，元素之间的垂直距离是由元素的垂直边界计算出来。行内元素的盒子在同一行中水平排列，可以使用水平填充、边框和边界调整它们的间距。盒子可以按照 XHTML 元素的嵌套方式包含其子元素的盒子，盒子与盒子之间的距离由 margin 和 padding 决定。插入一个 XHTML 元素也就是往浏览器中插入一个盒子。

例如，下面代码中有一些行内元素和块级元素，效果如图 11-10 所示。

例 11-24：

```
<style type="text/css">
    div{
    width: 260px;
    border: 2px dashed red;
    padding: 10px;
    margin: 5px;
    }
    span{
    border: 2px solid blue;
    margin-right: 5px;
    }
</style>

<body>
  <div>块级元素——div 块</div>
```

```
  <div>
    <span>行内元素 span</span><span>行内元素 2</span><span>行内元素 3</span>
  </div>
</body>
```

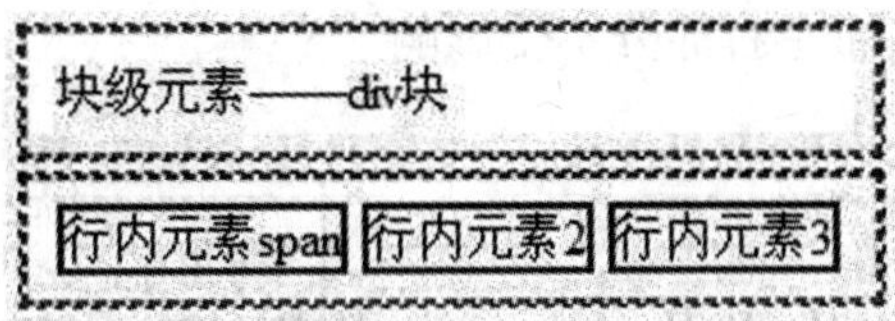

图 11-10　盒子在标准流下的定位

11.3.2　行内元素盒子和块级元素盒子的区别

块级元素的盒子完整地具有盒子模型的四种属性：内容(content)、填充(padding)、边框(border)、边界(margin)。但是行内元素的盒子只能呈现部分盒子模型的属性。行内元素的盒子具有如下特点：

- 设置宽度 width 无效。
- 设置高度 height 无效，但可以通过 line-height 来改变高度。
- 设置 margin ，只有左右 margin 有效，上下 margin 无效。
- 设置 padding，左右 padding 有效；增加上下 padding 时，盒子高度并没有增加，而是上下填充部分和其他盒子发生了重叠。
- border 属性有效，但上下边框也是和其他盒子发生重叠。

下面代码演示了调整行内元素 a 的边框和填充值前后发生的变化，效果如图 11-11 和图 11-12 所示。

例 11-25：

```
<style type="text/css">
 a {
  border: 2px solid #0099ff; /* 改为 border: 6px solid #0099ff; 效果如图 11-11 所示 */
  padding: 4px;              /* 改为 padding: 10px 4px; 效果如图 11-11 所示 */
  margin: 8px;
  }
 div{
  width: 160px;
  margin: 6px;
  padding: 10px;
  border: 2px dashed #990066;
 }
 </style>
 <body>
  <div>网页的头部</div>
```

高职高专计算机系列教材

```
    <a href="#">首页</a><a href="#">简介</a><a href="#">联系</a>
    <div>网页的主体</div>
  </body>
```

从图 11-11 可以看出，当增加行内元素的上下边框和上下填充值时，行内元素 a 占据浏览器的高度并没有增加，下面的 div 块仍然在原来的位置，导致行内元素盒子的上下部分和其他元素的盒子发生重叠，而左右部分不受影响。

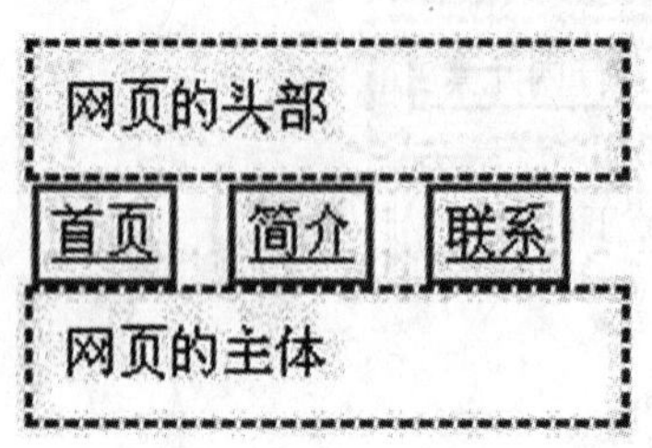

图 11-11(a) 调整前

图 11-11(b) 调整后

11.3.3 display 属性

标准流中的元素可以通过 display 属性来改变元素是以行内元素显示还是以块级元素显示，或不显示。

```
display: block;           /*以块级元素显示*/
display: inline;          /*以行内元素显示*/
display: none;            /*不显示*/
```

原来是行内元素的，比如 a，可以设置 display：block；变成块级元素，具有了块级元素所有的特点；原来是块级元素的通过设置 display：inline；变成行内元素，具有行内元素所有特点。当某个元素被设置成 display：none；之后，浏览器会完全忽略这个元素，该元素将不会被显示，也不会占据文档中的位置。像 title 元素默认就是此类型。

11.4 盒子模型的应用举例

制作垂直导航条

方法一：在<a>元素外添加 div 块，设置它的宽度，在添加填充、边框和边界等属性。当鼠标滑过时改变文字的颜色。代码如下，效果如图 11-12 所示。

例 11-26：

```
<!DOCTYPE html PUBLIC "-//W3C//DTD XHTML 1.0 Transitional//EN" "http://www.w3.org/TR/xhtml1/DTD/xhtml1-transitional.dtd">
<html xmlns="http://www.w3.org/1999/xhtml">
 <head>
  <meta http-equiv="Content-Type" content="text/html; charset=utf-8" />
  <title>无标题文档</title>
  <style type="text/css">
```

```
  #nav{ width: 100px;}
  . style1{
        border-bottom: 1px solid #b9ff00;
        padding: 5px 5px 5px 10px;
        border-left: 12px solid #3c5300;          /*左边的粗红边 */
        border-right: 1px solid #3c5300;          /* 右侧阴影 */
        background-color: #729e00;
  }
  a{text-decoration: none;}
  a: link, a: visited{
     color: #FFFFFF;
  }
  a: hover{
     color: #ffff00;      /* 改变文字颜色 */
  }
 </style>
</head>
<body>
   <div id="nav">
     <div class="style1" ><a href="#">新闻</a></div>
     <div class="style1" ><a href="#">体育</a></div>
     <div class="style1" ><a href="#">社会</a></div>
     <div class="style1" ><a href="#">时尚</a></div>
   </div>
 </body>
</html>
```

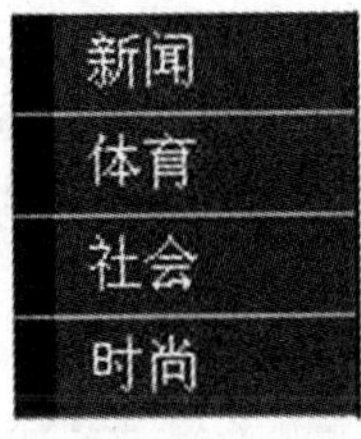

图 11-12 垂直导航条

方法二：利用无序列表制作导航条，设置 ul 标记和 li 标记的相关属性。(注：ul 标记和 li 标记都是块级元素。)代码如下，效果如图 11-12 所示。

例 11-27：

```
<! DOCTYPE html PUBLIC "-//W3C//DTD XHTML 1.0 Transitional//EN" "http://www.w3.org/TR/xhtml1/DTD/xhtml1-transitional.dtd">
```

```
<html xmlns="http://www.w3.org/1999/xhtml">
  <head>
    <meta http-equiv="Content-Type" content="text/html; charset=utf-8" />
    <title>无标题文档</title>
    <style type="text/css">
      *{
        margin: 0px;
        padding: 0px;
    }
      #nav{
       width: 100px;
    }
      #nav ul{
       list-style-type: none;
    }
    #nav li{
      border-bottom: 1px solid #b9ff00;
      padding: 5px 5px 5px 10px;
      border-left: 12px solid #3c5300;          /* 左边的粗红边 */
      border-right: 1px solid #3c5300;          /* 右侧阴影 */
      background-color: #729e00;
    }
     #nav li a{
          text-decoration: none;
     }
     #nav li a: link, #nav li a: visited{
          color: #FFFFFF;
     }
     #nav li a: hover{                         /* 鼠标经过时 */
      color: #ffff00;                          /* 改变文字颜色 */
   }
  </style>
</head>

<body>
  <div id="nav">
    <ul>
      <li><a href="#">新闻</a></li>
      <li><a href="#">体育</a></li>
      <li><a href="#">社会</a></li>
```

```
      <li><a href="#">时尚</a></li>
    </ul>
  </div>
</body>
</html>
```

思考：

该案例也可以直接将<a>元素转换为块级元素，然后设置它的宽度、盒子属性等来实现。请读者自己思考并实现。

课堂练习

操作题：利用盒子模型原理制作如图11-13所示的网页。

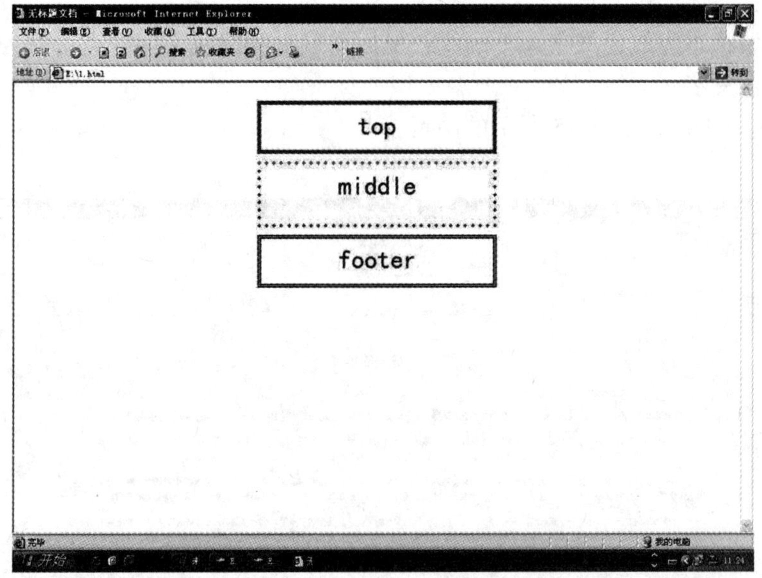

图11-13　效果图

要求如下：

- 在网页中添加三个div块，上中下结构，第一个div块的id名称为top，第二个div块的id名称为middle，第三个div块的id名称为footer。
- 设置三个div块中的文字具有相同的字体、字号、大小；文字居中显示。
- 让三个div块在网页中居中显示，宽度高度自定，添加如图11-13所示的效果边框线，添加上下边界10px、添加填充10px。

11.5　实训与习题

1. 实训题：制作如图11-14所示的垂直导航条

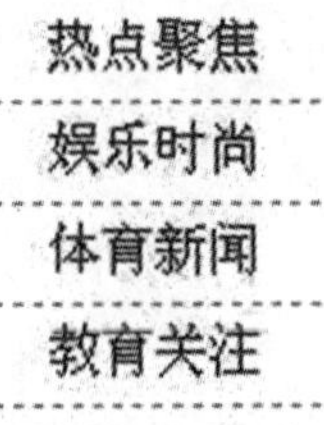

图 11-14　效果图

要求如下：

- 每个超链接下面添加一条 1px 的灰色虚线。
- 文字四周设置一定的填充。
- 文字居中，字体、字号自定。
- 超链接初始状态为红色文字无下画线；鼠标滑过时为绿色文字；点击时为蓝色文字；访问后为紫色文字。

2. 实训题：制作如图 11-15 所示的网页

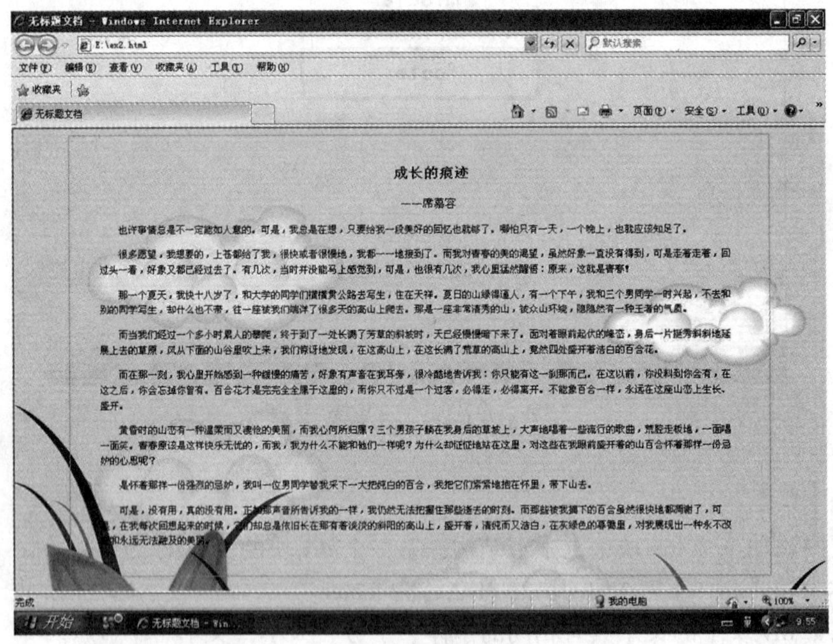

图 11-15　效果图

要求如下：

- 网页添加背景图片 1. jpg
- 盒子居中放置、宽度自定、添加适当的边框线（border）、填充（padding）；
- 文字部分：首行缩进 2 个字符；字体、字号、颜色、行高自定。

本 章 小 结

本章主要介绍了 CSS 盒子模型，需要读者掌握盒子模型的计算方法；能够熟练运用盒子模型的四大属性：内容、边框、边界、填充；能够理解在标准流下块级元素与行内元素的区别。

后面通过实例讲解了盒子模型的具体应用，帮助读者深刻体会盒子模型。读者在完成本章内容的学习后，希望能够掌握使用盒子模型的方法，为后续的网页布局打下基础。

第12章 浮动和定位

学习目标：

- 理解浮动的定义
- 掌握浮动和清除浮动的应用
- 理解相对定位和绝对定位
- 熟练运用定位技术

12.1 浮 动

12.1.1 浮动的原理

在标准流(又称普通流、文档流)中，块级元素都是上下排列，行内元素都是左右排列，如果仅仅按照标准流的方式进行排列，就只有这几种可能性，局限性太大。CSS 的制定者也想到了这个问题，因此又给出了浮动和定位方式进行盒子的排列，从而使排版的灵活性大大提高。

比如说，有时希望相邻块级元素的盒子左右排列，或者希望一个盒子被另一个盒子中的内容环绕做出图文混排效果，这时最简单的方法就是使用浮动属性使盒子在浮动方式下定位。

在标准流中，一个块级元素(没有设置宽度)在水平方向会自动伸展，在它的父元素中占满一整行；而在竖直方向和其他元素依次排列，不能并排，如图 12-1 所示，代码见例 12-1。使用“浮动”方式后，这种排列方式就会发生改变。

图 12-1 三个盒子在标准流中

例 12-1：

```
<style type="text/css">
```

```
        div{   background-color: #99F;
               margin: 10px; padding: 10px;
               border: 1px dashed #111111;
        }
        #box{   width: 350px;
                background-color: #ffffff;
                border: 1px solid  blue;
        }
</style>
<div id="box">
  <div id="box1">box1</div>
  <div id="box2">box2</div>
  <div id="box3">box3</div>
</div>
```

下面给出浮动的定义：

浮动元素不在标准流中，它可以向左或向右移动，直到其外边缘碰到父元素或另一个浮动元素的边缘。标准流中的其他元素表现得就像浮动元素不存在一样。

浮动定位用 float 属性控制，它有 3 个参数：left、right、none，默认值为 none，也就是标准流通常的情况，如果将 float 属性的值设为 left 或 right，元素就会向其父元素的左侧或右侧靠紧，同时盒子的宽度不再伸展，而是收缩，在没设置宽度时，会根据盒子里面的内容来确定宽度。下面我们通过实验来演示浮动的作用。

1. 一个盒子浮动

在例 12-1 代码中添加一条 CSS 代码，使元素 box1 左浮动。代码如下。

例 12-2：

```
#box1{ float: left;}
```

此时显示效果如图 12-2 所示，可以发现给 box1 添加浮动属性后，它向左移动到父元素的左侧，其宽度不再自动伸展；而 box2 和 box3 就表现得 box1 不存在一般，向上移动，占据了 box1 原来的位置。

如果在未浮动的盒子 box2 中再添加一些文本，就会发现 box2 中的内容是环绕着浮动盒子的，如图 12-3 所示(完整代码见电子资料：第 12 章\ 例 12-3)。

图 12-2　第一个盒子左浮动

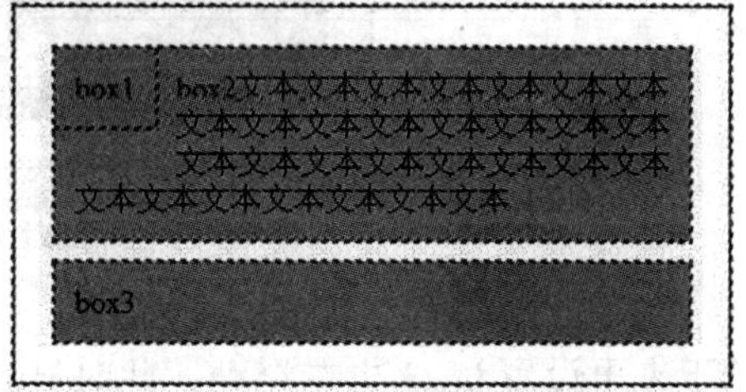

图 12-3　增加第二个盒子的内容

总结：设置元素浮动后，元素发生了一些改变：

(1)浮动后的盒子将以块级元素显示，但宽度不会自动伸展。

(2)浮动的盒子将脱离标准流，即不再占据浏览器原来分配给它的位置。

(3)未浮动的盒子将占据浮动盒子的位置，同时未浮动盒子内的内容会环绕浮动后的盒子。

注意：所谓“脱离标准流”是指元素不再占据在标准流下浏览器分配给它的空间，其他元素就好像这个元素不存在一样。例如图 12-2 中，当 box1 浮动后，box2 就顶到了 box1 的位置，相当于 box2 视 box1 不存在一样。但是，浮动元素并没有完全脱离标准流，主要表现在浮动盒子会影响未浮动盒子中内容的排列。例如 box2 中的内容会跟在 box1 盒子之后进行排列，而不会忽略了 box1 盒子的存在。

2. 多个盒子浮动

在 box1 浮动的基础上再设置 box2 也左浮动，代码如下：

例 12-4：

```
#box2{ float：left;}
```

此时显示效果如图 12-4 所示。可以发现 box2 浮动后仍然遵循上面浮动的规律，即 box2 的宽度也不再自动伸展，而且不再占据原来浏览器分配给它的位置。当在 box3 中多添加一些文本后，box3 中的内容也会环绕着浮动盒子，如图 12-5 所示(完整代码见电子资料：第 12 章\ 例 12-5)。

图 12-4　设置两个盒子左浮动

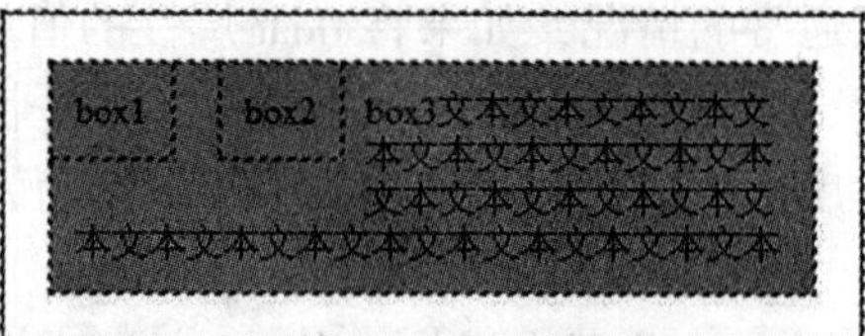

图 12-5　增加第三个盒子的内容

如果将 box1 的浮动方式改为右浮动，则显示效果如图 12-6 所示，可以看到 box1 移到了父元素的最右边，而 box2 移到了父元素的最左边。完整代码见电子资料：第 12 章\ 例 12-6。

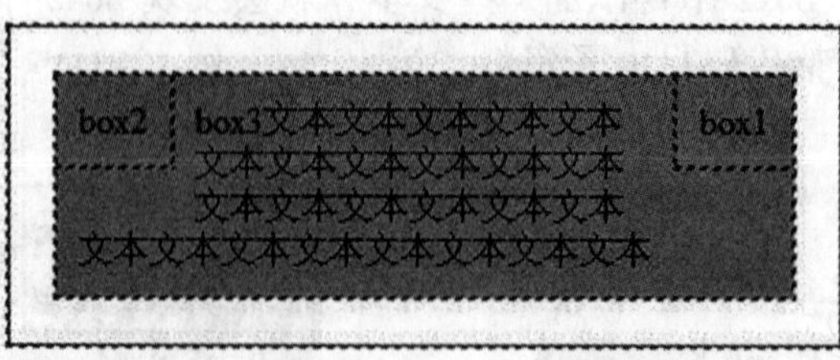

图 12-6　box1 右浮动、box2 左浮动

接下来再设置 box3 也左浮动，此时显示效果如图 12-7 所示。可以发现三个盒子都浮动后，就产生了块级元素水平排列的效果。同时由于都脱离了标准流，导致其父元素中的内容为空。(完整代码见电子资料：第 12 章\ 例 12-7。)

总结：对于多个盒子浮动，除了每个浮动盒子都遵循上面盒子浮动的规律外，还有下面

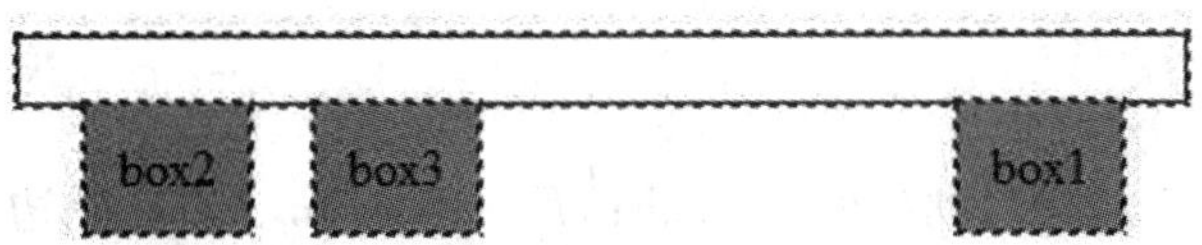

图 12-7　三个盒子都浮动

两条规律：

(1)多个浮动元素不会相互覆盖，一个浮动元素的外边界(margin)碰到另一个浮动元素的外边界后便停止运动。

(2)若包含的容器太窄，无法容纳水平排列的多个浮动元素，那么最后的浮动盒子会向下移动，如图 12-8 所示(完整代码见电子资料：第 12 章\ 例 12-8)。但是如果浮动元素的高度不同，那当它们向下移动时可能会被卡住，如图 12-9 所示(完整代码见电子资料：第 12 章\ 例 12-9)。

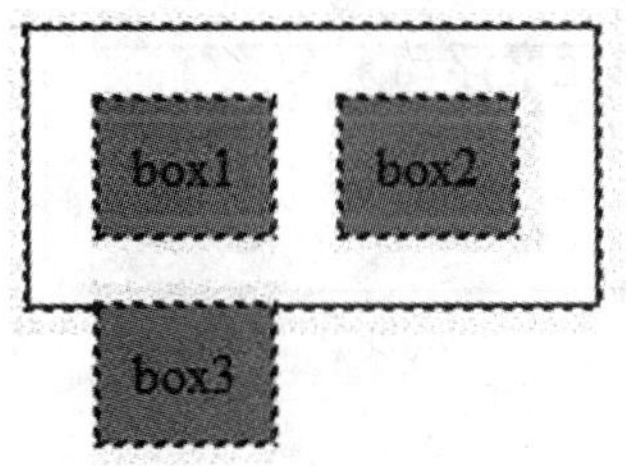

图 12-8　没有足够的水平空间

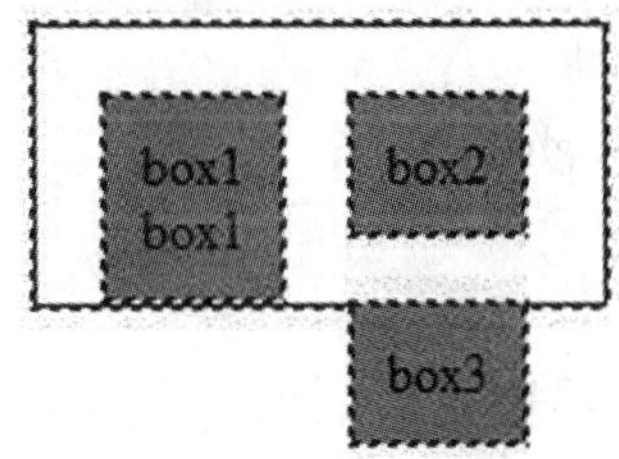

图 12-9　box3 被卡住了

12.1.2　浮动的清除

Clear 是清除浮动属性，它的取值有 left、right、both 和 none(默认值)，如果设置盒子的清除浮动属性 clear 值为 left 或 right，表示该盒子的左边或右边不允许有浮动的对象。设置为 both 表示两边都不允许有浮动对象，因此该盒子将会在浏览器中另起一行显示。

例如，在图 12-6 两个盒子都浮动的基础上，设置 box3 清除浮动，即在例 12-1 代码的基础上添加如下代码(完整代码见电子资料：第 12 章\ 例 12-10)，效果如图 12-10 所示。

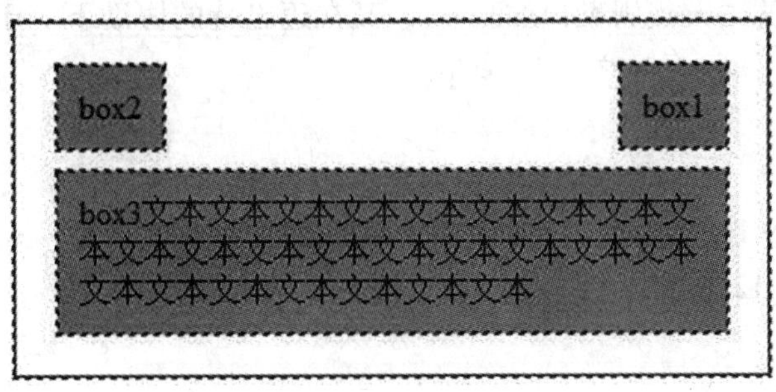

图 12-10　对 box3 清除浮动

```
#box1{ float: right; }
#box2{ float: left;}
#box3{clear: both;}
```

可以看出，对 box3 清除浮动(clear: both;)后，表示 box3 左右两边都不允许有浮动的元素，因此 box3 移动到下一行显示。

12.1.3 浮动的应用举例

1. 图文混排效果

如果将一个盒子浮动，另一个盒子不浮动，那么不浮动的盒子内容将会围绕在浮动盒子的周围。例如浮动盒子是图像元素，而不浮动元素是文字，那么就会实现文字环绕图像的图文混排效果。代码如下，效果如图 12-11 所示。

例 12-11:

```
<style type="text/css">
    img{
      border: 1px dashed #F93;
      float: left;                        /*设置图像元素浮动*/
      margin-right: 20px;
  }
    p{
     font-size: 24px;
     line-height: 150%;
  }
  </style>
  <body>
  <img src="car3.jpg" />
  <p>在 1879 年德国工程师卡尔·苯茨(Kart Benz)，首次试验成功一台二冲程试验性发动机。1883 年 10 月，他创立了"苯茨公司和莱茵煤气发动机厂"，1885 年他在曼海姆制成了第一辆苯茨专利机动车，该车为三轮汽车，采用一台两冲程单缸 0.9 马力的汽油机，此车具备了现代汽车的一些基本特点，如火花点火、水冷循环、钢管车架、钢板弹簧悬架、后轮驱动前轮转向和制动手把等。与此同时在 1893 年就与威廉·迈巴特合作制成了第一台高速汽油试验性发动机的德国人戴姆勒(Daimler)，又在迈巴特的协助下，于 1886 年在巴特坎施塔特制成了世界上第一辆"无马之车"。</p>
  </body>
```

2. 首字下沉效果

让第一个字变大，设置浮动，让后面的未浮动的文字环绕首字，实现首字下沉效果。代码如下，效果如图 12-12 所示。

例 12-12:

```
<style type="text/css">
  body{
   background-color: black;        /* 背景色 */
```

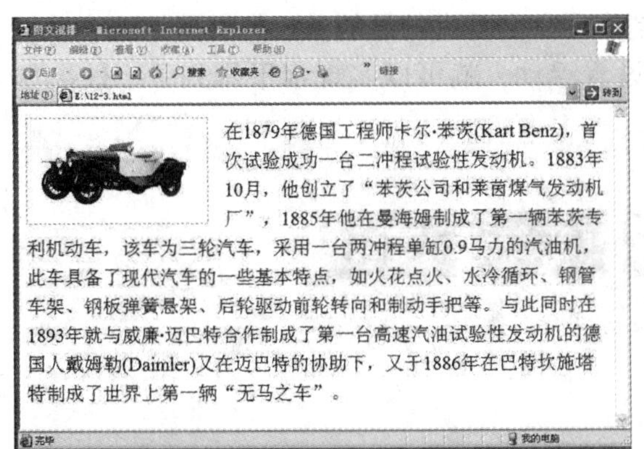

图 12-11 图文混排效果

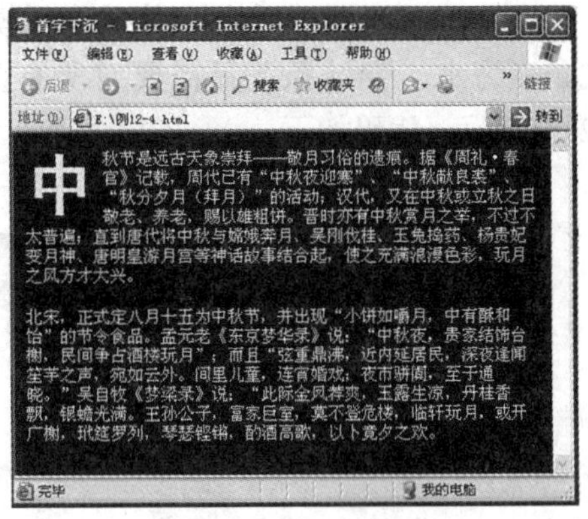

图 12-12 首字下沉效果

```
    }
    p{
        font-size: 15px;              /* 文字大小 */
        color: white;                 /* 文字颜色 */
    }
    p span{
        font-size: 60px;              /* 首字大小 */
        float: left;                  /* 左浮动 */
        padding-right: 5px;           /* 与右边的间隔 */
        font-weight: bold;            /* 粗体字 */
        font-family: 黑体;            /* 黑体字 */
        color: yellow;                /* 字体颜色 */
    }
</style>
<body>
    <p><span>中</span>秋节是远古天象崇拜——敬月习俗的遗痕。据《周礼·春官》记载，周代已有“中秋夜迎寒”、“中秋献良裘”、“秋分夕月(拜月)”的活动；汉代，又在中秋或立秋之日敬老、养老，赐以雄粗饼。晋时亦有中秋赏月之举，不过不太普遍；直到唐代将中秋与嫦娥奔月、吴刚伐桂、玉兔捣药、杨贵妃变月神、唐明皇游月宫等神话故事结合起来，使之充满浪漫色彩，玩月之风方才大兴。</p>
    <p>北宋，正式定八月十五为中秋节，并出现“小饼如嚼月，中有酥和饴”的节令食品。孟元老《东京梦华录》说：“中秋夜，贵家结饰台榭，民间争占酒楼玩月”；而且“弦重鼎沸，近内延居民，深夜逢闻笙芋之声，宛如云外。间里儿童，连宵婚戏；夜市骈阗，至于通晓。”吴自牧《梦梁录》说：“此际金风荐爽，玉露生凉，丹桂香飘，银蟾光满。王孙公子，富家巨室，莫不登危楼，临轩玩月，或开广榭，玳筵罗列，琴瑟铿锵，酌酒高歌，以卜竟夕之欢。</p>
</body>
```

3. 菜单的竖横转换

在第11章，我们利用元素的盒子模型制作了一个垂直的导航条。如果要把这个垂直导航条变为水平导航条，只需要对所有盒子设置浮动，就可以实现水平排列了。效果如图12-13所示。代码如下：

新闻 体育 社会 时尚

图12-13 水平导航条

例12-13：

```
<style type="text/css">
#nav ul{
  list-style-type: none;
}
#nav li{
  width: 50px;
  text-align: center;
  border: 1px solid #b9ff00;
  padding: 5px;
  background-color: #729e00;
  float: left;                    /* 对li盒子设置左浮动，实现水平排列 */
  margin-right: 5px;
}
#nav li a{
  text-decoration: none;
}
#nav li a: link, #nav li a: visited{
  color: #FFFFFF;
}
#nav li a: hover{
  color: #ffff00;                 /* 改变文字颜色 */
}
</style>
</head>
<body>
<div id="nav">
 <ul>
   <li><a href="#">新闻</a></li>
   <li><a href="#">体育</a></li>
   <li><a href="#">社会</a></li>
```

```
  <li><a href="#">时尚</a></li>
 </ul>
</div>
</body>
```

4. 浮动布局

利用浮动可以将标准流中的上下排列的块级元素实现左右排列，这个特点可以应用于网页的布局中。现要实现一个上左右下结构的网页，效果如图 12-14 所示，代码如下：

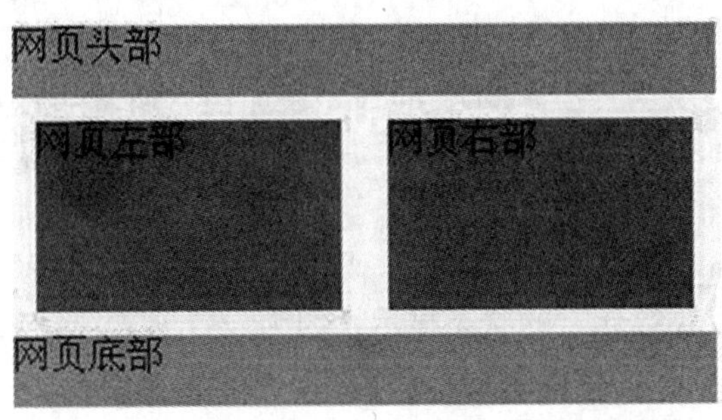

图 12-14　浮动布局

例 12-14：采用上中下结构，中间再嵌套左右两个 div 块。

```
<style type="text/css">
    #top, #bottom{
          width: 300px;
          height: 30px;
          background-color: #F99;
    }
    #main {
          width: 300px;
          height: 100px;
          background-color: #FFC;
    }
    #left, #right{
          width: 130px;
          height: 80px;
          display: inline;      /*注释 1*/
          float: left;          /*左右盒子均左浮动，实现左右水平排列*/
          margin: 10px;
          background-color: #096;
    }
</style>
<body>
```

```
    <div id="top">网页头部</div>
    <div id="main">
      <div id="left">网页左部</div>
      <div id="right">网页右部</div>
    </div>
    <div id="bottom">网页底部</div>
</body>
```

注释 1：案例 12-14 中，中间盒子总宽是 300px，左右盒子宽是 130px，再加上左右 margin 值各 10px，刚好等于 300px，应该可以实现左右排列效果。但在 IE6 浏览器中，只要设置元素浮动，则设置左浮动，盒子的左 margin 会加倍，设置右浮动，盒子的右 margin 会加倍。这是 IE6 的一个 bug(IE7 已经修正)。所以在 IE6 中不会显示左右排列，而是上下排列。

解决 IE6 双倍 margin 错误的方法很简单，只要对浮动元素设置“display：inline;”就可以了。并且该元素还是会以块级元素的状态显示，因为设置元素浮动后元素总是以块级元素显示的。

当然，也可以不设置浮动盒子的 margin 值，可以改为设置父元素盒子的 padding 值来避免这个问题，在实际应用中，可以设置 padding 的地方尽量用 padding，而不要用 margin。

课堂练习

1. 操作题：利用浮动原理制作如图 12-15 所示的网页，该网页右边是图片，左边文字环绕该图片。(提示：网页背景颜色为#5b8a00，文字颜色为#c4f762。)

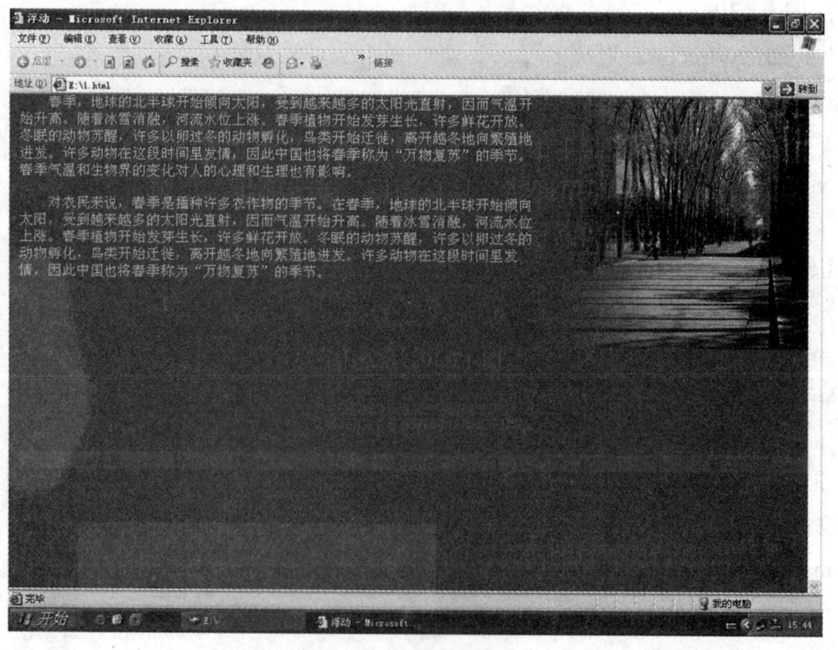

图 12-15　效果图

2. 操作题：利用浮动原理制作如图 12-16 所示的网页。

图 12-16　效果图

要求：

- 网页居中显示，宽度高度自拟
- 要有如图 12-17 所示的边框线，背景颜色，文字颜色，空隙
- 中间的文字和图片要居于中间，上下左右有一定空隙。

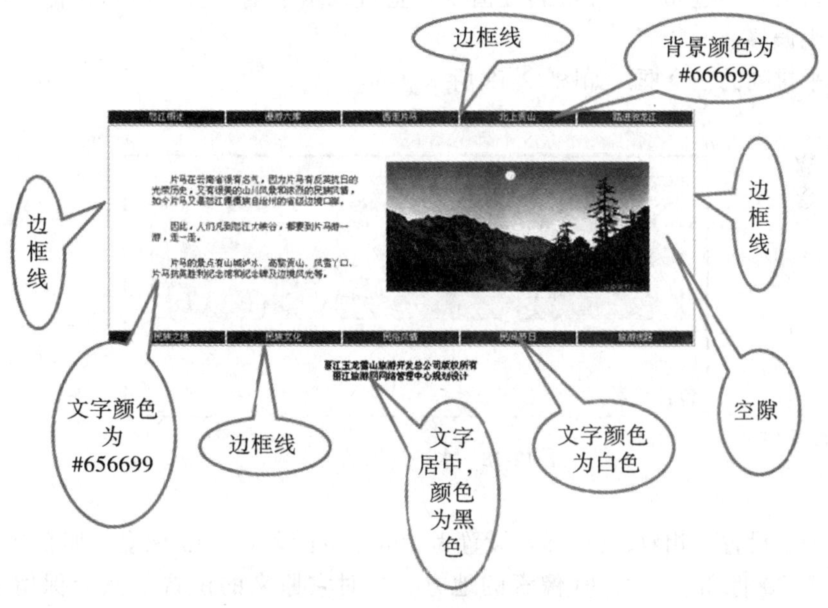

图 12-17　效果要求图

12.2　相对定位和绝对定位

利用浮动属性定位只能使元素浮动形成图文混排或块级元素水平排列的效果，其定位功

能仍然不够灵活强大。本节介绍的在定位属性下的定位能使元素通过设置偏移量定位到页面或其包含框的任何一个地方，定位功能非常灵活。

12.2.1 定位属性和偏移属性

为了让元素在定位属性下定位，需要对元素设置定位属性 position，position 的取值有四种，即 relative、absolute、fixed 和 static。其中 static 是默认值，表示不使用定位属性定位，也就是盒子按照标准流或浮动方式排列。Fixed 称为固定定位，它和绝对定位类似，只是总是以浏览器窗口为基准进行定位，但 IE6 浏览器不支持该属性值。因此定位属性的取值中用得最多的是相对定位(relative)和绝对定位(absolute)，本节主要介绍它们的功能。

偏移属性包括(top、left、bottom、right)四个属性，为了使元素在定位属性定位下从基准位置发生偏移，偏移属性必须和定位属性配合使用，left 指相对于定位基准的左边向右偏移的值、top 指相对于定位基准的上边向下偏移的值、bottom 指相对于定位基准的下边向上偏移的值、right 指相对于定位基准的右边向左偏移的值。

12.2.2 相对定位

设置为相对定位的盒子，会相对于它在原来标准流中的位置偏移指定的距离，同时原来的位置保持不变。相对定位的盒子仍然在标准流中，它后面的盒子仍以标准流方式对待它。

如果对一个元素设置相对定位属性(position：relative;)，那么它将保持在原来的位置上不动。如果再对它通过 top、left 等属性值设置垂直或水平偏移量，那么它将"相对于"它原来的位置发生偏移。

现有水平排列的三个框，如图 12-18 所示。

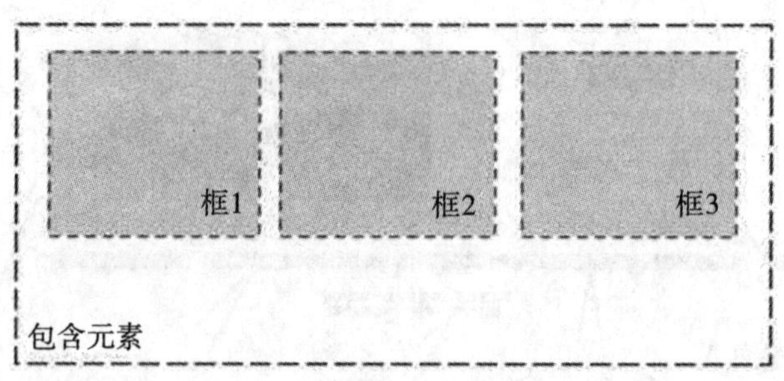

图 12-18 水平排列的三个框

如果将框 2 设置为相对定位，top 设置为 20px，left 设置为 30 像素，那么框 2 将移到原位置顶部向下 20 像素、向右 30 像素的地方。同时它原来的位置仍然会保留。效果如图 12-19所示。代码如下：

```
#div2{
    position：relative;
    left：30px;
    top：20px;
}
```

注意，在使用相对定位时，无论是否进行移动，元素仍然占据原来的空间。因此，移动

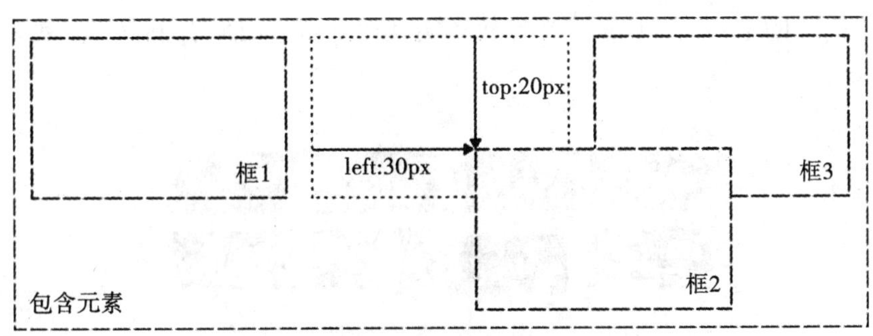

图 12-19　相对定位

元素会导致它覆盖其他框。

12.2.3　相对定位的应用举例

1. 鼠标滑过时链接向右下偏移

在有些网页中，当鼠标滑过超链接时，超链接的位置会发生偏移，比如向右下方偏移，让人产生动态的感觉，如图 12-20 所示。

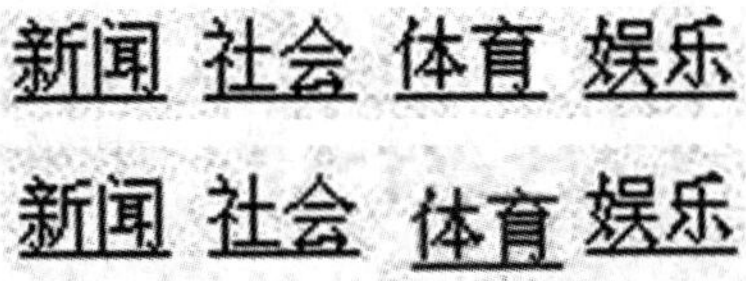

新闻 社会 体育 娱乐

新闻 社会 体育 娱乐

图 12-20　超链接向右下偏移(上图是初始状态，下图是鼠标滑过时状态)

这种效果的制作原理比较简单，就是利用了相对定位。在 CSS 中设置超链接的滑过时状态为相对定位，当鼠标滑过时，让它相对于原来的位置发生偏移。代码如下：

例 12-15：

```
<style type="text/css">
  a: hover {
          color: #ff0000;
          position: relative;
          top: 3px;
          left: 3px;
  }
</style>

<div>
    <a href="#">新闻</a>
    <a href="#">社会</a>
    <a href="#">体育</a>
    <a href="#">娱乐</a>
```

</div>

在案例12-13的基础上，让该水平导航条实现鼠标滑过时向右下偏移。效果如图12-21所示。代码如下：

图12-21 水平导航条滑过时发生偏移

例12-16：

```
<style type="text/css">
  #nav ul{
    list-style-type: none;
  }
  #nav li{
    float: left;
  }
  #nav li a{
    display: block;                    /*将a转化为块级元素*/
    width: 50px;
    text-align: center;
    text-decoration: none;
    border: 1px solid #b9ff00;
    padding: 5px;
    margin-right: 5px;
    background-color: #729e00;
  }
  #nav li a: link, #nav li a: visited{
    color: #FFFFFF;
  }
  #nav li a: hover{
    color: #ffff00;
    background-color: #939;
    position: relative;                /* 鼠标滑过时设置相对定位 */
    top: 3px;
    left: 3px;
  }
</style>
```

```
<div id="nav">
  <ul>
    <li><a href="#">新闻</a></li>
    <li><a href="#">体育</a></li>
    <li><a href="#">社会</a></li>
    <li><a href="#">时尚</a></li>
  </ul>
</div>
```

2. 固定宽度网页水平居中

使用相对定位可以实现固定宽度的网页水平居中显示。该方法首先对网页的最外层容器 box 进行相对定位，使它向右偏移父元素(此例中 box 的父元素是浏览器)宽度的 50%，这时 box 的左边框位于浏览器的水平中线上，然后使用 box 的负边界将 box 向左拉回其自身宽度的一半，这样就实现了 box 在浏览器中水平居中的目的。如图 12-22 所示。该案例也可以拓展到任何子框，利用相对定位和负边界使子框在父框内水平居中。

例 12-17：

```
#box{width: 760px;
      height: 200px;
      border: 1px solid red;
      position: relative;          /* 相对定位 */
      left: 50%;                   /* 向右偏移父元素宽度的一半 */
      margin-left: -380px;
}
```

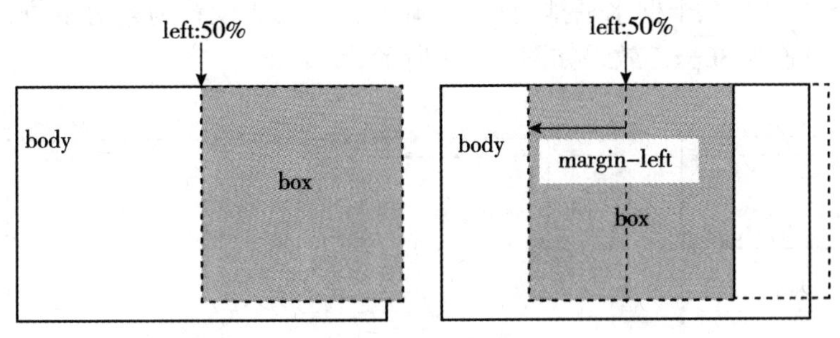

图 12-22　相对定位实现网页水平居中显示

思考 1：如果把#box 选择器中(left：50%；margin-left：-380px;)改为(right：50%；margin-right：-380px;)，可以实现水平居中吗？为什么？

思考 2：能否利用 top：50%；margin-top：-100px；实现 box 在垂直方向上居中？(答案见电子资料：第 12 章\ 例 12-18)。

课 堂 练 习

操作题：利用相对定位原理制作简单的阴影效果，效果如图 12-23 所示。

图 12-23　相对定位法制作的阴影

12.2.4　绝对定位

绝对定位使元素的位置与标准流无关，即脱离了标准流，因此不占据空间。这一点与相对定位不同，相对定位实际上被看做标准流定位模型的一部分，因为元素的位置相对于它在标准流中的位置。

设置了绝对定位的元素以距离它最近的设置了定位属性的父级元素为定位基准，若它所有的父级元素都没有设置定位属性，则以浏览器窗口为定位基准。标准流中其他元素的布局就像绝对定位的元素不存在一样。

现假设在图 12-18(三个框水平排列)的基础上，将框 2 设置为绝对定位，并将其 top 设置为 20px，left 设置为 30px，效果如图 12-24 所示。

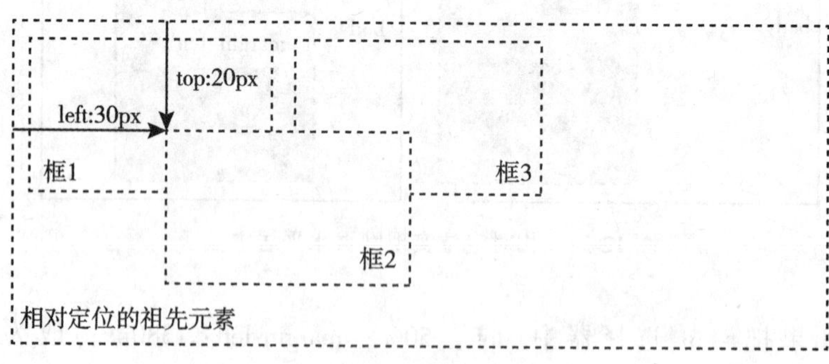

图 12-24　绝对定位

代码如下：

```
#box{
   position: relative;     /* 设置了定位属性的父级元素 */
}
```

```
#div2{
    position: absolute;
    left: 30px;
    top: 20px;
}
```

可以看出，框 2 此时是以设置了定位属性的父级元素为定位基准，向下偏移 20 像素，向右偏移 30 像素。

提示：因为绝对定位的框与标准流无关，所以它们可以覆盖页面上的其他元素。绝对定位对象可层叠，层叠顺序可通过 z-index 属性控制，z-index 值为无单位的整数，大的在最上面，可以有负值。

为了便于读者理解相对定位和绝对定位，表 12-1 列出了两者间的区别。

表 12-1 相对定位和绝对定位比较表

	定位基准	与原来位置的关系
相对定位	以它自己原来的位置为基准	还占用着原来的位置，未脱离标准流
绝对定位	以距离它最近的设置了定位属性的父级元素为定位基准，若它所有的父级元素都没有设置定位属性，则以浏览器窗口为定位基准	不占用原来的位置，已经脱离标准流，其他元素就当它不存在

定位元素的优点和局限性

定位元素的优点在于，可结合偏移属性，将元素放置在任何需要的位置。

绝对定位的局限性在于，当内容发生变化时，绝对定位元素和其他元素的位置无法自动相应调整，从而导致有空白或内容重叠。

相对定位的局限性在于，页面会保留相对定位元素的原来占有位置，从而导致有空白或内容重叠。

注意：float 属性、position 属性适用于任何元素，即行内元素和块级元素都可以应用。应用相对定位属性后，该元素保持原来的行内元素或块级元素状态不变；应用浮动、绝对定位属性后，该元素变为块级元素，具有块级元素的特性。

12.2.5 绝对定位的应用举例

绝对定位元素的特点是完全脱离了标准流，不占据网页中的位置，而是浮在网页上。利用这个特点，绝对定位可以制作漂浮广告，弹出菜单等浮在网页上的元素。如果希望绝对定位元素以它的父元素为定位基准，则需要对它的父元素设置定位属性(一般是设置为相对定位)，使它的父元素成为包含框，这就是绝对定位和相对定位的配合使用。这样就可以制作出缺角的导航条，小提示窗口等。

1. 制作缺角导航条

图 12-25 是一个缺角的导航条，这是一个利用绝对定位技术的典型案例。可以在例 12-13的基础上实现，下面来分析它是如何制作出来的。

图 12-25　缺角导航条的初始状态和鼠标滑过时的状态

首先，如果这个导航条不是缺角导航条，那么完全可以通过盒子在标准流及浮动方式下的排列来实现，不需要使用定位属性。其次，缺的这个角是通过一个元素的盒子叠放在导航条选项盒子上实现的，他们之间的位置关系如图 12-26 所示。

图 12-26　缺角导航条元素盒子之间的关系

形成缺角的盒子实际上是一个空元素，该元素的左边框是 8px 宽的白色边框，下边框是 8px 宽的绿色边框，他们交汇就形成了斜边效果，如图 12-27 所示。

图 12-27　缺角是一个设置了左、下边框的空元素

可以看出，导航项左上角的盒子必须以导航项为基准进行定位，因此必须设置导航项的盒子为相对定位，让它成为一个包含框(父元素)，然后将左上角的盒子设置为绝对定位，使左上角的盒子以包含框为基准进行绝对定位。代码如下。

例 12-19：

```
<style type="text/css">
    #nav ul{
        list-style-type: none;
    }
    #nav li{
        float: left;
    }
    #nav li a{
        display: block;
        width: 50px;
        text-align: center;
        text-decoration: none;
        padding: 5px;
        margin-right: 5px;
```

```
    background-color: #729e00;
    position: relative;              /* 成为 b 元素的具有定位属性的父元素 */
  }
  #nav li b{
    border-bottom: 8px solid #729e00; /* #729e00 为 a 元素的背景色 */
    border-left: 8px solid #ffffff;  /* 用左边框和下边框交汇形成三角形效果 */
    overflow: hidden;
    height: 0px;                     /* 以上 2 条为兼容 IE6，在 firefox 浏览器中可以不
用 */
    position: absolute;              /* 以 a 元素为定位基准，偏移 0px */
    left: 0px;
    top: 0px;
  }
  #nav li a: link, #nav li a: visited{
    color: #FFFFFF;
  }
  #nav li a: hover{
    color: #ffff00;
    background-color: #939;
  }
  #nav li a: hover b{
    border-bottom: 8px solid #939;     /* 鼠标滑过时改变 b 元素下边框的颜色 */
  }
</style>

<body>
  <div id="nav">
   <ul>
    <li><a href="#"><b></b>新闻</a></li>
    <li><a href="#"><b></b>体育</a></li>
    <li><a href="#"><b></b>社会</a></li>
    <li><a href="#"><b></b>时尚</a></li>
   </ul>
  </div>
</body>
```

2. 固定宽度网页水平垂直都居中

在相对定位的应用案例中，讲到利用相对定位可以实现一个固定宽度的框在水平方向上居中显示的效果，见例 12-17。那么，使用绝对定位可否实现呢？并且在水平和垂直方向上都居中显示？

答案是肯定的，其原理跟例 12-17 相似。首先将网页最外层框 box 进行绝对定位，使它向右偏移父级元素(此例中 box 的父级元素是浏览器)宽度的 50%，向下偏移父元素高度的 50%，然后使用 box 的负边界将 box 向左拉回其自身宽度的一半，向上拉回其自身高度的一半，这样就实现了 box 在浏览器中水平垂直都居中的目的。

代码如下(例 12-20)：

```
#box{width：760px；
     height：200px；
     border：1px solid red；
     position：absolute；          /＊绝对定位，此时以浏览器为定位基准＊/
     left：50%；
     top：50%；
     margin-left：-380px；
     margin-top：-100px；
}
```

课堂练习

操作题。利用绝对定位原理制作如图 12-28 所示导航条，当鼠标滑过时，导航项的文字颜色、背景颜色发生变化，并且下面出现一个红色下三角形。

图 12-28　导航条初始状态和鼠标滑过时状态

提示：红色下三角形的制作如下：

```
<style type="text/css">
    b{ border：8px solid #ffffff；
       border-top-color：red；        /＊以上两句实现了红色三角形 ＊/
       width：0px；
       height：0px；
       display：block；              /＊必须为块级元素，且无宽度和高度＊/
       }
    </style>

    <body>
      <b></b>                        /利用空的 b 元素的边框制作三角形/
    </body>
```

12.3　实训与习题

1. 实训题：利用浮动制作如图 12-29 所示的图文混排效果网页。

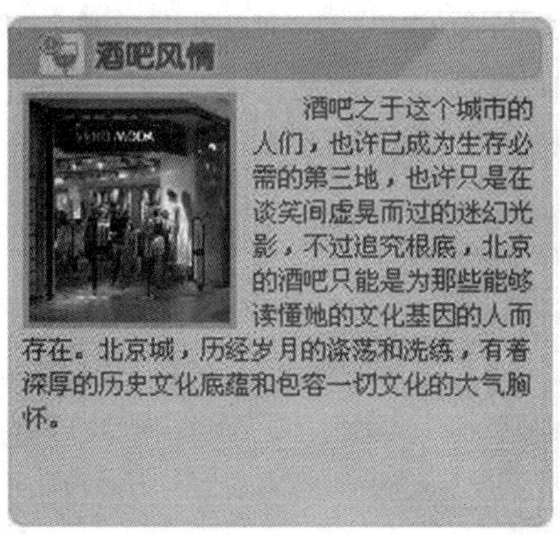

图 12-29

2. 实训题：利用定位技术制作如图 12-30 所示的小提示窗口效果。当鼠标滑过红色文字时，出现该文字的小提示窗口。

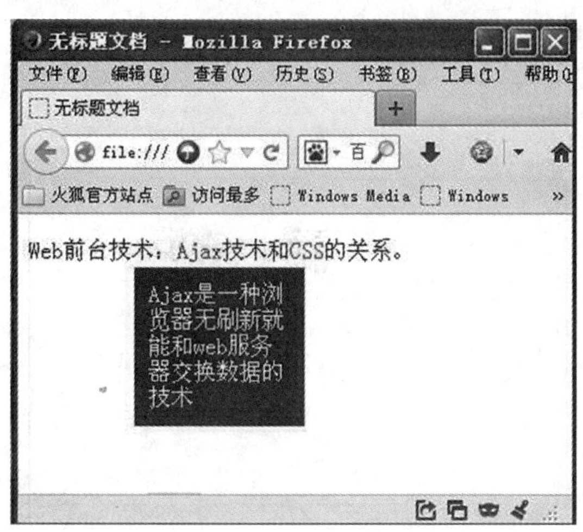

图 12-30　小提示窗口效果

提示：初始状态下该窗口不可见，可以用 display：none；隐藏，鼠标滑过时再用 display：block；显示出来。

本章小结

本章主要介绍了浮动和定位，在定位技术中，重点介绍了相对定位和绝对定位。利用浮动可以实现块级元素水平排列，能够制作出图文混排、首字下沉，水平导航条等效果。而定位技术利用偏移实现了更加精确的定位，读者可以利用定位技术制作各种特效，也可以使用定位技术进行网页布局。

第13章　DIV+CSS 布局

学习目标：

- 认识 DIV，了解 DIV+CSS 布局思想
- 创建固定宽度布局
- 创建可变宽度布局
- 综合案例分析

13.1　DIV+CSS 布局

13.1.1　认识 DIV

DIV 是 XHTML 中的一个标签，是专门用于布局设计的一个容器，利用 DIV 可以对网页内容进行分块，然后在其中放置文本、图片、视频、动画等所有网页内容。类似于表格布局中的单元格。

13.1.2　DIV+CSS 布局思想

CSS 布局的本质就是大大小小的盒子在页面上摆放，我们看到的页面中的内容不是文字，也不是图像，而是一堆盒子。我们要考虑的就是盒子与盒子之间的关系，是标准流、并列、上下、嵌套、间隔、背景、浮动、绝对、相对还是定位基准等。将盒子之间通过各种定位方式排列使之达到想要的效果就是 CSS 布局基本思想。

如果用 CSS 对整个网页进行布局，基本步骤如下：

(1)将页面用 div 分块。

(2)通过 css 设计各块的位置和大小，以及相互关系。

(3)在网页的各大 div 块中插入作为各个栏目框的小块。

下面通过一个案例说明上面的布局基本步骤。如图 13-1 所示。

(1)将页面用 div 分块。

例 13-1：

```
<body>
  <div id="top">top</div>
  <div id="main">
    <div id="left">left</div>
    <div id="right">right</div>
  </div>
  <div id="bottom">bottom</div>
```

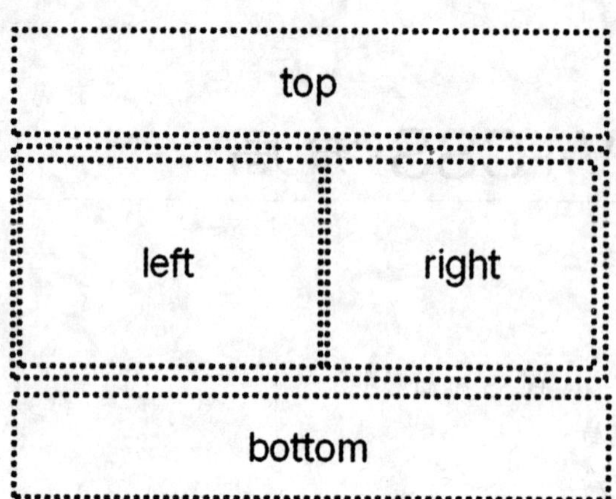

图 13-1　页面布局图

```
</body>
```

先用三个 div 将网页分成上中下三个块，然后中间的块再嵌套两个 div 块，每个 div 块都有唯一的一个 id 号，id 号主要用于网页分块时对每个块进行区分。

（2）通过 css 设计各块的位置和大小，以及相互关系。

```
<style type="text/css">
    #top{
        width: 300px;
        height: 30px;
        border: 1px dashed red;
        margin: 5px auto;
    }
    #main{
        width: 300px;
        height: 100px;
        border: 1px dashed red;
        margin: 5px auto;
    }
    #left, #right{
        width: 128px;
        height: 78px;
        display: inline;
        float: left;
        margin: 10px;
        border: 1px dashed blue;
    }
    #bottom{
        width: 300px;
```

```
        height: 30px;
        border: 1px dashed red;
        margin: 5px auto;
    }
</style>
```

(3)在网页的各大div块中插入作为各个栏目框的小块。

比如在top块插入网页的广告条，在left块插入导航条，right块插入文本，bottom块插入版权信息等。

13.2　布局的种类

网页的布局可分为固定宽度布局和可变宽度布局。固定宽度是指网页的宽度是固定的，比如1004px，不会随着浏览器大小的改变而改变；可变宽度是指当浏览器窗口大小发生变化，网页的宽度也会发生变化，比如将网页宽度设为85%，表示它的宽度永远是浏览器宽度的85%。

固定宽度的好处是网页不会随着浏览器大小的改变发生变形，所以固定宽度布局用得很广泛，也适合初学者使用。而可变宽度布局的好处是能适应用户的各种显示器，不会因为用户的显示器过宽而使两边出现很宽的空白区域。

13.2.1　固定宽度布局

1. 固定宽度分栏布局

固定宽度布局的最常用方法是将所有栏都浮动，在12.1.3节"浮动的应用举例"中已经介绍了，这里不再赘述。

2. 固定宽度网页居中

通常情况下我们都希望制作的网页能够在浏览器中居中显示，通过CSS实现网页居中的方法如下：

(1)margin法

通过设置最外层的容器#container的margin值为"0 auto"，即上下边界为0px，左右边界自适应。再给容器设置一定宽度，就可以实现容器在网页中居中显示，从代码数量上看，这是一种最简单的方法。例如：

```
#container{ margin: 0 auto; width: 780px;}
```

这种方法在11.2.3节"margin属性"讲解时介绍过，在此也不再赘述。

(2)相对定位法

相对定位法居中在12.2.3节"相对定位的应用举例"中介绍过，代码如下：

```
#container{ width: 780px; position: relative; left: 50%; margin-left: -390px;}
```

13.2.2　可变宽度布局

可变宽度布局是一种较为流行的布局方式，它比固定宽度布局具有更高的技术含量。本节介绍最常用的三种可变宽度布局模式。

1. 两列(或多列)等比例布局

两列(或多列)等比例布局的实现较简单，将固定宽度布局中每列的宽度由固定的值改为百分比就可以了。百分比是相对于父元素而言的，比如宽度为50%即该元素的宽度是父元素宽度的50%。

2. 单列可变宽布局——浮动法

在实际应用中，有时候需要一列固定宽度，另一列根据浏览器窗口的大小自动适应。比如在博客类网站中就经常使用这种布局形式，把侧边的导航条栏宽度固定，主体的内容栏宽度可变。下面案例中，左列固定，右列宽度可变。代码如下：

例 13-2：

```
#left{
    width：200px;
    height：250px;
    float：left;
    border：1px solid #66f;
    background-color：#6cf;
}
#right{
    height：250px;
    border：1px solid #66f;
    background-color：#6cf;
}
```

左列将呈现200px的宽度，而右列将根据浏览器窗口大小自动适应。单列可变宽布局在网站中经常用到，不仅右列，左列也可以自适应，方法是一样的。

3. 中间列可变宽布局——绝对定位法

两侧列固定、中间列变宽的布局也是一种常用的布局形式，这种形式的布局通常把两侧列设置为绝对定位元素，并对他们设置固定宽度。如例13-3所示，左右两列都设置成200px宽，而中间列不设置宽度，设置它的左右 margin 都为200px，使它不被两侧列所遮盖。这样它就会随着网页宽度的改变而改变，因此被形象地称为液态布局。

例 13-3：

网页结构代码如下：

```
<div id="top">top</div>
<div id="main">
    <div id="left">left</div>
    <div id="content">content</div>
    <div id="right">right</div>
</div>
<div id="bottom">bottom</div>
```

块元素#main 样式如下：

```
/*块#main 为父元素，设置其为相对定位，使 left、right 块以它为基准进行绝对定位*/
```

```
#main{
    width: 80%;
    margin: 0 auto;
    background-color: orchid;
    position: relative;
}
```

左边块元素#left 样式如下：

```
#left{
    width: 200px;
    position: absolute;
    left: 0px;
    top: 0px;
}
```

右边块元素#right 样式如下：

```
#right{
    width: 200px;
    position: absolute;
    right: 0px;
    top: 0px;
}
```

中间块元素#content 样式如下：

```
#content{
    margin-left: 200px;
    margin-right: 200px;
    background-color: #fff;
}
```

13.3　综合案例分析

1. 确定主题——咖啡店网站页面

设计制作咖啡店网站，首先需要了解经营者的设想和目标，其次需要深入理解这家店的特色。根据咖啡店的特色确定网站的风格、主色调、布局，根据经营者的目标自由设计，形成设计图纸，然后用设计软件实现。最终效果如图 13-2 所示。

2. 设计分析

本案例是设计制作精致典雅的咖啡店网站的首页页面，页面以古典的浅黄色为主色调，咖啡色描边，突出了咖啡店的风格，用新鲜的绿色传达出健康生活的理念，在布局上非常简约，文字和图片相互融合，导航的设计增添了网站的趣味性。

3. 布局分析

本案例使用的布局类型是固定宽度，居中显示，最外层的大容器 box 包含上中下三个部分，这种类型非常常见，可用于大部分网站上。

图 13-2　页面效果图

box 中包含 top、main、bottom 三个部分，top 用来宣传咖啡店、吸引浏览者的目光，main 是主体内容，bottom 是网站的一些基本信息，包括地址、联系方式、版权等。其中 main 容器中又分为上下两部分，下部分嵌套左右两列，可采用浮动效果实现。页面布局如图 13-3 所示。

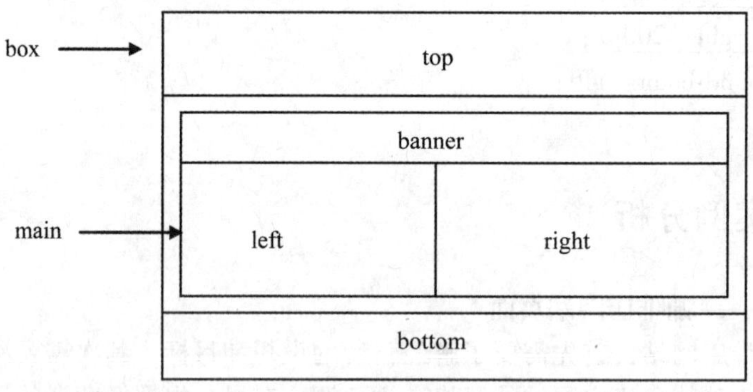

图 13-3　页面布局图

4. 制作流程

(1)将页面用 div 分块。

```
<body>
  <div id="box">
      <div id="top"></div>
      <div id="main">
```

```
        <div id="banner"></div>
        <div id="left"></div>
        <div id="right"></div>
      </div>
     <div id="bottom"></div>
  </div>
</body>
```

(2)通过 css 设计各块的位置和大小，以及相互关系。

css. css 文件内容：

将 body 页面整体设置以及各文本效果(字体字号颜色)等放在一个单独的 css 文件中。

```
* {
margin: 0px;
padding: 0px;
border: 0px;
}
//设置整体页面的背景、字体、字号、文字颜色等。
body {
font-family: "宋体";
font-size: 12px;
color: #4F432B;
background-image: url(../images/001.jpg);
background-repeat: repeat-x;
text-align: center;
}
.font01 {
color: #806C46;
}
.font02 {
float: right;
margin-right: 65px;
}
```

div. css 文件内容：

将各 div 块的大小、位置、以及相互关系等放在另一个 css 文件中。

//设置大容器 box 的宽度，宽度在设计之初就已经确定好，与插入的动画 top. swf 宽度一致；高度为上中下三个部分的高度和，此处也可以不设置高度；设置 box 居中显示。

```
#box {
text-align: left;
height: 980px;
width: 920px;
margin: 0 auto;
```

高职高专计算机系列教材

```
}

//设置 top 的背景图片 002. jpg；top 的宽度和高度与插入的动画 top. swf 一致。
#top {
background-image: url(../images/002.jpg);
background-repeat: no-repeat;
height: 264px;
width: 920px;
}
```

//设置 main 的背景图片 003. jpg；main 宽度与背景图片一致，高度等于上下两部分之和。

```
#main {
background-image: url(../images/003.jpg);
background-repeat: repeat-y;
height: 595px;
width: 920px;
}

//banner 的宽度和高度与插入的动画 banner. swf 一致。
#banner {
height: 105px;
width: 920px;
}
```

//left 块和 right 块通过浮动实现左右排列。Left 块的宽度和高度由插入的图片决定。左边和上边留有适当的空隙。

```
#left {
float: left;
height: 450px;
width: 337px;
margin-left: 25px;
margin-top: 18px;
}
```

//right 块呈现的是文本，在插入文本后，通过适当调整宽度高度、margin 值、padding 值以及行高使之与左边的图片高度一致，图文中间留有一定空隙，使整体效果更美观。在图片右下角添加背景图片 005. jpg。

```
#right {
line-height: 18px;
```

```
background-image: url(../images/005.jpg);
background-repeat: no-repeat;
background-position: bottom;
float: left;
height: 457px;
width: 456px;
margin-top: 18px;
padding-right: 17px;
padding-left: 16px;
padding-top: 15px;
}
```

//给 bottom 添加背景图片 006.jpg，在插入文本后，调整 bottom 块的宽度高度、padding 值、文本的行高等使整体效果更美观。

```
#bottom {
line-height: 18px;
background-image: url(../images/006.jpg);
background-repeat: no-repeat;
height: 60px;
width: 843px;
padding-top: 54px;
padding-left: 77px;
}
```

(3)在网页的各大 div 块中插入作为各个栏目框的小块。

- 在 top 插入 flash：top.swf，并将 flash 设置为透明效果。

```
<div id="top">
    <object id="FlashID" classid="clsid:D27CDB6E-AE6D-11cf-96B8-444553540000" width="920" height="264">
      <param name="movie" value="images/top.swf" />
      <param name="quality" value="high" />
      <param name="wmode" value="transparent" />   <!---设置透明 flash->
      <param name="swfversion" value="8.0.35.0" />
      <!--此 param 标签提示使用 Flash Player 6.0 r65 和更高版本的用户下载最新版本的 Flash Player。如果您不想让用户看到该提示,请将其删除。-->
      <param name="expressinstall" value="../Scripts/expressInstall.swf" />
      <!--下一个对象标签用于非 IE 浏览器。所以使用 IECC 将其从 IE 隐藏。-->
      <!--[if !IE]>-->
      <object type="application/x-shockwave-flash" data="images/top.swf" width="920" height="264">
        <!--<![endif]-->
```

```
        <param name="quality" value="high" />
        <param name="wmode" value="transparent" />
        <param name="swfversion" value="8.0.35.0" />
        <param name="expressinstall" value="../Scripts/expressInstall.swf" />
        <!--浏览器将以下替代内容显示给使用 Flash Player 6.0 和更低版本的用户。-->
        <div>
          <h4>此页面上的内容需要较新版本的 Adobe Flash Player。</h4>
          <p><a href="http://www.adobe.com/go/getflashplayer"><img src="http://
www.adobe.com/images/shared/download_buttons/get_flash_player.gif" alt="获取 Adobe Flash
Player" width="112" height="33" /></a></p>
        </div>
        <!--[if !IE]>-->
      </object>
      <!--<![endif]-->
    </object>
  </div>
```

（注：此处代码较长，可以通过 Dreamweaver 的可视化方式插入 flash。）

- 在 banner 中插入 flash：banner.swf，设置为透明效果。

```
    <div id="banner">
            <object id="FlashID2" classid="clsid:D27CDB6E-AE6D-11cf-96B8-
444553540000" width="920" height="104">
            <param name="movie" value="images/banner.swf" />
            <param name="quality" value="high" />
            <param name="wmode" value="transparent" />
            <param name="swfversion" value="8.0.35.0" />
            <!--此 param 标签提示使用 Flash Player 6.0 r65 和更高版本的用户下载最新
版本的 Flash Player。如果您不想让用户看到该提示，请将其删除。-->
            <param name="expressinstall" value="../Scripts/expressInstall.swf" />
            <!--下一个对象标签用于非 IE 浏览器。所以使用 IECC 将其从 IE 隐藏。-->
            <!--[if !IE]>-->
              <object type="application/x-shockwave-flash" data="images/banner.swf"
width="920" height="104">
              <!--<![endif]-->
              <param name="quality" value="high" />
              <param name="wmode" value="transparent" />
              <param name="swfversion" value="8.0.35.0" />
              <param name="expressinstall" value="../Scripts/expressInstall.swf" />
              <!--浏览器将以下替代内容显示给使用 Flash Player 6.0 和更低版本的用户。-->
              <div>
                <h4>此页面上的内容需要较新版本的 Adobe Flash Player。</h4>
```

```
<p><a href=" http://www.adobe.com/go/getflashplayer" ><img src =
" http:// www.adobe.com/images/shared/download_buttons/get_flash_player.gif"  alt =" 获取
Adobe Flash Player" width="112" height="33" /></a></p>
        </div>
        <! --[if ! IE]>-->
      </object>
      <! --<! [endif]-->
    </object>
  </div>
```

● 在 left 中插入图片：004.jpg

```
<div id="left"><img src="images/004.jpg" width="337" height="450" /></div>
```

● 在 right 中插入文本。

```
<div id="right">
    <p>有着共同梦想，追求完美个性，将这些一一反映在餐饮上的一些好友，于
2006 年 10 月，创造出了一个别于一般咖啡店的小天地~~~阿伏萝得~~~</p>
    <p>  </p>
    <p>它，是希腊的守护神，也是一种精神的象征。一种对餐饮的不妥协，店里的
每道餐点都需耗时制作，非泡制，“求精不求量”，“好还要更好”适合不赶时间的您。在这
个小平米的空间里，却有大大的用心，在座椅方面，换上了别于一般咖啡厅的订做沙发，相
对地牺牲了空间，但，就是希望客人坐得舒适，吃得愉快，享受那片刻的宁静，放松一天紧
绷的情绪。</p>
    <p>  </p>
    <p>饮品方面，分为意式咖啡、花草(果)茶系列，健康蔬果汁、特调系列、养生
及冰沙系列。意式咖啡别于一般商业咖啡，重视咖啡粉的粹取时间，更讲究咖啡滤器跟把手
间分离，就怕滤器温度太高伤了咖啡原有精华的风味。这里的咖啡不仅实在，且杯杯呈现给
您不一样的视觉感受。</p>
    <p>  </p>
    <p>在餐点上，则是提供了口袋堡轻食，也就是俗称的热三明治，别看它小小一
片，肉馅可都是精心搭配，有炸的，有炒的，配上套餐付送的水果沙拉，酸酸甜甜的滋味，
让爱美又怕胖的女性朋友爱不释手。</p>
    <p>  </p>
    <p class="font01">阿伏萝得秉承对餐饮的热爱</p>
    <p class="font01">不断求新，不断进步</p>
    <p class="font01">只为追求更极致的味道</p>
    <p class="font01">我们不是最好</p>
    <p class="font01">但我们绝对用心</p>
    <p class="font02">诚挚地欢迎您亲临指导</p>
</div>
```

● 在 bottom 插入版权信息等。

```
<div id="bottom">北京市海淀区中关村一街 125 号 TEL：010-82780078 FAX：010-
```

82780078-123

Best viewed on 1024X768 pixels, Internet Explorer 5. X+ Copyright intojoy coffee and tea. All rights reserved.

</div>

13.4 实训与习题——制作汽车租赁网站

1. 效果图

设计制作一个汽车租赁网站，效果如图 13-4 所示。

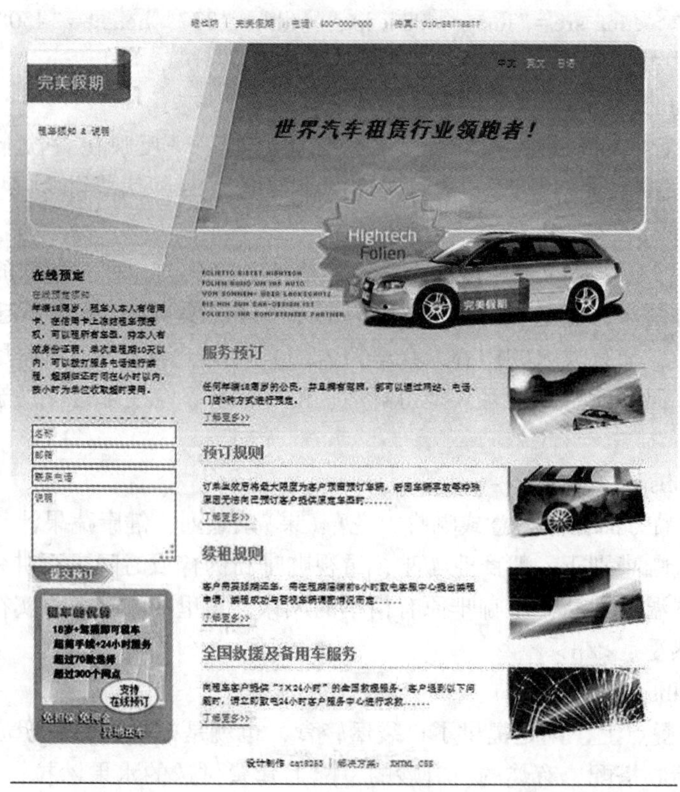

图 13-4 页面效果图

2. 设计分析

该网站整体页面的排版布局简洁而有条理，浏览者看上去非常舒服，功能一目了然。整体页面以天蓝色作为主色调，体现出清新、自然、高远、舒适的感觉。让浏览者有放松，尽情去飞驰的感觉。

3. 布局分析

该网页布局可以采用比较常见的两列布局。先将整个页面分为上、中、下三个部分，上部分主要是页面的 logo、banner 等广告信息；中间为主体部分，又分为左右两大部分，左边是功能表单，右边是各种服务细则；下部分是网站的一些基本信息。整体页面可以居中放置，如图 13-5、图 13-6 所示。

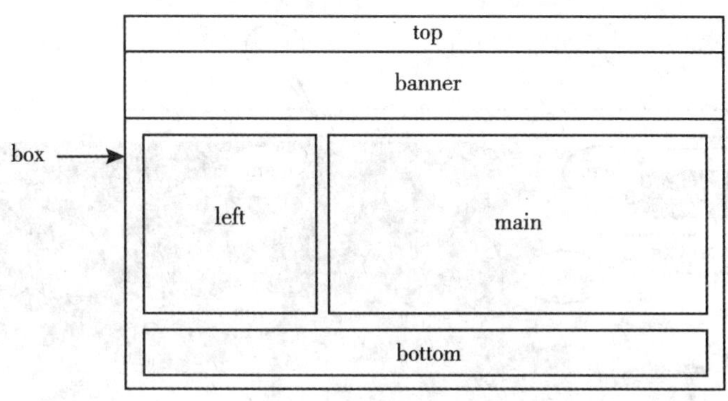

图 13-5　整体布局图 1

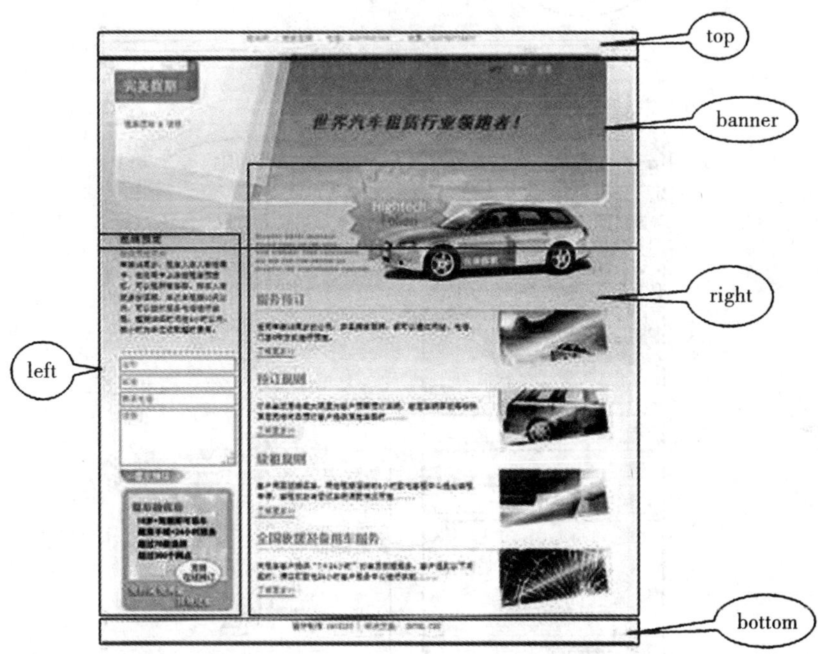

图 13-6　整体布局图 2

- 头部布局细节

头部分为 top 块和 banner 块，banner 块中又包含四个小块：logo 块、menu 块、wen1 块、wen2 块，这四个模块可以通过设置它们的 margin 值来放在相应的位置，也可以通过绝对定位放到相应的位置。如图 13-7 所示。

- 左边布局细节

左边模块包括：在线预订、在线预订须知、表单、宣传图片。如图 13-8 所示。

左右模块可以采用浮动的方式左右排列，也可以采用绝对定位的方式左右排列，此处建议读者采用绝对定位的方式，以 box 为定位基准，进行绝对定位，并且左右模块需要相对于 banner 上移部分空间，即左右部分需要和 banner 有部分的重叠，这样制作出来的网页效果更美观。如图 13-6 所示。

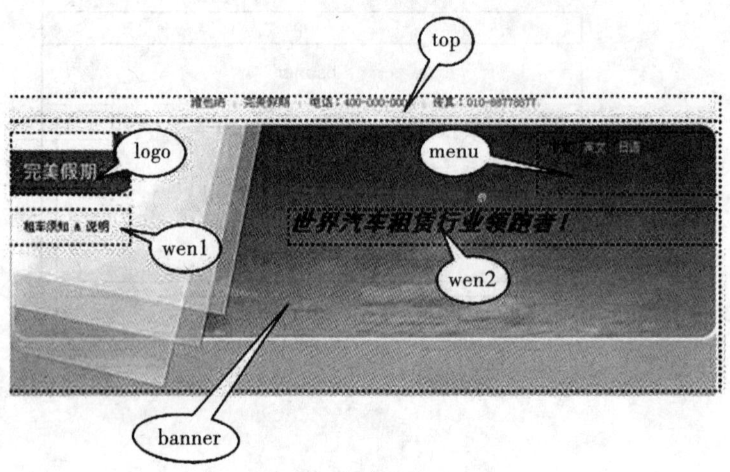

图 13-7　头部布局细节图

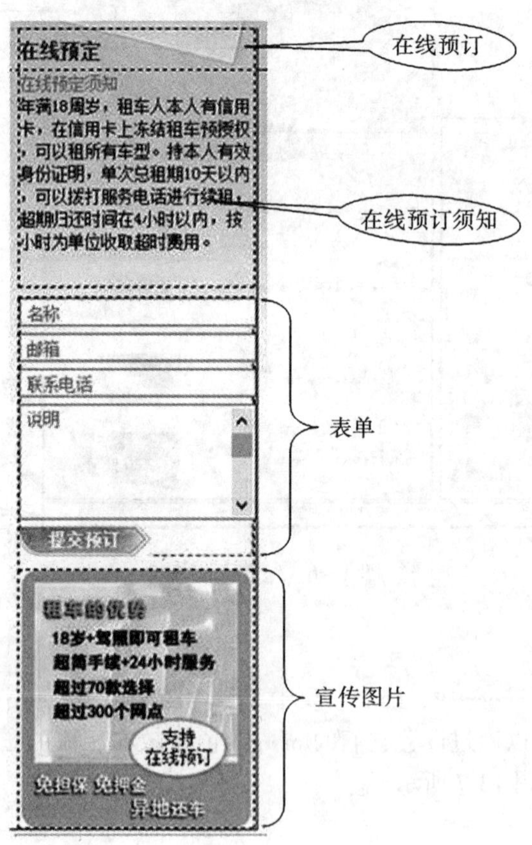

图 13-8　左边布局细节图

- 右边布局细节

右边模块包括：两个背景图片，这两个背景图片和 banner 模块有部分重叠，如图 13-9 所示；

四个汽车模块，如图 13-10 所示。

图 13-9　右边布局细节图(背景图片)

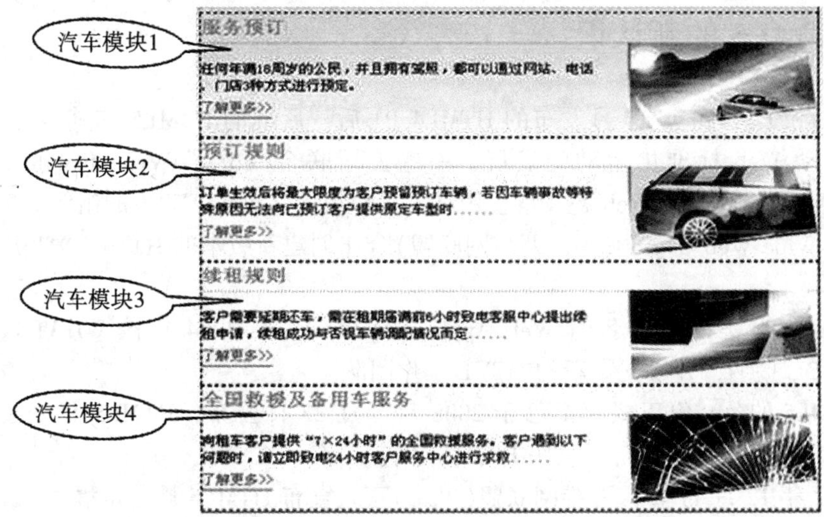

图 13-10　右边布局细节图(汽车模块)

- 底部布局细节，如图 13-11 所示。

设计制作 cat8253 | 解决方案： XHTML CSS

图 13-11　底部布局细节图

本 章 小 结

本章主要介绍了 DIV+CSS 布局，首先介绍了 DIV 标记和 DIV+CSS 布局思想，了解 DIV+CSS 布局的三个基本步骤；然后介绍了创建固定宽度布局和可变宽度布局的方式，最后用一个综合案例分析来具体说明 DIV+CSS 布局的思想和步骤。

第14章 HTML5 的新特性

学习目标：

➤ 了解 HTML5 的新特性
➤ 理解 HTML5 和 HTML4 的区别

14.1 HTML5 的新认识

HTML 标准自 1999 年 12 月发布的 HTML4.01 后，后继的 HTML5 和其他标准被束之高阁，为了推动 Web 标准化运动的发展，一些公司联合成立了 Web Hypertext Application Technology Working Group（Web 超文本应用技术工作组——WHATWG）的组织。WHATWG 和 W3C（World Wide Web Consortium，万维网联盟）合作创建新版本的 HTML，HTML5 经历了以下发展过程。

➤ HTML5 草案的前身名为 Web Applications 1.0，于 2004 年被 WHATWG 提出，于 2007 年被 W3C 接纳，并成立了新的 HTML 工作团队。

➤ HTML5 的第一份正式草案已于 2008 年 1 月 22 日公布，HTML5 仍处于完善之中，然而，大部分浏览器已经具备了某些 HTML5 支持。

➤ 2012 年 12 月 17 日，万维网联盟（W3C）正式宣布 HTML5 规范定稿。

➤ 2013 年 5 月 6 日，HTML5.1 正式草案公布。本次草案的发布，从 2012 年 12 月 27 日至今，进行了多达近百项的修改，包括 HTML 和 XHTML 的标签，相关的 API、Canvas 等，同时 HTML5 的图像 img 标签及 svg 也进行了改进，性能得到进一步提升。

支持 HTML5 的浏览器包括 Firefox（火狐浏览器），IE9 及其更高版本，Chrome（谷歌浏览器），Safari，Opera 等；国内的傲游浏览器（Maxthon），以及基于 IE 或 Chromium（Chrome 的工程版或称实验版）所推出的 360 浏览器、搜狗浏览器、QQ 浏览器、猎豹浏览器等国产浏览器同样具备支持 HTML5 的能力。在移动设备开发 HTML5 应用，主要使用 HTML5 的语法或者仅使用 JavaScript 引擎。

HTML5 是开放 Web 标准的基石，它是一个完整的编程环境，适用于跨平台应用程序、视频和动画、图形、风格、排版和其他数字内容发布工具、广泛的网络功能等，HTML5 的优点主要有：

➤ 提高可用性和改进用户的友好体验；
➤ 有几个新的标签，这将有助于开发人员定义重要的内容；
➤ 可以给站点带来更多的多媒体元素（视频和音频）；
➤ 可以很好的替代 FLASH 和 Silverlight；
➤ 当涉及网站的抓取和索引的时候，对于 SEO 很友好；
➤ 将被大量应用于移动应用程序和游戏。

14.2　HTML5 的新特性

相比其他版本，HTML5 中的新特性主要体现在：用于媒介回放的 video 和 audio 元素，用于绘画的 canvas 元素，对本地离线存储的更好的支持，新的表单控件以及新的特殊内容元素等，强化了 Web 网页的表现性能以及追加了本地数据库等 Web 应用功能。

1. 表单增强

HTML5 为表单提供了一些新的元素和属性，这些元素简化了开发的复杂度，另外，还增加了一些新功能的标记，如媒体播放和画布元素，同时，一些过时的标记被取消，被 CSS 替代。HTML5 提供的<audio>和<video>元素，可以实现不需要任何插件和工具播放音频和视频，提供的<canvas>元素，可以像插入其他标记一样，绘制各种形状、图表等。

2. 让内容可编辑

HTML5 允许用户编辑页面，该特性可以让用户编辑、删除、插入内容，而不提供其他类似于所见即所得编辑器的保存或应用样式的功能，需要通过 Javascript 来实现这些功能。

3. 简单快速地实现拖放控制

图片和超链接默认是可拖放的，HTML5 引进了一个新的属性 draggable，用于设置元素是否接受拖放。dragstart，drag，dragenter，dragover，dragleave，drop 和 dragend 对应 HTML5 的拖放事件，还可以通过被拖放元素来传递数据。使用事件属性"dataTransfer"的 getData 和 setData 方法，另外，可以在不同的浏览器或程序中进行拖放，提高了用户的交互设计。

4. Web 数据存储

在 HTML5 中，数据不是由每个服务器请求传递的，而是只有在请求时使用数据，提供了两种在客户端存储数据的新方法，localStorage 和 sessionStorage，它使在不影响网站性能的情况下存储大量数据成为可能。localStorage 方法存储的数据没有时间限制，用以存储周期较长、多页面，以及多浏览器的数据，甚至持续到重启浏览器或者电脑。sessionStorage 针对一个 session 的数据存储，当用户关闭浏览器窗口后，数据会被删除。HTML5 使用 JavaScript 来存储和访问数据，对于不同的网站，数据存储于不同的区域，并且一个网站只能访问其自身的数据。

5. 离线数据存储

HTML5 定义了离线存储规范，当用户的网络被断开后与网页程序和文档进行交互的方法。可以通过 manifest 文件定义需要被缓存或离线的数据。当用户访问页面时，支持的浏览器将会获取 manifest 版本，它将下载并缓存所有涉及的文件，如果 manifest 版本有变化，将会再次下载并缓存所有的文件，通常该特性用于创建网页离线版应用程序。

14.3　HTML5 与 HTML4 的区别

HTML5 以 HTML4 为基础，对 HTML4 进行了大量的修改。不仅修改了部分语法，增加了新的元素和属性并废除了部分元素和属性，而且提出了全局属性的概念。

14.3.1　语法的改变

HTML 的语法建立在 SGML(Standard Generalized Markup Language)语言的基础上，但是

很多浏览器都不包含 SGML 的分析器，虽然 HTML 基本上根据 SGML 的语法，但是其执行在各浏览器之间并没有统一的标准。HTML5 的语法是为了保证与之前的 HTML 语法达到最大程度的兼容而设计的，与 HTML4 相比，HTML5 在语法上发生了很大的变化。

1. HTML5 语法的兼容

从元素标记的省略、具有 boolean 值的属性、引号的省略等方面介绍 HTML5 如何实现与 HTML 兼容。

(1)可以省略标记的元素

在 HTML5 中，元素的标记可以省略，元素的标记分为“不允许写结束标记”、“可以省略结束标记”和“开始标记和结束标记全部可以省略”三种类型。

- 不允许写结束标记的元素有：area、base、br、col、command、embed、hr、img、input、keygen、link、meta、param、source、track、wbr。
- 可以省略结束标记的元素有：li、dt、dd、p、rt、rp、optgroup、option、colgroup、thead、tbody、tfoot、tr、td、th。
- 可以省略全部标记的元素有：html、head、body、colgroup、tbody。

说明：“不允许写结束标记的元素”是指不允许使用开始标记与结束标记将元素括起来，只能使用“<元素/>”的形式进行书写，例如，“<hr>... </hr>”的书写方式是错误的，正确的书写方式为“<hr/>”。“可以省略全部标记的元素”是指该元素可以完全被省略，即使标记被省略了，该元素却是以隐式的方式存在，例如，如果 body 元素省略，由于它在文档结构中还是存在的，可以使用 document. body 进行访问。

(2)具有 boolean 值的属性

具有 boolean 值的属性，例如 disabled 与 readonly。只写属性而不指定值，也可以将属性名设定为属性值，或将空字符串设定为属性值，则表示该属性值为 true；如果想要将属性值设为 false，可以不使用该属性。属性值的设定方法如下所示：

```
<! --只写属性不写属性值代表属性为 true-->
< input  type="checkbox"  checked>
<! --属性值=属性名，代表属性为 true-->
<input  type="checkbox"  checked="checked">
<! --属性值=空字符串，代表属性为 true-->
<input  type="checkbox"  checked="">
<! --不写属性代表属性为 false-->
<input  type="checkbox">
```

(3)省略引号

指定属性值的时候，属性值两边既可以用双引号，也可以用单引号。HTML5 在此基础上做了一些改进，如果属性值不包括空字符串、“<”、“>”、“=”、单引号、双引号等字符，属性值两边的引号可以省略，代码如下所示：

```
<! --请注意 type 的属性值两边的引号  -->
<input  type="text">
<input  type='text'>
<input  type=text>
```

2. HTML5 中的标记方法

(1)内容类型(ContentType)

HTML5 的文件扩展符与内容类型保持不变，扩展符仍然为“. html”或“. htm”，内容类型(ContentType)仍然为“text/html”。

(2)DOCTYPE 声明

DOCTYPE 声明是 HTML 文件中必不可少的，位于文件第一行，也就是位于<html>标签之前。HTML4 中的 DOCTYPE 需要对 DTD 进行引用，而 HTML5 不基于 SGML，因此不需要对 DTD 进行引用，但是需要 DOCTYPE 来规范浏览器的行为。

在 HTML4 中，它的声明方法如下：

```
<! DOCTYPE html PUBLIC "-//W3C//DTD XHTML 1. 0Transitional//EN"
"http：//www. w3. org/TR/xhtml1/DTD/xhtml1-transitional. dtd">
```

在 HTML5 中，一份文档将会适用于所有版本的 HTML，HTML5 中的 DOCTYPE 声明方法如下：

```
<! DOCTYPE  html>
```

如果使用工具时，也可以在 DOCTYPE 声明方式中加入 SYSTEM 识别符，声明方法如下所示：

```
<! DOCTYPE  HTML  SYSTEM  "about：legacy-compat">
```

在 HTML5 中像这样的 DOCTYPE 声明方式是允许的，不区分大小写，引号不区分是单引号还是双引号。

(3)指定字符编码

在 HTML4 中，使用 meta 元素的形式指定文件中的字符编码，如下所示：

```
<meta  http-equiv="Content-Type"  content="text/html；charset=UTF-8">
```

在 HTML5 中，可以使用对<meta>元素直接追加 charset 属性的方式来指定字符编码，如下所示：

```
<meta  charset="UTF-8">
```

上述两种方法都有效，但是不能同时混合使用两种方式。在以前的网站代码中可能会存在如下所示的标记方法，但在 HTML5 中，这种字符编码方式将被认为是错误的，从 HTML5 开始，对于文件的字符编码推荐使用 UTF-8。

```
<meta charset="UTF-8" http-equiv="Content-Type"  content="text/html；charset=UTF-8">
```

例 14-1：HTML5 标记范例

```
<! DOCTYPE  html>
<meta  charset="UTF-8">
<title>HTML5 标记范例</title>
<p>这段代码是根据 HTML5 语法
<br/>
```

编写出来的运行结果如图 14-1 所示，如果显示的是乱码，则将“UTF-8”换成“GB2312”。

图 14-1 HTML5 标记范例显示效果

14.3.2 新增的元素和废除的元素

1. 新增的元素

(1)新增的结构元素

在 HTML5 中，新增了与结构相关的元素，如下所示：

➢ section 元素，定义文档中的节，标示文档结构，比如章节、页眉、页脚或页面中的其他部分。

HTML5 中代码示例：

<section>... </section>

HTML4 中代码示例：

<div>... </div>

➢ article 元素，定义外部的内容，表示页面中的一块与上下文不相关的独立内容，可以是来自一个外部的新闻提供者的一篇新的文章，或者来自 blog 的文本，或者是来自论坛的文本。

HTML5 中代码示例：

<article>... </article>

HTML4 中代码示例：

<div>... </div>

➢ aside 元素，表示 article 以外的内容，与 article 元素的内容相关的辅助信息。

HTML5 中代码示例：

<aside>…</aside>

HTML4 中代码示例：

<div>... </div>

➢ header 元素，表示页面中一个内容区块或整个页面的标题。

HTML5 中代码示例：

<header>... </header>

HTML4 中代码示例：

<div>... </div>

➢ hgroup 元素，用于对网页或页面中一个内容区块的标题进行组合。

HTML5 中代码示例：

<hgroup>... </hgroup>

HTML4 中代码示例：

<div>… </div>

➢ footer 元素，表示 section 或 document 的页脚，一般来说，它会包含创作者的姓名、创作日期以及创作者联系信息。

HTML5 中代码示例：

<footer>… </footer>

HTML4 中代码示例：

<div>… </div>

➢ nav 元素，表示页面中导航链接的部分。

HTML5 中代码示例：

<nav>… </nav>

HTML4 中代码示例：

<ul>… </ul>

➢ figure 元素，用于对元素进行组合，表示一段独立的流内容，一般表示文档主体流内容中的一个独立单元，例如，使用<figcaption>元素为 figure 元素组添加标题。

HTML5 中代码示例：

```
<figure>
<figcaption>PRC</figcaption>
<p>The People's Republic of China was born in 1949... </p>
</figure>
```

HTML4 中代码示例：

```
<dl>
<h1>PRC</h1>
<p>The People's Republic of China was born in 1949... </p>
</dl>
```

(2)新增的 input 元素类型

HTML5 拥有多个新的表单输入类型，这些新特性提供了更好的输入控制和验证，如表 14-1 所示。

表 14-1 **新增的 input 类型**

新增的 input 类型	含　义
color	颜色选择
email	邮件地址校验
date	年月日选择
month	月日选择
week	年周选择
time	时间(小时和分钟)选择
datetime	UTC 年月日时间选择
datetime-local	本地年月日时间选择

续表

新增的 input 类型	含　义
number	数字选择并校验
range	包含在一定范围内的数字值选择，显示为滑动条
search	用于搜索域，比如站点搜索或 google 搜索等
tel	电话校验
url	网址 URL 校验

(3)新增的功能元素

HTML5 相比 HTML4 而言，新增了一些功能元素，如表 14-2 所示。

表 14-2　**新增的功能元素**

新增的功能元素	含　义
progress	显示 JavaScript 中耗费时间的函数的进程。
command	命令按钮，如单选按钮、复选框或按钮
details	描述文档或文档某个部分的细节，它可以与 summary 元素配合使用
datalist	可选数据的列表，与 input 元素配合使用，可以制作出输入值的下拉列表
datagrid	表示可选数据的列表，它以树形列表的形式来显示
keygen	密钥生成器
ruby	ruby 注释(中文注音或字符)
rt	字符(中文注音或字符)的解释或发音
rp	在 ruby 注释中使用，以定义不支持 ruby 元素的浏览器所显示的内容
wbr	软换行，浏览器窗口或父级元素的宽度足够宽时，不换行，当宽度不够时，主动在此处进行换行

(4)新增的其他元素

➢ video 元素，定义视频，如电影片段或其他视频流。大多数视频是通过插件(比如 Flash)来显示的，然而，并非所有浏览器都拥有相同的插件，因此，不能直接播放视频，比如 wmp、real player、flash。而有些插件是不能跨平台、跨浏览器，flash 甚至会导致浏览器卡、崩溃。当前，video 元素支持三种视频格式，如表 14-3 所示。

表 14-3　**video 支持的视频格式**

格式	IE	Firefox	Opera	Chrome	Safari
Ogg	No	3.5+	10.5+	5.0+	No
MPEG 4	9.0+	No	No	5.0+	3.0+
WebM	No	4.0+	10.6+	6.0+	No

Ogg =带有 Theora 视频编码和 Vorbis 音频编码的

Ogg 文件 MPEG4 = 带有 H. 264 视频编码和 AAC 音频编码的 MPEG 4 文件

WebM = 带有 VP8 视频编码和 Vorbis 音频编码的 WebMD 文件

HTML5 中代码示例：

```
<video src="movie. ogg"   controls="controls">
video 元素
</video>
```

HTML4 中代码示例：

```
<object   type="video/ogg"   data="movie. ogv">
<param   name="src"   value="movie. ogv">
</object>
```

➢ audio 元素，定义声音，如音乐或其他音频流，当前，audio 元素支持三种音频格式，如表 14-4 所示。

表 14-4　**audio 支持的音频格式**

	ie9	Firefox3. 5	Opera10. 5	Chrome3. 0	Safari3. 0
Ogg Vorbis		✓	✓	✓	
MP3	✓			✓	✓
Wav		✓	✓		✓

HTML5 中代码示例：

```
<audio src="someaudio. wav">
audio 元素
</audio>
```

HTML4 中代码示例：

```
<object   type="application/ogg"   data="someaudio. wav">
<param   name="src"   value="someaudio. wav">
</object>
```

➢ canvas 元素，定义图形，比如图表和其他图像。HTML5 的 canvas 元素使用 JavaScript 在网页上绘制图像，可以控制其每一像素。canvas 拥有多种绘制路径、矩形、圆形、字符以及添加图像的方法，canvas 的属性如表 14-5 所示。

表 14-5　**canvas 的属性**

属性	值	描述
height	pixels	设置 canvas 的高度
width	pixels	设置 canvas 的宽度

HTML5 中代码示例：

```
<canvas  id="myCanvas"  width="200"  height="200"></canvas>
```

HTML4 中代码示例：

```
<object data="inc/hdr. svg" type="image/svg+xml" width="200" height="200">
</object>
```

➢ embed 元素，用来插入各种多媒体，格式可以是 Midi、Wav、AIFF、AU、MP3 等。

HTML5 中代码示例：

```
<embed  src="horse. wav"  />
```

HTML4 中代码示例：

```
<object  data="flash. swf"  type="application/x-shockwave-flash"></object>
```

➢ mark 元素，主要用来在视觉上向用户呈现那些需要突出显示或高亮显示的文字，比较典型的应用就是在搜索结果中向用户高亮显示搜索关键词。

HTML5 中代码示例：

```
<mark>...  </mark>
```

HTML4 中代码示例：

```
<span>...  </span>
```

➢ time 元素，表示日期或时间，也可以同时表示两者。

HTML5 中代码示例：

```
<time>...  </time>
```

HTML4 中代码示例：

```
<span>...  </span>
```

➢ output 元素，表示不同类型的输出，比如脚本的输出。

HTML5 中代码示例：

```
<output>...  </output>
```

HTML4 中代码示例：

```
<span>...  </span>
```

➢ source 元素，为媒介元素(比如<video>和<audio>)定义媒介资源。

HTML5 中代码示例：

```
<source>
```

HTML4 中代码示例：

```
<param>
```

➢ menu 元素，表示菜单列表，当希望列出表单控件时使用该标签。

HTML5 中代码示例：

```
<menu>
<li><input  type="checkbox"  />Red</li>
<li><input  type="checkbox"  />blue</li>
</menu>
```

在 HTML4 中，menu 元素不被推荐使用。

2. 废除的元素

由于各种原因，在 HTML5 中废除了很多元素。

(1)能使用 CSS 替代的元素

HTML5 提倡把画面展示放在 CSS 样式表中统一编辑，废除了展示画面的元素 basefont、big、center、font、s、strike、tt、u，并使用编辑 CSS、添加 CSS 样式表的方式进行代替。其中 font 元素由“所见即所得”的编辑器来插入，s 元素、strike 元素可以由 del 元素替代，tt 元素可以由 CSS 的 font-family 属性代替。

(2)不再使用 frame 框架

由于 frame 框架对网页可用性存在负面影响，HTML5 只支持 iframe 框架，或者用服务器方创建的由多个页面组成的复合页面的形式，废除了元素 frameset、frame 与 noframes。

(3)只有部分浏览器支持的元素

对于 applet、bgsound、blink、marquee 等元素，只有部分浏览器支持，所以在 HTML5 中被废除，其中，applet 元素可由 embed 元素或 object 元素代替，bgsound 元素可由 audio 元素代替，marquee 可以由 JavaScript 编程的方式所代替。

(4)其他被废除的元素

其他被废除元素还有：

- 废除 rb 元素，使用 ruby 元素代替
- 废除 acronym 元素，使用 abbr 元素代替
- 废除 dir 元素，使用 ul 元素代替
- 废除 isindex 元素，使用 form 元素与 input 元素相结合的方式代替
- 废除 listing 元素，使用 pre 元素代替
- 废除 xmp 元素，使用 code 元素代替
- 废除 nextid 元素，使用 GUIDS 代替
- 废除 plaintext 元素，使用“text/plian”MIME 类型代替

14.3.3　新增的属性和废除的属性

在 HTML5 中，在增加和废除了很多元素的同时，也增加和废除了很多属性。

1. 新增的属性

(1)与表单相关的属性

新增的与表单相关的属性如下：

- 可以对 input(type=text)、select、textarea 与 button 元素指定 autofocus 属性，以指定属性的方式让元素在画面打开时自动获得焦点。
- 可以对 input 元素(type=text)与 textarea 元素指定 placeholder 属性，提示用户可以输入的内容。
- 可以对 input、output、select、textarea、button 与 fieldset 指定 form 属性，声明它属于哪个表单，然后将其放置在页面上任何位置，而不是表单之内。
- 可以对 input 元素(type=text)和 textarea 元素指定 required 属性，在用户提交的时候检查该元素内一定要有输入内容。
- 为 input 元素增加了几个新的属性：autocomplete、min、max、multiple、pattern 与 step，同时还有一个新的 list 元素与 datalist 元素配合使用。datalist 元素与 autocomplete 属性配合使用，multiple 属性允许在上传文件时一次上传多个文件。
- 为 input 元素与 button 元素增加了新属性 formaction、formenctype、formmethod、formnovalidate 与 formtarget，它们可以重载 form 元素的 action、enctype、method、novalidate 与

target 属性。为 fieldset 元素增加了 disabled 属性，可以把它的子元素设为 disabled(无效)状态。

➢ 为 input 元素、button 元素、form 元素增加了 novalidate 属性，可以取消提交时进行的相关检查，表单可以被无条件地提交。

(2)与链接相关属性

新增的与链接相关的属性如下：

➢ 为 a 与 area 元素增加了 media 属性，该属性规定目标 URL 是何种类型的媒介/设备进行优化的，只能在 href 属性存在时使用。

➢ 为 area 元素增加了 hreflang 属性与 rel 属性，以保持与 a 元素、link 元素的一致。

➢ 为 link 元素增加了新属性 sizes，该属性可以与 icon 元素结合使用，指定关联图标(icon 元素)的大小。

➢ 为 base 元素增加了 target 属性，主要目的是保持与 a 元素的一致性。

(3)其他属性

除了与表单和链接相关的属性外，HTML5 还增加了下面的属性：

➢ 为 ol 元素增加属性 reversed，它指定列表倒序显示。

➢ 为 meta 元素增加 charset 属性，为文档的字符编码提供了一种比较良好的方式。

➢ 为 menu 元素增加了两个新的属性 type 与 label，label 属性为菜单定义一个可见的标注，type 属性让菜单可以以上下文菜单、工具条和列表菜单三种形式出现。

➢ 为 style 元素增加 scoped 属性，用来规定样式的作用范围。

➢ 为 script 元素增加 async 属性，定义脚本是否异步执行。

➢ 为 html 元素增加属性 manifest，开发离线 Web 应用程序时它与 API 结合使用，定义一个 URL，在这个 URL 上描述文档的缓存信息。

➢ 为 iframe 元素增加三个属性 sandbox、seamless 与 srcdoc，用来提高页面安全性，防止不信任的 Web 页面执行某些操作。

2. 废除的属性

HTML4 中的一些属性在 HTML5 中不再被使用，而是采用其他属性或其他方案进行替代，具体如表 14-6 所示。

表 14-6 **HTML5 中被废除的属性**

在 HTML4 中使用的属性	使用该属性的元素	在 HTML5 中的替代方案
rev	link、a	rel
charset	link、a	在被链接的资源中使用 HTTP Content-type 头元素
shape、coords	a	使用 area 元素代替 a 元素
longdesc	img、iframe	使用 a 元素链接到较长描述
target	link	多余属性，被省略
nohref	area	多余属性，被省略
profile	head	多余属性，被省略

续表

在 HTML4 中使用的属性	使用该属性的元素	在 HTML5 中的替代方案
version	html	多余属性，被省略
name	img	id
scheme	meta	只为某个表单域使用 scheme
archive、classid、codebase、codetype、declare、standby	object	使用 data 与 type 属性类调用插件，需要使用这些属性来设置参数时，使用 param 属性
valuetype、type	param	使用 name 与 value 属性，不声明值的 MIME 类型
axis、abbr	td、th	使用以明确简洁的文字开头、后跟详述文字的形式。可以对更详细内容使用 title 属性，来使单元格的内容变得简短
scope	td	在被链接的资源的中使用 HTTP Content-type 头元素
align	caption、input、legend、div、h1、h2、h3、h4、h5、h6、p	使用 CSS 样式表替代
alink、link、text、vlink、background、bgcolor	body	使用 CSS 样式表替代
align、bgcolor、border、cellpadding、cellspacing、frame、rules、width	table	使用 CSS 样式表替代
align、char、charoff、height、nowrap、valign	tbody、thead、tfoot	使用 CSS 样式表替代
align、bgcolor、char、charoff、height、nowrap、valign、width、	td、th	使用 CSS 样式表替代
align、bgcolor、char、charoff、valign	tr	使用 CSS 样式表替代
align、char、charoff、valign、width	col、colgroup	使用 CSS 样式表替代
align、border、hspace、vspace	object	使用 CSS 样式表替代
clear	br	使用 CSS 样式表替代
compact、type	ol、ul、li	使用 CSS 样式表替代
compact	dl	使用 CSS 样式表替代
compact	menu	使用 CSS 样式表替代
width	pre	使用 CSS 样式表替代
align、hspace、vspace	img	使用 CSS 样式表替代

续表

在 HTML4 中使用的属性	使用该属性的元素	在 HTML5 中的替代方案
align、noshade、size、width	hr	使用 CSS 样式表替代
align、frameborder、scrolling、marginheight、marginwidth	iframe	使用 CSS 样式表替代
autosubmit	menu	

14.3.4 全局属性

全局属性，是指任何元素都可以使用的属性，在 HTML5 中，新增了全局属性的概念，可以通过全局属性为所有元素设置共有的行为，也可以为某个元素设置全局属性，表 14-7 是 HTML5 中的全局属性。

表 14-7　**HTML5 中新的全局属性**

全局属性	含　义
accesskey	规定访问元素的键盘快捷键
class	规定元素的类名(用于规定样式表中的类)
contenteditable	规定是否允许用户编辑内容
contextmenu	规定元素的上下文菜单
dir	规定元素中内容的文本方向
draggable	规定是否允许用户拖动元素
dropzone	规定被拖动的数据在拖放到元素上时，是否被复制、移动或链接
hidden	规定该元素是无关的，被隐藏的元素不会显示
id	规定元素的唯一 ID
lang	规定元素中内容的语言代码
spellcheck	规定是否必须对元素进行拼写或语法检查
style	规定元素的行内样式
tabindex	规定元素的 tab 键控制次序
title	规定有关元素的额外信息

(1) accesskey

accesskey 属性允许设置一个或者多个键盘快捷键，可以通过组合键选择网页上的元素。

例 14-2：accesskey 属性示例

```
<! DOCTYPE HTML>
<html>
<head>
    <title> accesskey 属性示例</title>
```

```
</head>
<body>
    <form>
        Name: <input type="text" name="name" accesskey="n"/>
      <p/>
        Password: <input type="password" name="password" accesskey="p"/>
      <p/>
      <input type="submit" value="Log In" accesskey="l"/>
    </form>
</body>
</html>
```

该例中，可以使用组合键选择页面中的元素，比如在 Windows 操作系统下，可以使用 alt+n 选择 Name 中的文本框，使用 alt+p 选择 Password 中的文本框。运行效果如图 14-2 所示。

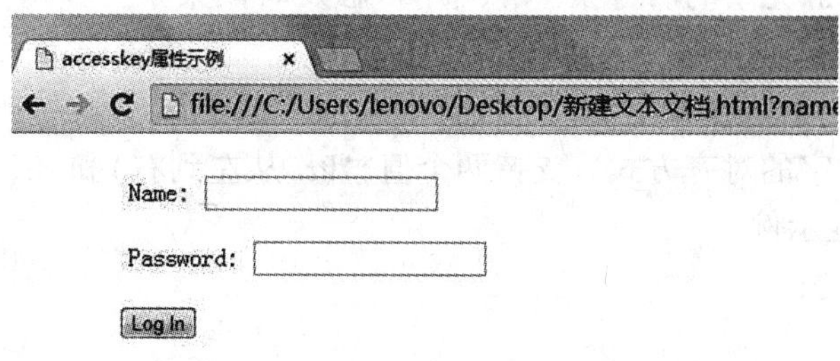

图 14-2 accesskey 属性示例显示效果

(2) class

主要实现对元素分组的功能，大多数结合 css 使用，为不同组的元素设置不同的显示效果。

(3) contentEditable

该属性的主要功能是允许用户编辑元素中的内容，所以必须是可以获得鼠标焦点的元素，而且在点击鼠标后要向用户提供一个插入符号，提示用户该元素中的内容允许编辑。contentEditable 属性是一个布尔值属性，可以被指定为 true 或 false，属性为 true 时，元素被指定为允许编辑；属性为 false 时，元素被指定为不允许编辑，该属性还有个隐藏的 inherit (继承)状态。除此之外，元素还有一个 isContentEditable 属性，当元素可编辑时，该属性为 true；当元素不可编辑时，该属性为 false。

例 14-3：contentEditable 属性示例

```
<! DOCTYPE  html>
<head>
<title>conentEditalbe 属性示例</title>
</head>
<h2>可编辑列表</h2>
<ul  contentEditable="true">
```

```
<li>列表元素 1</li>
<li>列表元素 2</li>
<li>列表元素 3</li>
</ul>
```

上述运行效果如图 14-3 所示，可以看到，能够编辑列表区。

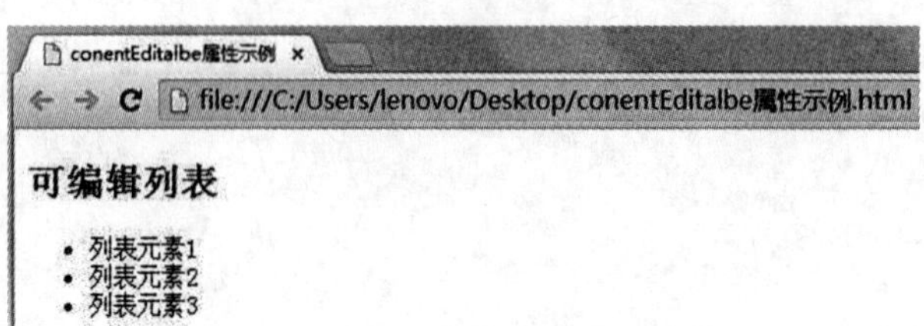

图 14-3　contentEditable 属性示例显示效果

(4) contextmenu

允许用户设置 html 元素的右键菜单，当用户触发时候菜单会弹出。到目前为止还没有主流的浏览器支持此属性。

(5) dir

定义 html 元素文字的对齐方式，支持两个值，ltr(从左到右)和 rtl(从右到左)。

例 14-4：dir 属性示例

```
<! DOCTYPE HTML>
<html>
<head>
        <title> dir 属性示例</title>
</head>
<body>
        <p dir="rtl">从右向左显示效果</p>
        <p dir="ltr">从左到右显示效果</p>
</body>
</html>
```

代码显示效果如图 14-4 所示。

图 14-4　dir 属性示例显示效果

(6) draggable

draggable 是 HTML5 中实现 html 元素拖拽功能的属性，规定是否允许用户拖动元素。

(7) dropzone

dropzone 也是 HTML5 中实现 html 元素拖拽功能的属性，规定被拖动的数据在拖放到元素上时，是否被复制、移动或链接。

(8) hidden

在 HTML5 中，所有的元素都允许使用一个 hidden 属性，隐藏对应的 html 元素，使该元素处于不可见状态。但是页面装载后允许使用 JavaScript 脚本将该属性取消，取消后该元素变为可见状态，同时元素中的内容也即时显示出来。Hidden 属性是一个布尔值的属性，当设为 true 时，元素处于不可见状态；当设为 false 时，元素处于可见状态。

(9) id

为 html 元素设置一个唯一标识，一个 html 页面中不允许存在相同 id 的元素。

(10) lang

指定 html 元素内容所使用的语言，lang 的值必须是一个有效的 iso 语言代码。

例 14-5：lang 属性示例

```
<! DOCTYPE HTML>
<html>
<head>
        <title> lang 属性示例</title>
</head>
<body>
        <p lang="en">Hello - how are you? </p>
        <p lang="fr">Bonjour - comment êtes-vous? </>
    </body>
</html>
```

运行效果如图 14-5 所示。

图 14-5 lang 属性示例显示效果

(11) spellcheck

针对 input 元素(type=text)与 textarea 这两个文本输入框提供的一个新属性，主要是对用户输入的文本内容进行拼写和语法检查。spellcheck 属性是一个布尔值的属性，在书写时必须明确声明属性值为 true 或 false，书写方法如下所示：

```
<! —以下两种书写方法正确-->
<textarea   spellcheck="true"   >
```

```
<input  type=text  spellcheck=false>
<! —以下书写方法为错误-->
<textarea  spellcheck  >
```

如果元素的 readOnly 属性或 disabled 属性设为 true，则不执行拼写检查。

(12) style

为 html 元素设置 css 样式，规定元素的行内样式。

(13) tabindex

允许定义 html 元素使用 tab 键时的访问顺序，如果 tabindex 设置为-1，用户使用 tab 键该 html 元素将不会被选中。

例 14-6：tabindex 属性示例

```
<! DOCTYPE HTML>
<html>
<head>
    <title> tabindex 属性示例</title>
</head>
<body>
    <form>
    <label>Name：<input type="text" name="Name" tabindex="1"/></label>
     <p/>
     <label>City：<input type="text" name="City" tabindex="-1"/></label>
     </p>
    <label>Country：<input type="text" name="Country" tabindex="2"/></label>
    </p>
     <input type="submit" tabindex="3"/>
     </form>
</body>
</html>
```

运行效果如图 14-6 所示，可以通过 tab 键访问 Name 和 Country 所对应的文本框以及提交按钮。

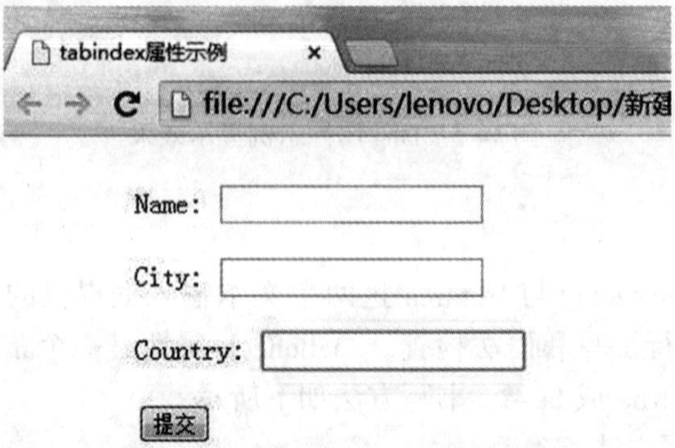

图 14-6　tabindex 属性示例显示效果

(14) title

title 可以为 html 元素提供附加信息，主要用于显示提示信息。

例 14-7：title 属性示例

```
<! DOCTYPE HTML>
<html>
<head>
      <title>title 属性示例</title>
</head>
<body>
 <a title="Apress Publishing" href="http://apress.com">访问 Apress 的站点</a>
</body>
</html>
```

运行效果如图 14-7 所示。

图 14-7 title 属性示例显示效果

(15) designMode 属性

用来指定整个页面是否可编辑，当页面可编辑时，页面中任何支持上文所述的 contentEditable 属性的元素都变成了可编辑状态。designMode 属性只能在 JavaScript 脚本里被编辑修改，该属性有两个值——"on"与"off"。属性被指定为"on"时，页面可编辑；被指定为"off"时，页面不可编辑。使用 JavaScript 脚本来指定 designMode 属性的方法。

14.3.5 实例比较

本小节通过制作一个具有相同效果的表格网页，体现了 HTML5 和 HTML4 在 DOCTYPE 声明上的区别。从代码可以看到，在该例子中，除了声明部分外，其他部分相同。图 14-8 为 HTML5 显示的效果，图 14-9 为 HTML4 的显示效果。

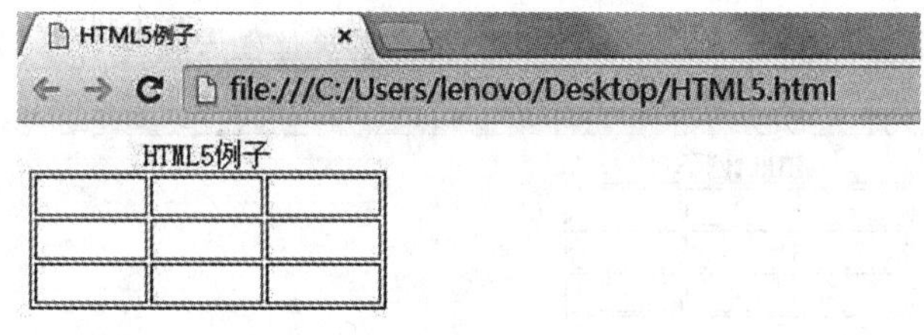

图 14-8 HTML5 显示效果

下面为 HTML5 的详细代码。

```
<! DOCTYPE html>
<html xmlns="http: //www. w3. org/1999/xhtml">
<head>
<meta charset=utf-8">
<title>HTML5 例子</title>
</head>

<body>
<table width="200" border="1">
  <caption>
    HTML5 例子
  </caption>
  <tr>
    <td>  </td>
    <td>  </td>
    <td>  </td>
  </tr>
  <tr>
    <td>  </td>
    <td>  </td>
    <td>  </td>
  </tr>
  <tr>
    <td>  </td>
    <td>  </td>
    <td>  </td>
  </tr>
</table>
</body>
</html>
```

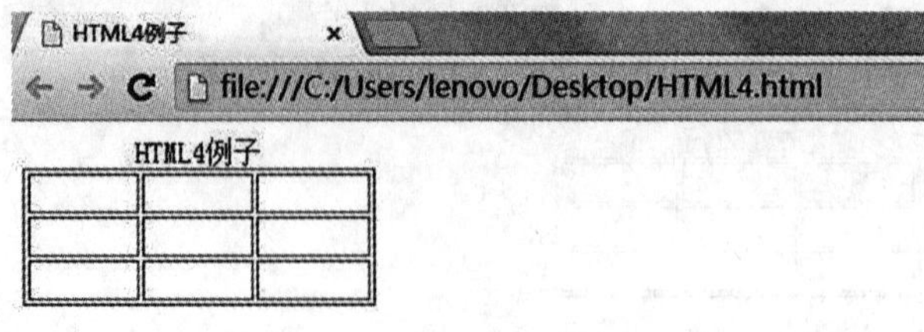

图 14-9　HTML4 显示效果

下面为 HTML4 的详细代码：

```
<! DOCTYPE html PUBLIC "-//W3C//DTD XHTML 1.0 Transitional//EN" "http://www.w3.org/TR/xhtml1/DTD/xhtml1-transitional.dtd">
<html xmlns="http://www.w3.org/1999/xhtml">
<head>
<meta http-equiv="Content-Type" content="text/html; charset=utf-8" />
<link type="text/css" rel="stylesheet" href="a.css">
<script type="text/javascript" src=abc.js></script>
<title>HTML4 例子</title>
</head>

<body>
<table width="200" border="1">
  <caption>
    HTML4 例子
  </caption>
  <tr>
    <td>  </td>
    <td>  </td>
    <td>  </td>
  </tr>
  <tr>
    <td>  </td>
    <td>  </td>
    <td>  </td>
  </tr>
  <tr>
    <td>  </td>
    <td>  </td>
    <td>  </td>
  </tr>
</table>
</body>
</html>
```

课 堂 练 习

1. 填空题：

（1）HTML5 提供标签＿＿＿＿＿＿＿＿＿＿，可以在未来取代 Flash 的位置。

（2）HTML5 提供标签＿＿＿＿＿＿＿＿播放视频，提供标签＿＿＿＿＿＿＿＿＿播放音频。

（3）HTML5 文件的字符编码推荐使用＿＿＿＿＿。

(4)新增的 input 类型可以实现______________________________________。

2. 简答题：

(1)在 HTML5 中可以通过哪些方法绘图？

(2)HTML5 新增的与数据存储和数据处理相关的新功能有哪些？

(3)HTML5 相比 HTML4 而言，主要的区别有哪些？

本章小结

本章首先介绍了 HTML5，让读者了解 HTML5 的概念、发展历程及特点；其次介绍了 HTML5 的新特性，对 HTML5 有更深入的认识；最后介绍了 HTML5 和 HTML4 的区别，介绍了 HTML5 语法的改变、新增的元素和废除的元素、新增的属性和废除的属性，并且对 HTML5 全局变量引入大量的案例，使读者对知识点有更深入的理解。

第15章 JavaScript 基础

学习目标：

- 了解 JavaScript 语言基础。
- 了解 DOM 与 BOM。
- 掌握在 Web 页面中使用 JavaSript 的方法。
- 了解 JavaScript 库。

15.1 JavaScript 简介

15.1.1 了解 JavaScript 基础

JavaScript 是一种基于对象的脚本语言，最早是在 HTML 网页上使用，可以给 HTML 网页增加动态功能，实现用户和浏览器之间的交互，其源代码在客户端浏览器解释运行，不需要服务器的支持。

JavaScript 常用来完成以下任务：

(1)嵌入动态文本于 HTML 页面。

(2)对浏览器事件作出响应。

(3)读写 HTML 元素。

(4)在数据被提交到服务器之前验证数据。

(5)检测访客的浏览器信息。

(6)控制 cookies，包括创建和修改等。

一般来说，完整的 JavaScript 包括以下几个部分：

(1)ECMAScript：描述了该语言的语法和基本对象。

(2)文档对象模型(DOM)：描述处理网页内容的方法和接口。

(3)浏览器对象模型(BOM)：描述与浏览器进行交互的方法和接口。

15.1.2 JavaScript 的运行

当一个 html 页面被装载时，浏览器会装载并解析这一过程中遇到的任何 JavaScript 代码。JavaScript 代码可以放在 html 的任何地方。

1. 放在 html 的<head>标记内

```
<head>
    <script language="JavaScript" type="text/JavaScript">
        //脚本语句...
    </script>
```

```
</head>
```

2. 放在 html 的<body>标记内

```
<body>
    <script language="JavaScript" type="text/JavaScript">
        //脚本语句...
    </script>
</body>
```

3. 链接外部脚本文件

```
<head>
    <script language="JavaScript type="text/JavaScript" src="hello.js">
    //src 属性中的值为外部脚本文件 hello.js 的路径
    </script>
</head>
```

15.2 JavaScript 语法

15.2.1 JavaScript 语法基础

1. 变量

JavaScript 和其他语言一样也引入了变量，变量是相对于常量而言的。常量通常是一个不会改变的固定值，而变量是存储一个值的占位符，变量中的值可能会随时改变。

(1)定义变量的方法

可以通过关键字 var 来定义变量，例如：

var num，age=20；//一条语句可以定义一个或多个变量

(2)给变量赋值

可以在定义变量的同时赋值或者在定义变量以后再赋值，例如：

var num，age=20；

num=10；

/*JavaScript 的变量是松散类型的，可以用来保存任何类型的数据。每个变量仅仅是一个用来保存值的占位符而已。*/

2. 标识符

标识符是指变量、函数、属性的名字，或者函数的参数名。标识符有以下规则：

(1)第一个字符必须是字母、下画线或一个美元符号。

(2)其他字符可以是字母、下画线、美元符号或者数字。

(3)区分大小写，如 test，Test 是两个不同的对象。

(4)按照惯例，标识符采用驼峰大小写格式，也就是第一个字母小写，剩下的每个有意义的单词的首字母大写：myCar。

3. 关键字与保留字

关键字是具有特定用途的，不能用作标识符。JavaScript 的主要关键字见表 15-1。

表 15-1　　**JavaScript 关键字**

break	case	catch	continue	default
delete	do	else	finally	for
function	if	in	instanceof	new
return	switch	this	throw	try
typeof	var	void	while	with

JavaScript 还定义了一套保留字，保留字没有特定用途，将来有可能被用作关键字，不能用作标识符。JavaScript 的主要保留字见表 15-2。

表 15-2　　**JavaScript 保留字**

abstract	boolean	byte	char	class
const	debugger	double	enum	export
extends	final	float	goto	implements
import	int	interface	long	native
package	private	protected	public	short
static	super	synchronized	throws	transient
volatile				

15.2.2　JavaScript 数据类型

JavaScript 是松散数据类型，不用分类型定义，但给变量赋值后变量就有了一个数据类型。

1. 基础数据类型(见表 15-3)

表 15-3　　**基本数据类型**

类型	说　明	例　子
Number 数值型数据	整数型和浮点型	var num1 = 8, num2 = 070, num = 0xA, num = 6.3, num=3.14e5; //十进制、八进制、十六进制、浮点型、科学计数法表示浮点型数据
	Infinity：无穷大 -Infinity：无穷小	当在 JavaScript 中使用的数字大于所能表示的最大值时，输出为 infinity，当小于所能表示的最小值时，输出为-infinity
	NAN：not a number	var t=0/0; //在数值运算中产生了未知的错误或结果，将会返回 NAN；NAN 是一个很特殊的数字，不会与任何数字相等，包括 NAN 自身

续表

类型	说明	例子
String 字符型数据	单个字符或字符串	var A="tom", B='jack', t="abc\n123"; //\n 是转义字符，代表换行
Boolean 布尔型数据	true 和 false 两个值	var A=true, B=false;
Undefined 未赋值类型	只有一个值 undefined	var num=undefined; //用于声明了变量但未对其赋值
Null 空值类型	只有一个值 null	var num=null; //表示尚未存在的对象

2. 数据类型转换

JavaScript 转换数据类型有两种方式：隐式类型转换和显示类型转换。如表 15-4 所示。

(1)隐式类型转换：JavaScript 会根据需要自动转换，将类型转换到环境中应该使用的类型。例如：

num=10+true; // true 转换为 1

(2)显示类型转换：使用 JavaScript 方法或者函数转换数据类型。

表 15-4　　**数据转换**

转换类型	转换方法	例子
转换成字符串	toString()方法	var num1=100; var num2=num1.toString();
	String()函数	var num1=100; var num2= String(num1);
转换成数字	Number() 把值转换成数字	Number(false); Number("123");
	parseInt() 将字符串转换为整数	parseInt("123abc");
	parseFloat() 将字符串转换为浮点数	parseFloat(19.3abc);
转换成布尔型	函数 Boolean()	Boolean("a");

15.2.3　JavaScript 运算符

1. 算术运算符

算数运算符是最简单、最常用的运算符，可以使用它们进行通用的数学计算，包

括：+、-、*、/、%、++、--。

赋值运算符=的作用是给一个变量赋值，它可以和其他运算符组合使用，包括+=、-+、*=、/=、%=。

2. 逻辑运算符

逻辑运算符通常用于执行布尔运算，包括 &&、‖、!。

3. 关系运算符

关系运算符用于比较两个数据的关系，包括==、! =、》、《、《=、》=。

4. 位运算符

位运算符是对操作数按其在计算机内表示的二进制数逐位地进行逻辑运算或移位运算，包括：&、^\ 、|、~、>>、<<、>>>。

15.2.4　Javscript 语句

1. 选择语句

选择语句是 JavaScript 中的基本控制语句之一，其作用是让 JavaScript 根据条件选择执行哪些语句或不执行哪些语句。在 JavaScript 中的选择语句分为 if 和 switch 语句两种。

(1) if 语句

其语法结构如下：

```
if(conditions)
{
   statement1;
}
else{                          //if 后面可增加 else 进行扩展
   statement2;
}
```

(2) switch　case 语句

其语法结构如下：

```
switch (a)
{
case a1:
     statement 1;
     [break;]
case a2:
     tatement 2;
     [break];
……
default:
     [statement n;]
}
```

(3) ?... 运算符

其语法结构如下：

```
(condition)? statementA: statementB;
```

2. 循环语句

在编写程序的过程中，有时需要重复执行某个语句块，这时就要用到循环语句。

(1) while 语句

while 语句属于基本循环语句，用于在指定条件为真时重复执行一组语句，其语法结构如下：

```
while(conditions)
{
    statements;
}
```

(2) do… while 语句

do… while 语句是后测试循环，其语法结构如下：

```
do{
        statements;
}while(condition);
```

(3) for 语句

for 循环语句最精简，最常用，其语法结构如下：

```
for(initialization; condition; loop-update)
{
        statements;
}
```

(4) for… in 语句

使用 for… in 循环语句可以遍历数组或者对指定对象的属性和方法进行遍历，其语法结构如下：

```
for (变量名 in 对象名)
{
      statements;
}
```

3. 跳转语句

跳转语句是指在循环控制语句的循环体内中的指定位置或是满足一定条件的情况下直接退出。

(1) break：使用 break 语句可以无条件从当前执行的循环结构或者 switch 结构的语句块中中断并退出。

(2) continue：使用 continue 语句可以跳出本次循环而立即进入到下一次循环。

课堂作业

1. 求一元二次方程 $ax^2+bx+c=0$ 的根。
2. 使用 switch…case 语句对学生分数进行分级。
3. 依次打印输出 10 以内的奇数。
4. 使用 for 语句求一个数的阶乘。

5. 使用 for…in 语句遍历数组。

15.3 函　　数

JavaScript 语言通过函数可以封装任意多条语句，而且可以在任何地方任何时候调用执行。

15.3.1 函数的创建与调用

函数由函数定义和函数调用两部分组成，应首先定义函数，然后再进行调用。

函数的定义应使用关键字 function，其语法规则如下：

```
function funcName ([parameters])
{
    statements;
    [return 表达式;]
}
```

例 15-1 函数调用实例。

```
<!DOCTYPE html PUBLIC "-//W3C//DTD XHTML 1.0 Transitional//EN" "http://www.w3.org/TR/xhtml1/DTD/xhtml1-transitional.dtd">
<html>
<head>
    <meta http-equiv="Content-Type" content="text/html; charset=utf-8" />
    <title>函数调用实例</title>
    <script type="text/JavaScript">
        function add(x, y)
        {
            var z=x+y;
            return z;
        }
        var a=50, b=20;
        var c=add(a, b);
        document.write(a+"+"+b+"="+c); //输出 50+20=70

        function sayHi(name, message){
            alert("Hello "+name+","+message);
        }
        sayHi("mary","how are you?"); //弹出信息框"Hello mary, how are you?"
    </script>
</head>
<body>
</body>
```

```
</html>
```

15.3.2 函数的参数

在调用函数时，可以向其传递值，这些值被称为参数。与其他程序设计语言不同，JavaScript 不会验证传递给函数的参数个数是否等于函数定义的参数个数，如果两个参数个数不一致，则函数执行起来往往会有可能产生一些意想不到的错误。遗漏的参数会以 undefined 传递给函数，多余的参数将忽略。

由于 JavaScript 是一种无类型的语言，因此在定义函数时，不需要为函数的参数指定数据类型。事实上，JavaScript 也不会去检测传递过来的参数是否符合函数的需要。

15.3.3 函数的属性和方法

在 JavaScript 中，函数也是一个对象，因此函数也拥有自己的属性和方法。

1. length 属性

例 15-2 函数的 length 属性。

```
<! DOCTYPE html PUBLIC "-//W3C//DTD XHTML 1.0 Transitional//EN" "http://www.w3.org/TR/xhtml1/DTD/xhtml1-transitional.dtd">
<html>
<head>
    <meta http-equiv="Content-Type" content="text/html; charset=utf-8" />
    <title>函数的 length 属性</title>
    <script type="text/JavaScript">
        function add(x, y)
        {
            if(add.length! =arguments.length)
            //判断传递的参数与定义的参数是否一致
            {
                return "传递过来的参数个数与函数定义的参数个数不一致!";
            }
            else
            {
                var z=x+y;
                return z;
            }
        }
        document.write("函数 add 的 length 值为:"+add.length+"<br/>");
        //输出"函数 add 的 length 值为 2"
        document.write("add(1, 2):"+add(1, 2)+"<br/>"); //输出"1+2=3"
        document.write("add(3, 4, 5):"+add(3, 4, 5)); //输出"传递过来的参数个数与函数定义的参数个数不一致!"
    </script>
```

```
</head>
<body>
</body>
</html>
```

2. call( )方法和 apply( )方法

函数有 call( )和 apply( )两个方法，使用这两个方法可以像调用其他对象的方法一样来调用某个函数，它们的作用都是将函数绑定到另外一个对象上去运行，两者仅在定义参数的方式有所区别。

call( )方法的使用语法如下：

funcName. call(对象名，参数 1，参数 2，……)

apply( )方法的使用语法如下：

funcName. apply(对象名，数组)

课 堂 作 业

1. 输出 100 以内的素数。
2. 对数字进行冒泡排序。

15.4　JavaScript 引用类型

引用类型是一种数据结构，用于将数据和功能组织在一起。它也常被称为类。尽管 ECMAScript 从技术上讲是一门面向对象的语言，但它不具备传统的面向对象语言所支持的类和接口等基本结构。引用类型有时候也被称为对象定义，因为他们描述的是一类对象所具有的属性和方法。

15.4.1　Object 对象

所有的 JavaScript 对象都继承自 Object 对象。Object 对象的实例构造有构造函数和对象字面量两种方法。方法如下：

```
var obj1=new Object(string); //构造函数
var obj2={                   //对象字面量
        name1: value1,
        name2: value2,
          …
        nameN: valueN};
```

例 15-3 创建 object 对象的实例。

```
<! DOCTYPE html PUBLIC "-//W3C//DTD XHTML 1.0 Transitional//EN" "http://www.w3.org/TR/xhtml1/DTD/xhtml1-transitional.dtd">
<html>
<head>
    <meta http-equiv="Content-Type" content="text/html; charset=utf-8" />
    <title>创建 Object 对象的实例</title>
```

```
    <script type="text/javascript">
        var stu1=new Object();
        stu1.name="Mary";
        stu1.age=25;
        document.write("stu1: "+stu1.name+","+stu1.age+"<br />");
        var stu2 = {
            name: "Jack",
            age: "26"
            };
        document.write("stu2: "+stu2.name+","+stu2.age);
    </script>
</head>
<body>
</body>
</html>
```

输出结果为：

stu1：Mary，25

stu2：Jack，26

15.4.2 Array 数组

除了 Object 之外，Array 类型是 ECMAScript 中最常用的类型。数组是包含基本和组合数据类型的有序序列。

1. 数组的构造方法

Array 的构造方法主要有构造函数和字面量两种，例如：

```
var colors = new Array(); //使用构造函数创建空数组
var colors = new Array(20); //创建长度为 20 的空数组
var colors = new Array("red", "blue", "green"); //创建三个元素的数组
var colors = Array(3); //可以省略操作符 new
var colors = ["red", "blue", "green"]; //使用数组字面量创建数组
var names = []; //空数组
```

ECMAScript 中的数组与其他多数语言中的数组有着相当大的区别，主要有以下几点：

(1) ECMAScript 数组的每一项可以保存任何类型的数据，例如：

```
var colors = ["red", 20, "green"];
```

(2) 数组的大小是可以动态调整的，即随着数据的添加自动增长以容纳新增数据，例如：

```
var colors = ["red", "blue", "green"];
alert(colors[0]);
colors[2] = "black"; //修改第三项
colors[3] = "brown"; //新增第四项
alert(colors[2]);
```

alert(colors[3]);

2. 数组的属性

Array 有一个 length 属性，表示数组元素的个数。例如：

var colors = new Array(20);

alert(colors.length); //弹出值为 20

3. 数组的方法

(1) 转换方法

- toString()方法：返回一个包含数组中所有元素的字符串，并用逗号隔开各个数组元素。
- join 方法：可以将数组中所有的元素转化为字符串，并将这些字符串连接成一个新的字符串。

(2) 栈和队列方法

栈是一种 LIFO 后进先出的数据结构，ECMAScript 为数组专门提供了 push()推入和 pop()弹出方法，以便实现类似栈的行为。

- push()方法：可以接受任意数量的参数，把他们逐个添加到数组的末尾，并返回修改后数组的长度。
- pop()方法：从数组末尾移除最后一项，减少数组的 length 的值，然后返回移除的项。

队列结构是 FIFO 先进先出的数据结构。

- shift()方法：移除数组中的第一项并返回该项，同时将数组长度减 1。
- unshift()方法：与 shift()相反，在数组前端添加任意个项并返回新数组的长度。

(3) 重排序方法

- reverse()方法：按照数组的索引号将数组元素的顺序完全颠倒。
- sort()方法：基于一种顺序重新排列数组的元素。

(4) 操作方法

- concat()方法：基于当前数组中的所有项创建一个新数组。
- slice()方法：基于当前数组中的一项或多项创建一个新数组。
- splice()方法：是最强大的数组方法，返回删除的项。

15.4.3 Date 对象

JavaScript 内置了核心对象 Date，该对象可以表示从毫秒到年的所有时间和日期，并提供了一系列操作时间和日期的方法。

Date 对象构造方式有四种：

var myDate=new Date(); //不传递参数，自动获得当前日期

var myDate=new Date(milliseconds);

var myDate=new Date(string);

var myDate=new Date(year, month, day, hours, minutes, seconds, milliseconds);

Date 对象主要有转换、get 和 set 这三类方法。如 toString()转换方法返回表示当地时间的日期和时间的字符串，getDay()方法返回星期中的某一天(星期几)，setMonth()设置日期中的月份，等等。

15.4.4 RegExp 对象

RegExp 是正则表达式的缩写，当检索某个文本时，可以使用一种模式来描述要检索的内容，RegExp 就是这种模式。

1. 创建 RegExp 对象

RegExp 对象的构造方法主要有构造函数和字面量两种，例如：

var pattern1=new RegExp(“at”, “gi”); //使用构造函数方式创建对象，检索字符串“at”，属性 g 代表执行全局匹配，属性 i 代表执行对大小写不敏感的匹配

var pattern2=new RegExp(“[bc]at”); // 检索字符串“bat”或者“cat”

var pattern3 = /at/gi; //使用字面量方式创建对象

var pattern4 = /[bc]at/i; //检索检索字符串“bat”或者“cat”

var pattern5 = /.at/gi; //检索以 at 结尾的 3 个字母组合

var pattern7 = /\[bc\]at/i; //“\”是转移字符，检索字符串“[bc]at”

2. RegExp 对象的属性和方法

RegExp 对象的属性和方法见表 15-5。

表 15-5 **RegExp 对象常用属性和方法**

类型	项目及语法	简要说明
属性	global	RegExp 对象是否具有标志 g
	ignoreCase	RegExp 对象是否具有标志 i
	lastIndex	一个整数，标示开始下一次匹配的字符位置
	multiline	RegExp 对象是否具有标志 m
	source	正则表达式的源文本
方法	compile	编译正则表达式
	exec	检索字符串中指定的值。返回找到的值，并确定其位置
	test	检索字符串中指定的值。返回 true 或 false

15.4.5 Function 类型

每个函数都是 Funcion 类型的实例，而且都与其他引用类型一样具有属性和方法。由于函数是对象，因此函数名实际上也是一个指向函数对象的指针，不会与某个函数绑定。

函数的定义主要有以下几种方式：

(1)使用函数声明语法，例如：

```
function sum (num1, num2) {
return num1 + num2;
}
```

(2)使用函数表达式，例如：

```
var sum = function(num1, num2){
```

```
return num1 + num2;
};
```

(3)使用 Funcion 构造函数(一般不使用)，例如：

```
var sum = new  Function("num1", "num2", "return num1 + num2");
```

15.4.6 基本包装类型

为了便于操作基本类型值，ECMAScript3 还提供了 3 个特殊的引用类型：Boolean、Number、String。它们的构造方法如下：

```
var num1=new Number();
var str1=new String();
var boo1=new Boolean();
```

这些类型与其他引用类型相似，但同时也具有与各自的基本类型相应的特殊行为。实际上，每当读取一个基本类型值时，后台就会创建一个对应的基本包装类型的对象，从而让我们能够调用一些方法来操作这些数据。例如：

```
var s1 ="some text";
var s2 = s1.substring(2);
alert(s2);
```

相当于后台运行

```
var s3 = new String("some text");
var s2 = s3.substring(2);
s3 = null;
```

基本类型与基本包装类型的主要区别就是对象的生存期，例如：

```
var s1 ="some text";
s1.color ="red";
alert(s1.color); //undefined
```

1. Number 对象

Number 对象常用属性和方法见表 15-6。

表 15-6　**Number 对象常用属性和方法**

类型	项目及语法	简 要 说 明
属性	MAX_VALUE	指定脚本支持的最大值
	MIN_VALUE	指定脚本支持的最小值
	NaN	为 Not a Number 的简写，表示一个不等于任何数的值
	NEGTTIVE_INFINITY	表示负无穷大的特殊值，溢出时返回该值
	POSITIVE_INFINITY	表示正无穷大的特殊值，溢出时返回该值
	prototype	允许在 Number 对象中增加新的属性和方法

续表

类型	项目及语法	简要说明
方法	toSource( )	返回表示当前 Number 对象实例的字符串
	toString( )	得到当前 Number 对象实例的字符串表示
	toFixed(num)	返回四舍五入为指定小数位数的数字。小数点后有固定的 num 位数字。如果必要，该数字会被舍入，也可以用 0 补足，以便它达到指定的长度。
	valueOf( )	得到一个 Number 对象实例的原始值

2. Boolean 对象

Boolean 对象常用属性和方法见表 15-7。

表 15-7　　Boolean 对象常用属性和方法

类型	项目及语法	简要说明
属性	prototype	允许在 Boolean 对象中增加新的属性和方法
方法	toSource( )	返回表示当前 Boolean 对象实例创建代码的字符串
	toString( )	返回当前 Boolean 对象实例的字符串("true"或"false")
	valueOf( )	得到一个 Boolean 对象实例的原始 Boolean 值

3. String 对象

String 对象常用属性和方法见表 15-8。

表 15-8　　String 对象常用属性和方法

类型	项目及语法	简要说明
属性	length	返回目标字符串的长度
	prototype	用于给 String 对象增加属性和方法
方法	anchor(name)	创建<a>标签，并用参数 nane 设置其 NAME 属性
	big( )	用大号字体显示字符串
	blink( )	显示闪动字符串
	bold( )	使用粗体显示字符串
	charAt(num)	用于返回参数 num 指定索引位置的字符。如果参数 num 不是字符串中的有效索引位置则返回-1
	charCodeAt(num)	与 charAt( )方法相同，返回在指定的位置的字符的 Unicode 编码
	concat(str)	连接字符串，把参数 str 传入的字符串连接到当前字符串的末尾并返回新的字符串
	fixed( )	以打字机文本显示字符串

续表

类型	项目及语法	简 要 说 明
方法	fontcolor(color)	使用指定的颜色来显示字符串
	fontsize(num)	使用指定的尺寸来显示字符串
	fromCharCode()	从字符编码创建一个字符串
	indexOf(str, num) indexOf(str)	检索字符串，返回通过字符串传入的字符串 string 出现的位置
	italics()	使用斜体显示字符串
	lastIndexOf()	参数与 indexOf 相同，功能相似，索引方向相反，从后向前搜索字符串
	link(URL)	将字符串显示为链接
	localeCompare()	用本地特定的顺序来比较两个字符串
	match(regexpression)	查找目标字符串中通过参数传入的规则表达式 regexpression 所指定的字符串
	replace (regExpression, str)	替换与正则表达式匹配的子串，查找目标字符串中通过参数传入的规则表达式指定的字符串，若找到匹配字符串，返回由参数字符串 stri 替换匹配字符串后的新字符串
	search(regexpression)	查找目标字符串中通过参数传入的规则表达式指定的字符串，找到配对时返回字符串的索引位置否则返回-1
	slice(num)	返回目标字符串指定位置的字符串，并在新的字符串中返回被提取的部分
	small()	使用小字号来显示字符串
	split()	把字符串分割为字符串数组
	strike()	使用删除线来显示字符串
	sub()	把字符串显示为下标
	substr(num)	从起始索引号提取字符串中指定数目的字符
	substring(num1, num2)	提取字符串中两个指定的索引号之间的字符
	sup()	把字符串显示为上标
	toLocaleLowerCase()	把字符串转换为小写
	toLocaleUpperCase()	把字符串转换为大写
	toLowerCase()	把字符串转换为小写
	toUpperCase()	把字符串转换为大写
	toString()	返回字符串
	valueOf()	返回某个字符串对象的原始值

15.4.7 Math 类型

数学对象 Math 是 JavaScript 的内置对象，无须被创建，因此不必被实例化，它只有静态属性和静态方法。

Math 对象的属性包含有：

(1)E 属性：约等于 2.718。

(2)LN2 属性：返回 2 的自然对数。

(3)PI 属性：返回圆的周长与其直径的比值，约等于 3.141592653589793。

(4)LN10 属性：返回 10 的自然对数。

(5)LOG2E 属性：返回 以 2 为底 e(自然对数的底)的对数。

(6)LOG10E 属性：返回以 10 为底 e(自然对数的底)的对数。

(7)SQRT1_2：属性返回 0.5 的平方根，或说 2 的平方根分之一。

(8)SQRT2 属性：返回 2 的平方根。

Math 对象的方法包含有：

(1)abs()：返回数值的绝对值。

(2)提供了一组用于计算数值的三角函数，例如：

Math.cos(num)

(3)提供了三种方法用于数值的舍入运算：

- Math.ceil(num)：返回大于或等于 num 的最小整数
- Math.floor(num)：返回小于或等于 num 的最大整数
- Math.round()：对 num 的小数位进行四舍五入的整数

(4)random()：产生 0 和 1 之间的随机小数。

(5)max()：返回给出多个值中的最大数。

(6)min()：返回给出值中最小数。

(7)pow(m, n)：幂运算，m 是幂运算的基数，n 是幂运算的指数。

(8)log(n)：计算以 e 为底 n 的自然对数。

(9)sqrt(n)：计算 n 的平方根。

15.4.8 自定义对象

JavaScript 除了提供以上内置对象外，用户还可以自定义对象。JavaScript 作为基于对象的编程语言，其对象实例采用构造函数来创建。每一个构造函数包括一个对象原型，定义了每个对象包含的属性和方法。对象是动态的，表明对象实例的属性和方法是可以动态添加、删除或修改的。

JavaScript 创建自定义对象的方法主要有两种：通过定义对象的构造函数的方法和原型方式。

1. 构造函数方式

先定义一个对象的构造函数，然后通过 new 关键字来创建该对象的实例。例如：

```
function Fruit(name, number) {
    this.name=name;
    this.number=number;
```

```
    this.showName=function(){
        alert(this.name);
    };
}
var Fruit1=new Fruit("orange", 3);
var Fruit2=new Fruit("banana", 2);
```

2. 使用 prototype 原型来创建对象

使用 prototype 属性可以创建新的对象，首先需要一个新的构造函数建立类的名称，然后所有的属性和方法都分配到 prototype 属性中。例如：

```
function Fruit{
}
Fruit.prototype.name="orange";
Fruit.prototype.number=3;
Fruit.prototype.showName=function(){
    alert(this.name);
};
var Fruit1=new Fruit();
var Fruit2=new Fruit();
```

15.5 文档对象模型(DOM)

文件对象模型(Document Object Model, DOM)，是 W3C 组织推荐的处理可扩展标志语言的标准编程接口。通过 DOM 接口，JavaScript 可以在任何时候访问 HTML 文档中的任何一部分数据。DOM 提供的访问文档信息的介质是一种分层对象模型，而这个层次结构，则是一颗根据文档生成的节点树。“树”这种结构在数据结构中被定义为一套相互联系的对象的集合，或者成为节点的集合，其中一个节点作为树结构的根，节点被冠以相应的名称以对应他们在树里相对于其他节点的位置。

15.5.1 DOM 节点类型

DOM 节点主要有元素节点(Element Node)、文本节点(Text Node)和属性节点(Attribute Node)三种类型。例如：

```
<html>
<head>
    <title>文档标题</title>
</head>
<body>
    <a href=" ">链接</a>
    <p>段落</p>
</body>
</html>
```

用 DOM 树结构来表示上面这段代码，如图 15-1 所示。

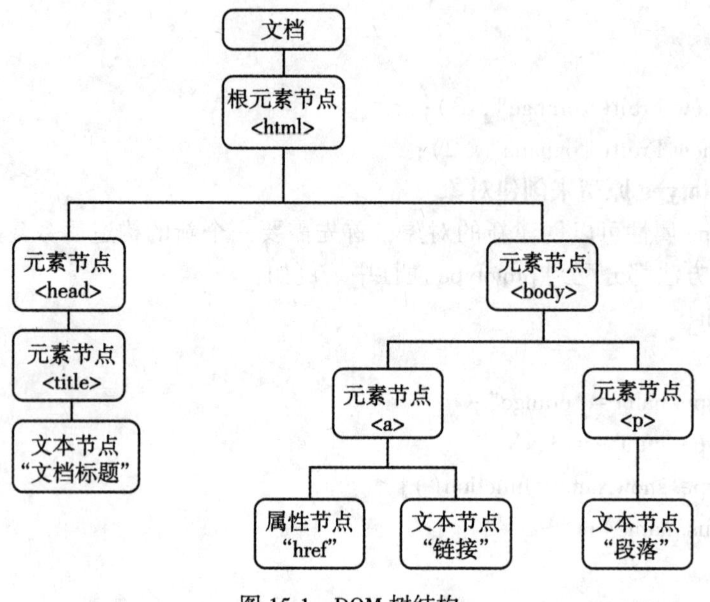

图 15-1　DOM 树结构

15. 5. 2　document 对象

每个载入浏览器的 HTML 页面都会成为 document 对象，document 对象代表一个浏览器窗口或框架中显示的 HTML 文件。document 拥有大量的属性和方法，结合了大量子对象，如图像对象、超链接对象、表单对象等。通过 document 对象可以使用页面中的任何元素，也可以添加和删除元素。

1. document 对象的属性

document 对象的常用属性见表 15-9。

表 15-9　**document 对象的属性**

属性名	作　用
document. title	文档标题
document. bgColor	页面背景色
document. fgColor	页面前景色(文本颜色)
document. linkColor	未点击过的链接颜色
document. alinkColor	激活链接(焦点在此链接上)的颜色
document. vlinkColor	已点击过的链接颜色
document. URL	URL 属性
document. fileCreatedDate	文件建立日期，只读属性
document. fileModifiedDate	文件修改日期，只读属性

续表

属性名	作　　用
document. fileSize	文件大小，只读属性
document. cookie	页面 cookie
document. charset	页面字符集

例如：

document. title=“新的文档标题”；//修改文档标题

2. document 对象的方法

document 对象的常用方法见表 15-10。

表 15-10　**document 对象的方法**

方法名	作　　用
document. write	动态地向页面写入内容
document. getElementByID(ID)	获得指定 ID 值的对象
document. getElementByName(name)	获得指定 Name 值得对象集合
document. getElementByTagName(Tagname)	获得指定 Name 值得对象集合

例如：

document. wirte(“写入的文本”)；//向文档中写入新的文本

例 15-4 通过 DOM 获取元素。

```
<! DOCTYPE html PUBLIC "-//W3C//DTD XHTML 1.0 Transitional//EN" " http: //www. w3. org/TR/xhtml1/DTD/xhtml1-transitional. dtd" >
<html>
<head>
    <meta http-equiv = " Content-Type"  content = " text/html; charset = utf-8"  />
    <title></title>
    <script type = " text/JavaScript" >
        function getId ( ) {
            var x  =  document. getElementById( " header" )
            alert( x. innerHTML)
        }
        function getName ( ) {
            var y  =  document. getElementsByName( " sex" ) ;
            alert( y. length) ;
        }
        function getTagName( ) {
            var z  =  document. getElementsByTagName( " input" ) ;
```

```
            alert(z. length);
        }
    </script>
</head>
<body>
    <h1 id="header" onclick="getId()">点击标题</h1>
    <form>
        姓名:<input  type="text"  name="name"  /><br />
        性别:男<input type="radio" name="sex" />
             女<input type="radio" name="sex" /><br />
        <input type="button" onclick="getName()" value="几个 radio"  />
        <input type="button" onclick="getTagName()" value="几个 input"  / >
        </form>
</body>
</html>
```

3. 在 DOM 元素间移动

获取一个元素节点以后，常常需要以该元素节点为基点上下左右地移动获取其他的元素节点，下面是几种获取其他节点的方式。

(1)通过父节点获取

- parentObj. firstChild：获取第一个子节点。
- parentObj. lastChild：获取最后一个子节点。
- parentObj. childNodes：获取子节点数组。
- parentObj. children：获取直接子节点数组。

(2)通过邻居节点获取

- neighbourNode. previousSibling：获取同一级别的前一个节点。
- neighbourNode. nextSibling：获取同一级别的下一个节点。

(3)通过子节点获取

- childNode. parentNode：获取父节点。

4. 处理元素属性

除了获取元素内容，获取和设置元素的属性值也是经常进行的操作。

(1)访问和设置 html 属性

- getAttribute("html 属性名")//获取属性
- setAttribute("新的属性值","html 属性名")//设置属性

(2)style 属性

DOM 中每个元素都有一个 style 属性，用来实时改变元素的样式。所有的 css 样式都可以使用 style 属性来调整，包括用来设置背景边框和边距、布局 、列表、定位、打印、滚动条、表格、文本。例如：

```
element. style. width = '100px'; //设置元素宽度为 100 像素
```

JavaScript 不允许在方法和属性名中使用“-”，所以去掉了 css 中的连字号，并将首字母大写。例如：

element. style. backgroundColor = '#FF0000 '; //设置背景为红色

(3) class 属性

JavaScript 可以通过属性 className 获得指定元素的 class 名。例如：

alert(document. getElementById(' my '). className)；//弹出 ID 为“my”的对象的 class 名

var new= document. getElementById(' my ')；

new. className += " newclass"；

//给 ID 为“my”的对象追加名为“newclass”的 class 样式，注意" newclass"前面的空格

5. 修改 DOM 中的元素

(1) 标准 DOM 元素修改方法

- 创建新节点：
  - ➢ createAttribute(name)：创建属性节点；
  - ➢ createElement(tagname)：创建元素节点；
  - ➢ createTextNode(text)：创建文本节点。
- 添加节点：appendChild( )
- 删除节点：removeChild( )
- 替换节点：replaceChild( )
- 在特定节点之前插入：insertBefore( )
- 创建一个文档碎片 createDocumentFragment( )

(2) innerHTML 属性

每一个元素节点都可以使用 innerHTML 属性，写入到 innerHTML 属性的字符串会被解析并以 HTML 代码的形式插入到对应元素节点中并替换原有的内容。例如：

var div1 = document. createElement(" div")；

divl. innerHTML = '添加图像 <img src = " imagename. jpg" height = " 100" width = " 100" >'；

(3) 创建与修改 table 元素

- table 元素节点中添加了以下内容：
  - ➢ caption：指向 caption 元素（如果存在）；
  - ➢ tBodies：tbody 元素的集合；
  - ➢ tFoot：指向 tfoot 元素（如果存在）；
  - ➢ tHead：指向 thead 元素（如果存在）；
  - ➢ createTHead( )：创建 thead 元素并将其放入表格；
  - ➢ createTFoot( )：创建 tfoot 元素并将其放入表格；
  - ➢ createCaption( )：创建 caption 元素并将其放入表格；
  - ➢ deleteTHead( )：删除 thead 元素；
  - ➢ deleteTFoot( )：删除 tfoot 元素；
  - ➢ deleteCaption( )：删除 caption 元素；
  - ➢ deleteRow(position)：删除指定位置上的行；
  - ➢ insertRow(position)：在 rows 集合中的指定位置上插入一个新行。
- tbody 元素节点添加了以下内容：
  - ➢ rows：tbody 中所有行的集合；

- ➢ deleteRow(position)：删除指定位置上的行；
- ➢ insertRow(position)：在 rows 集合中的指定位置上插入一个新行。
- tr 元素节点中添加了以下内容：
- ➢ cells：tr 元素中所有的单元格的集合；
- ➢ deleteCell(position)：删除给定位置上的单元格；
- ➢ insertCell(position)：在 cells 集合的给定位置上插入一个新的单元格。

例 15-5 使用 DOM 创建表格。

```
<! DOCTYPE html PUBLIC "-//W3C//DTD XHTML 1.0 Transitional//EN" "http://www.w3.org/TR/xhtml1/DTD/xhtml1-transitional.dtd">
<html>
<head>
    <meta http-equiv="Content-Type" content="text/html; charset=utf-8" />
    <title>DOM 创建表格</title>
</head>
<body>
    <script type="text/JavaScript">
        //创建表格
        var myTable = document.createElement("table");
        myTable.setAttribute("border", "1");
        myTable.setAttribute("width", "300px");
        //创建 tbody
        var myTbody = document.createElement("tbody");
        myTable.appendChild(myTbody);
        //创建表格的第一行
        myTbody.insertRow(0);
        myTbody.rows[0].insertCell(0);
        myTbody.rows[0].cells[0].appendChild(document.createTextNode("单元格 1,1"));
        myTbody.rows[0].insertCell(1);
        myTbody.rows[0].cells[1].appendChild(document.createTextNode("单元格 1,2"));
        //创建表格的第二行
        myTbody.insertRow(1);
        myTbody.rows[1].insertCell(0);
        myTbody.rows[1].cells[0].appendChild(document.createTextNode("单元格 2,1"));
        myTbody.rows[1].insertCell(1);
        myTbody.rows[1].cells[1].appendChild(document.createTextNode("单元格 2,2"));
        //将表格添加到页面上
```

```
        document. body. appendChild( myTable) ;
    </script>
</body>
</html>
```

15.6 JavaScript 事件

事件是指用户载入目标页面直到该页面被关闭期间浏览器的动作及该页面对用户操作的响应，如移动鼠标、敲击键盘或点击按钮等。事件处理器是与特定的文本和特定的事件相联系的 JavaScript 脚本代码。当事件被触发时，浏览器执行该代码并进行相应的处理操作，而响应某个事件而进行的处理过程称为事件处理。表 15-11 列出了通用浏览器中的事件。

表 15-11　　通用浏览器上的事件

标记类型	标 记 列 表	事件触发模型	简 要 说 明
链接	<a>	onclick	鼠标单击链接
		ondbclick	鼠标双击链接
		onmousedown	鼠标在链接的位置按下
		onmouseout	鼠标移出链接所在的位置
		onmouseover	鼠标经过链接所在的位置
		onmouseup	鼠标在链接的位置放开
		onkeydown	键被按下
		onkeypress	按下并放开该键
		onkeyup	键被松开
图片	<img>	onerror	加载图片出现错误时触发
		onload	图片加载时触发
		onkeydown	键被按下
		onkeypress	按下并放开该键
		onkeyup	键被松开
区域	<area>	ondbclick	双击该图形映射区域
		onmouseout	鼠标从该图形映射区域内移动到该区域之外
		onmouseover	鼠标从该图形映射区域外移动到区域之内
文档主体	<body>	onblur	文档正文失去焦点
		onclick	在文档正文中单击鼠标
		ondbclick	在文档正文中双击单击鼠标
		onkeydown	在文档正文中键被按下
		onkeypress	在文档正文中按下并放开该键
		onkeyup	在文档正文中键被松开
		onmousedown	在文档正文中鼠标按下
		onmouseup	在文档正文中鼠标松开

续表

标记类型	标记列表	事件触发模型	简要说明
框架	<frame> <frameset>	onblur	当前窗口失去焦点
		onerror	装入窗口时发生错误
		onfocus	当前窗口获得焦点
		onload	载入窗口时触发
		onresize	窗口尺寸改变
		onunload	用户关闭当前窗口
窗体	<form>	onreset	窗体复位
		onsubmit	提交窗体里的表单
按钮	<input type= "button">	onblur	按钮失去焦点
		onclick	鼠标在按钮响应范围单击
		onfocus	按钮获得焦点
		onmousedown	鼠标在按钮响应范围按下
		onmouseup	鼠标在按钮响应范围按下后弹起
复选框 单选框	<input type= "checkbox"> or "radio"	onblur	复选框(或单选框)失去焦点
		onclick	鼠标单击复选框(或单选框)
		onfocus	复选框(或单选框)得到焦点
复位按钮 提交按钮	<input type= "reset"> or "submit"	onblur	复位(或确认)按钮失去焦点
		onclick	鼠标单击复位(或确认)按钮
		onfocus	复位(或确认)按钮得到焦点
口令字段	<input type= "password">	onblur	口令字段失去当前输入焦点
		onfocus	口令字段得到当前输入焦点
文本字段	<input type= "text">	onblur	文本框失去当前输入焦点
		onchange	文本框内容发生改变并且失去当前输入焦点
		onfocus	文本框得到当前输入焦点
		onselect	选择文本框中的文本
文本区	<textarea>	onblur	文本区失去当前输入焦点
		onchange	文本区内容发生改变并且失去当前输入焦点
		onfocus	文本区得到当前输入焦点
		onkeydown	在文本区中键被按下
		onkeypress	在文本区中按下并放开该键
		onkeyup	在文本区中键被松开
		onselect	选择文本区中的文本
选项	<select>	onblur	选择元素失去当前输入焦点
		onchange	选择元素内容发生改变且失去当前输入焦点
		onfocus	选择元素得到当前输入焦点

15.6.1 用 JavaScript 处理事件

1. 伪链接处理事件

JavaScript 伪链接就是使用 a 标签的 href 属性来运行 JavaScript 的一种方法，例如：

```
<a href="javascript：alert('伪链接')；">点击文字</a>
```

这种方式在页面中尽量不要使用，因为它不是一种标准且可靠的事件处理方式。

2. 内联的事件处理

在一个元素的属性中绑定事件，就是创建一个内联事件处理函数，例如：

```
<h1 onclick="alert('内联事件处理')；" >点击标题文字</h1>
```

内联的事件处理函数有其特殊的作用域链，并且各浏览器的实现细节也有差异。在实际使用的过程中不推荐使用。

3. 无侵入的事件处理

Web 标准强调将页面的表现、样式、行为三者分离，而以上两者方式都没法实现。将 JavaScript 完全从 HTML 中分离出来，集中到外部文件中，具体的做法是通过 JavaScript 将事件处理器绑定到对象上，这就是无侵入的事件处理方式。例如：

```
var x=document.getElementById('p1');
x.onclick=function(){
    alert('无侵入的事件处理');
}
```

但是这种方式也存在一定的问题，JavaScript 代码可能在 DOM 完全载入之前运行，这会导致代码产生一些问题。

4. window.onload 事件

通过 window.onload 事件可以得知页面加载完成，比如在 DOM 加载完成后获取元素，代码如下：

```
window.onload = function(){
    var x = document.getElementById("p1");
}
```

onload 事件的触发在整个页面以及上面的全部图片都下载完毕之后。但是这也会带来一些问题。某些情况下，onload 事件处理器还远没能开始执行，用户就已经在和页面交互了，而这种交互显然是不会有任何结果的。

5. DOM 监视加载技术

下面这段代码通过 domReady 函数实现了监视 DOM 的加载技术，这一技术的原理是在不阻塞浏览器的前提下尽可能快地反复检查 DOM 是否已经具有了所需的特性。

```
function domReady(f) {
    //如果 DOM 已经载入，立即执行函数
    if (domReady.done) return f();
    //如果我们已经添加过函数
    if (domReady.timer) {
        //则将函数添加到待执行的函数列表
        domReady.ready.push(f);
```

```
        }
        else {
            //为页面完成加载时附加一个事件，以防它率先发生
            //使用了 addListener 函数
            addListener (window, "load", isDOMReady);
            //初始化待执行函数的数组
            domReady.ready = [f];
            //尽可能快地检查 DOM 是否已就绪
            domReady.timer = setInterval(isDOMReady, 13);
        }
    }
//检查 DOM 是否已经准备好导航
function isDOMReady() {
        //如果我们断定页面已经加载完成了，则返回
        if (domReady.done) return false;
        //检查一些函数和元素是否已可访问
        if (document && document.getElementsByTagName &&
            document.getElementById && document.body) {
            //如果它们已就绪，则停止检查
            clearInterval(domReady.timer);
            domReady.timer = null;
            //执行所有正在等待的函数
            for (var i = 0; i < domReady.ready.length; i++)
                domReady.ready[i]();
            //记住现在我们已经完成
            domReady.ready = null;
            domReady.done = true;
        }
    }
//该函数用于绑定事件，在后面会讲到
function addListener(element, event, listener) {
        if (element.addEventListener) {
            element.addEventListener(event, listener, false);
        } else if (element.attachEvent) {
            element.attachEvent('on'+ event, listener);
        }
    }
```

例 15-6 使用 domReady() 函数判定 DOM 何时准备好需要被获取和操作的元素。

```
<!DOCTYPE html PUBLIC "-//W3C//DTD XHTML 1.0 Transitional//EN" "http://www.w3.org/TR/xhtml1/DTD/xhtml1-transitional.dtd">
```

```
<html >
<head>
<meta http-equiv="Content-Type" content="text/html; charset=utf-8" />
    <script type="text/javascript" src="domready.js"></script>
    <! --链接外部脚本文件 domready.js-->
    <script type="text/javascript">
        domReady(function() {
            alert("The DOM is loaded!");
            document.getElementsByTagName("p")[0].style.color = "#f00";
        });
    </script>
</head>
<body>
    <p>段落文字变颜色</p>
</body>
</html>
```

6. 利用 DOM 绑定事件

传统的绑定事件的方式是到目前为止最简单最兼容的绑定事件处理程序的方式。使用这种方式时，只需将函数作为一个属性附加到想要监视的 DOM 元素上。但是这种方式也存在一些缺点，比如每次只能为一个元素绑定一个事件处理函数等等。因此，解决问题的最好方式是使用绑定事件侦听器。目前，绑定事件侦听器存在着 W3C 和 IE 两种不同的方式。

(1) W3C 标准。W3C 中的 DOM 元素绑定事件处理函数的方法是这方面唯一真正的标准方式。除了 IE，所有其他的现代浏览器都支持这一事件绑定的方式。

该标准提供一个名为 addEventListener 的函数，该函数接收 3 个参数：事件的名称(如 click)，处理事件的函数，以及一个来用使用或禁用事件捕获的布尔标志。

例 15-7 W3C 标准的绑定事件侦听器。

```
<! DOCTYPE html PUBLIC "-//W3C//DTD XHTML 1.0 Transitional//EN" "http://www.w3.org/TR/xhtml1/DTD/xhtml1-transitional.dtd">
<html>
<head>
    <meta http-equiv="Content-Type" content="text/html; charset=utf-8" />
    <title> W3C 标准的绑定事件侦听器</title>
</head>
<body>
    <p id="p1" >点击文字弹出信息框并且文字变颜色</h1>
    <script type="text/javascript">
        function onpop(){
            alert("message");
        }
        function change(newp){
```

```
            newp.style.color="#F00";
        }
        function on(){
            change(x);
            onpop();
        }
        var x=document.getElementById("p1");
        x.addEventListener('click', on, false);
        //false 指示事件处理在冒泡阶段，true 则指示在捕获阶段执行
    </script>
</body>
</html>
```

(2) 在 IE 浏览器中绑定事件

IE 通过函数 attachEvent()来绑定事件，它接收两个参数：事件名称(带 on 前缀)和要调用的事件处理函数。

```
element.attachEvent('onclick', functionname);
```

(3)兼容 W3C 和 IE 的绑定方式

更多时候，为了让我们的页面能在所有浏览器上都有效，只得分别用两段代码，将添加事件监听器的代码封装成一个可重用的函数，代码如下：

```
function addListener(element, event, listener) {
    if (element.addEventListener){
        element.addEventListener(event, listener, false);
    } else if (element.attachEvent) {
        element.attachEvent('on'+ event, listener);
    }
}
```

例如：

```
var x= document.getElementById("p1");
addListener(x, 'click', on);
function on(){
    alert(this.href);
}
```

15.6.2 事件的捕捉与冒泡

当浏览器发展到第 4 代时，浏览器开发团队遇到了一个问题：页面中的哪个元素会拥有某个特定的事件？当你单击某个按钮时，显然该单击事件并不仅仅发生在按钮上，它还发生在按钮的所有祖先元素上，比如按钮的容器元素，容器元素的父元素，甚至整个页面 document。但是，哪个元素最先接收到该事件呢？页面接收事件的顺序又是怎样的呢？由此引出了事件流的概念。事件流描述的就是从页面中接收事件的顺序。

Netscape 和 Microsoft 给出了两个不同的结论。Netscape 说 document 会首先接收到该事

件，提出了事件捕获流。而 Microsoft 认为事件首先在按钮上发生，提出了事件冒泡流。捕获型事件(event capturing)指事件从最不精确的对象(document 对象)开始触发，然后到最精确(也可以在窗口级别捕获事件，不过必须由开发人员特别指定)。冒泡型事件指事件按照从最特定的事件目标到最不特定的事件目标(document 对象)的顺序触发。例如：

```
<html>
<head>
   <title> event order test </title>
</head>
      <body>
      <div id= "div1">
         <button id= "btn1">按钮</button>
      </div>
</body>
</html>
```

Netscape 所提出的事件捕获如图 15-2 所示。

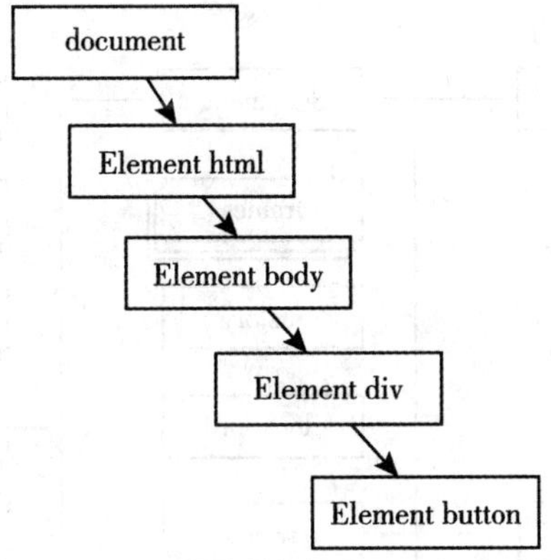

图 15-2　捕获事件

Microsoft 所提出的事件冒泡如图 15-3 所示。

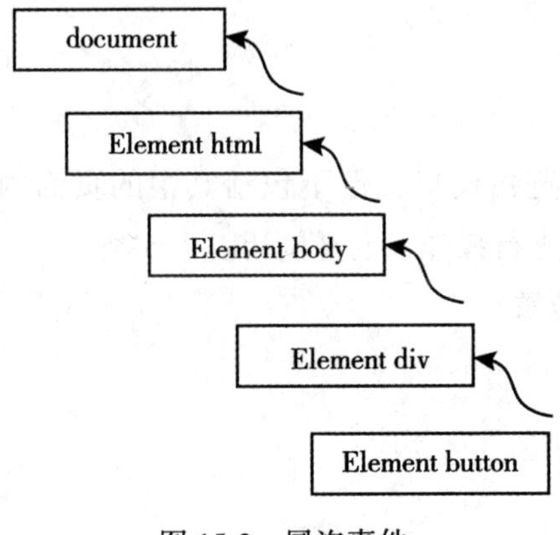

图 15-3　冒泡事件

DOM 事件流同时支持两种事件模型：捕获型事件和冒泡型事件。但是，捕获型事件先发生。两种事件流会触及 DOM 中的所有对象，从 document 对象开始，也在 document 对象结束。

在冒泡过程中的任何时候都可以终止事件的冒泡，在遵从 W3C 标准的浏览器里可以通过调用事件对象上的 stopPropagation( )方法，在 Internet Explorer 里可以通过设置事件对象的 cancelBubble 属性为 true。如果不停止事件的传播，事件将一直通过 DOM 冒泡直至到达文档根。

15.7 浏览器对象模型(BOM)

当用户在浏览器中打开一个页面时，浏览器就会自动创建一些对象，这些对象存放了浏览器窗口的属性和其他的相关信息，我们称为浏览器对象(Brower Object Model，BOM)。BOM 由多个对象组成，其中代表浏览器窗口的 window 对象是 BOM 的顶层对象，其他对象都是该对象的子对象。如图 15-4 所示。

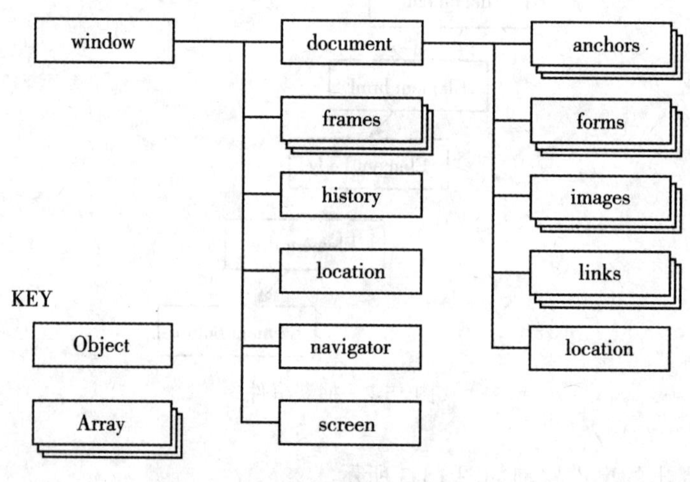

图 15-4 BOM 结构图

15.7.1 window 对象

window 对象表示整个浏览器窗口，但不包括其中的页面内容。如表 15-12 所示，通过 window 对象可以对当前窗口进行操作，主要包括以下 5 类：

(1)调整窗口的大小和位置。

(2)打开新窗口。

(3)系统提示框。

(4)状态栏控制。

(5)定时操作。

表 15-12　　**window 方法及其描述**

方法	描　述
alert()	显示带有一段消息和一个确认按钮的警告框
blur()	把键盘焦点从顶层窗口移开
clearInterval()	取消由 setInterval() 设置的 timeout
clearTimeout()	取消由 setTimeout() 方法设置的 timeout
close()	关闭浏览器窗口
confirm()	显示带有一段消息以及确认按钮和取消按钮的对话框
createPopup()	创建一个 pop-up 窗口
focus()	把键盘焦点给予一个窗口
moveBy()	可相对窗口的当前坐标把它移动指定的像素
moveTo()	把窗口的左上角移动到一个指定的坐标
open()	打开一个新的浏览器窗口或查找一个已命名的窗口
print()	打印当前窗口的内容
prompt()	显示可提示用户输入的对话框
resizeBy()	按照指定的像素调整窗口的大小
resizeTo()	把窗口的大小调整到指定的宽度和高度
scrollBy()	按照指定的像素值来滚动内容
scrollTo()	把内容滚动到指定的坐标
setInterval()	按照指定的周期(以毫秒计)来调用函数或计算表达式
setTimeout()	在指定的毫秒数后调用函数或计算表达式

下面是几个 window 对象的操作。

window. moveTo(100, 100); //将窗口移动到用户屏幕的水平方向 100px，垂直方向 100px 处

window. open("http://www. abc. com"); //打开一个新的窗口

window. alert("note"); //弹出提示框文字“note”

15. 7. 2　document 对象

document 代表浏览器窗口中所加载的文档，使用 document 对象可以操作文档中的内容。HTML 文档中包括有很多元素，BOM 也将这些元素看成了不同的对象，主要有以下几种：

(1) anchors：文档中的所有锚。

(2) applets：嵌在网页中的所有小程序。

(3) embeds：与 applets 类似，但建议使用 Embeds。

(4) forms：文档中的所有表单。

(5) images：文档中的所有图片。

(6) links：文档中的所有超链接。

(7)location：该对象与 window 对象中的 location 对象不同。由于该对象与 HTML 文档并没有太大关系，因此，该对象是反对使用的对象，建议使用 window 对象的 Location 子对象。

例如：

document. write(document. images[1]. width)；//输出当前文档中第二幅图像的宽度值

15.7.3 frames 对象

frames 对象代表浏览器窗口中的框架。HTML 中允许将一个浏览器窗口分为多个框架，每个框架中可以加载一个 HTML 文档。在这种框架页中，每一个框架都是 frames 对象中的一个元素。例如：

window. alert(window. frame[0]. name)；//弹出第一个框架的名称

15.7.4 history 对象

history 对象代表当前浏览器窗口的浏览历史。通过该对象可以将当前浏览器窗口中的文档前进或后退到某一个已经访问过的 URL。history 对象主要有下面几个方法：

(1)back()方法：加载历史记录中的前一个 URL。

(2)forward()方法：加载历史记录中的下一个 URL。

(3)go()方法：跳转到指定历史记录，接受一个参数，即前进或后退的页面数。如果是负数，就在浏览器历史中后退；如果是正数，就前进。

例如：

window. history. go(-1)；//后退一页

15.7.5 location 对象

location 对象代表当前文档的 URL。URL 分为几个部分，如协议部分、主机部分、端口部分等。使用 location 对象可以分别获得这些部分，并且可以通过修改这些部分的值来加载一个新文档。如表 15-13 所示。

表 15-13　**location 对象的属性**

属性	描　述
hash	设置或返回从井号（#）开始的 URL
host	设置或返回主机名和当前 URL 的端口号
hostname	设置或返回当前 URL 的主机名
href	设置或返回完整的 URL
pathname	设置或返回当前 URL 的路径部分
port	设置或返回当前 URL 的端口号
protocol	设置或返回当前 URL 的协议
search	设置或返回从问号（?）开始的 URL(查询部分)

例如：

location. href= "http://www. abc. com "; //新地址载入当前页

location 对象的方法主要有下面几个：

(1)assign()方法：加载新的文档，可以实现与设置 location. href 属性同样的操作。

(2)reload()方法：重新加载当前文档，与浏览器的刷新按钮效果一样。

(3)replace()方法：用新的文档替换当前文档。

例如：

location. assign("http://www. abc. com "); //加载新地址的文档页面

15.7.6 navigator 对象

navigator 是浏览器对象，代表了浏览器的信息，如浏览器的名称、版本号等信息。如表 15-14 所示。

表 15-14 **navigator 对象的属性**

属　性	描　　述
appCodeName	返回浏览器的代码名
appMinorVersion	返回浏览器的次级版本
appName	返回浏览器的名称
appVersion	返回浏览器的平台和版本信息
browserLanguage	返回当前浏览器的语言
cookieEnabled	返回指明浏览器中是否启用 cookie 的布尔值
cpuClass	返回浏览器系统的 CPU 等级
onLine	返回指明系统是否处于脱机模式的布尔值
platform	返回运行浏览器的操作系统平台
systemLanguage	返回 OS 使用的默认语言
userAgent	返回由客户机发送服务器的 user-agent 头部的值
userLanguage	返回 OS 的自然语言设置

例如：

var x=navigator;

document. write(x. appName); //输出当前浏览器的名称

15.7.7 screen 对象

screen 对象代表当前显示器的信息，使用 screen 对象可以获得用户显示器的分辨率、可用颜色数量等信息。如表 15-15 所示。

表 15-15　　screen 对象的属性

属　性	描　述
availHeight	返回显示屏幕的高度（除 Windows 任务栏之外）
availWidth	返回显示屏幕的宽度（除 Windows 任务栏之外）
bufferDepth	设置或返回调色板的比特深度
colorDepth	返回目标设备或缓冲器上的调色板的比特深度
deviceXDPI	返回显示屏幕的每英寸水平点数
deviceYDPI	返回显示屏幕的每英寸垂直点数
fontSmoothingEnabled	返回用户是否在显示控制面板中启用了字体平滑
height	返回显示屏幕的高度
logicalXDPI	返回显示屏幕每英寸的水平方向的常规点数
logicalYDPI	返回显示屏幕每英寸的垂直方向的常规点数
pixelDepth	返回显示屏幕的颜色分辨率(比特每像素)
updateInterval	设置或返回屏幕的刷新率
width	返回显示器屏幕的宽度

例如：

```
document.write("屏幕高度是:"+window.screen.height); //输出当前屏幕的高度
```

15.8　JavaScript 库

当我们在编写项目时会反复用到一些函数，将这些使用频率高的函数组合在一起就构成了库。JavaScript 库是一组能轻松生成跨浏览器兼容的 JavaScript 代码的工具和函数。每一个库都在众多流行的 Web 浏览器的现代版本上进行了可靠的测试。除了解决跨浏览器问题，使用 JavaScript 库可以更容易地编写检索、遍历、操作 DOM 元素的代码。

JavaScript 库中函数不是官方 JavaScript 语言的一部分，但是使用这些通过验证的可靠的函数会使你的代码更清晰、更易读，而且当别人需要调用或搞懂你的开发成果时也更加容易被人理解。

JavaScript 库已经成为了一个 Web 开发人员的工具包的重要组成部分。目前流行的 JavaScript 库有 jQuery、MooTools、Prototype、Dojo、YUI 等。这些 JavaScript 库功能丰富，加上它们的插件，几乎能胜任任何工作。不过，需要注意的是，这些库往往导致网页尺寸臃肿。所以，如果只想完成特定的工作，可以使用一些功能更专一的轻量库。

例 15-8 使用 jQuery 库实现显示段落。

```
<!DOCTYPE html PUBLIC "-//W3C//DTD XHTML 1.0 Transitional//EN" "http://www.w3.org/TR/xhtml1/DTD/xhtml1-transitional.dtd">
<html>
<head>
    <meta http-equiv="Content-Type" content="text/html; charset=utf-8" />
```

```
    <title>显示段落</title>
    <style type="text/css">
        p.p1 {
            display: none;
            background: #F00;
        }
        p.p2{
            display: block;
        }
    </style>
    <script type="text/JavaScript" src="jquery-1.4.4.min.js"></script>
    <script type="text/JavaScript">
        window.onload = function () {
            function btnClick() {
                $("p.p1").addClass("p2").show("slow");
            }
            $("#btn").bind("click", btnClick);
        }
    </script>
</head>
<body>
    <input id="btn" type="button" value="显示段落内容" /><br/>
    <p class="p1">这是一个段落</p>
</body>
</html>
```

15.9 实训与习题

实训内容：使用 JavaScript 实现客户端表单验证。

参考代码如下：

```
<!DOCTYPE html PUBLIC "-//W3C//DTD XHTML 1.0 Transitional//EN" "http://www.w3.org/TR/xhtml1/DTD/xhtml1-transitional.dtd">
<html>
<head>
    <meta http-equiv="Content-Type" content="text/html; charset=utf-8" />
    <title>客户端表单验证</title>
    <style type="text/css">
        .error{
            color: #F00;
        }
```

```
</style>
<script type="text/JavaScript">
    window. onload = function() {
        var frm1 = document. getElementById("frm1");
        function ErrorMsg(txtBox, msg) {
            var errSpan = txtBox. nextSibling;
            if (errSpan ! = null && errSpan. nodeName == "SPAN" &&
            errSpan. className == "error") {
                errSpan. innerHTML = msg;
            }
            else {
                errSpan = document. createElement("span");
                errSpan. className = "error";
                errSpan. innerHTML = msg;
                if (txtBox. nextSibling ! = null)
                    txtBox. parentNode. insertBefore(errSpan, txtBox. nextSibling);
                else
                    txtBox. parentNode. appendChild(errSpan);
            }
        }
        frm1. onsubmit = function() {
            var isValidate = true;
            var userName = document. getElementById("userName");
            if (userName. value == "") {
                isValidate = false;
                ErrorMsg(userName, "必须填写用户名!");
            }
            else
                ErrorMsg(userName, "");
            var dateRegexp = /^\d\d\d\d[\/.-]\d\d[\/.-]\d\d$/;
            var birthDay = document. getElementById("birthDay");
            if (birthDay. value. search(dateRegexp) == -1) {
                isValidate = false;
                ErrorMsg(birthDay, "出生日期格式不正确!");
            }
            else
                ErrorMsg(birthDay, "");
            if (! isValidate)
                return false;
            else
```

```
                alert("验证通过!");
            }
        }
    </script>
</head>
<body>
    <form id="frm1" action="http://www.abc.com">
        <p><span>用户名：</span><input id="userName" name="userName" type=
"text" /></p>
        <p><span>出生日期：</span><input id="birthDay" name="birthDay" type=
"text" /></p>
        <input type="submit" value="提交" />
    </form>
</body>
</html>
```

本 章 小 结

本章主要介绍了 JavaScript 的基本概念及语法、面对对象程序设计、文档对象模型、浏览器对象模型、JavaScript 库等内容，结合实例操作，可以更好地理解 JavaScript 在 Web 中的应用。

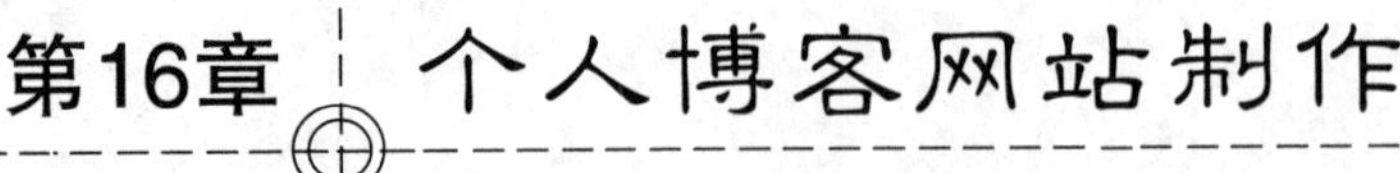

第16章 个人博客网站制作

学习目标：

- 掌握建立站点对网站相关内容进行管理
- 掌握设计制作个人博客网站页面的基本流程
- 综合运用 DIV+CSS 进行网站各页面的布局设计

16.1 博客网站概述

Blog 是 Web log 的简称，即网志，也叫博客。随着互联网的不断发展，我们已不仅仅满足于从 Internet 上去浏览信息，更希望作为信息的发布者，将个人的生活、兴趣、对事物的看法等发布在网络上与大家分享和交流。Blog 就为大家提供了良好的平台。而作为网页设计者，我们更希望能设计出一个个性十足，充满个人独特风格的个人博客网站。

本章站在一个旅游爱好者的角度上，将自己在旅途中的所见所闻通过个人博客网站分享给大家。希望通过这个旅游者的个人博客网站的设计过程，大家能设计出属于自己的个人博客网站。

在设计过程中，主要需要考虑以下几个方面的问题：

1. 站点的定位

个人博客网站一般来说，面向的对象比较少，可用的资金也比较少，所以不要也不用像门户网站那样求大求全，面面俱到，只要能充分展现自己的风格即可。

2. 页面内容设置

个人博客网站最重要的是个人的分享，所以页面内容的选择上应该重点突出一个“新”字，设计网页时，内容尽量做到“少”而“精”。页面的链接层次不要太深，使读者可以用最短的时间找到自己想要浏览的信息。

3. 风格统一

既然是个人博客网站，保持网站风格的简洁统一，包括网页上所有的图像、文字、背景颜色、字体、导航栏、注脚等都要统一风格，这样浏览者看起来舒服、顺畅，有助于加深浏览者的印象。

4. 主题明确

个人博客网站最好能确定自己擅长和喜爱的内容作为个人网站的主题，这样，在制作和扩充网站内容上，不会觉得无聊或者力不从心。围绕一个主题来建立自己的博客网站，可以依据此主题确定网站的名字，目标明确，也能更好地帮助确定网站风格。

16.2　博客网站页面布局设计

16.2.1　网站层次分析

建立网站时，首先要对网站进行分层，分析网站由哪些页面组成。个人博客网站是所有网站中比较简单随意的一种形式。常见的个人博客网站中，一般划分为四个层次，层次分析示意图如图 16-1 所示。

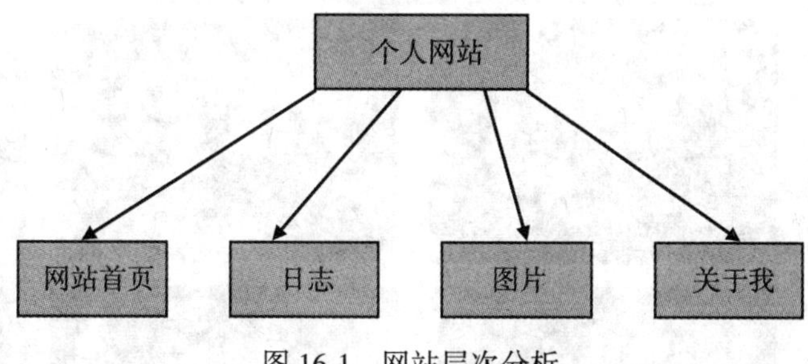

图 16-1　网站层次分析

16.2.2　网站各页面完成图

按照网站层次划分再分别设计制作每个页面。网站首页，主要显示简单的个人资料、最新图片和博文目录。在博文目录的部分，每一页显示三篇博文，每篇博文显示了文章开头的一小部分内容，剩余的文字被设置为自动隐藏。首页完成图如图 16-2 所示。网站日志页，显示完整的博客正文。本例中只制作了一篇日志页面，其他日志页设计方式相同。网站日志

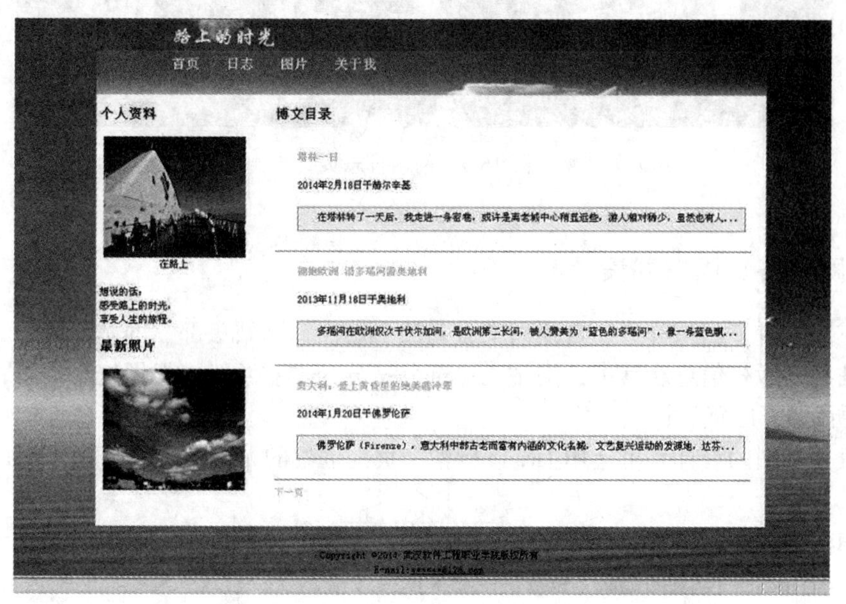

图 16-2　网站首页

页完成图如图 16-3 所示。网站图片页，主要显示旅途中的照片。在图片页，浏览到的是照片缩略图，单击某张照片，显示照片大图。图片页完成图如图 16-4 所示。至于个人介绍的页面，其设计制作方法和日志页基本相同，所以此例中不再单独描述。

图 16-3　网站日志页

16.2.3　网站各页面布局设计

从完成图来看，网站首页，自顶而下分为四个层次，网站头部、网站导航栏、网站主体部分、网站底部版权信息。其中，网站主体部分又分为左右两栏。根据这个构思，设计一个如图 16-5 所示的页面草图。

根据页面草图的设计，可运用 Div 进行整个页面框架的布局。Div 布局代码如下：

```
<body>
<div id="container">                /*外层框架开始标签*/
<div id="head">网站头部</div>       /*网页头部*/
<div id="link">导航栏</div>         /*网站导航*/
```

图 16-4　网站图片页

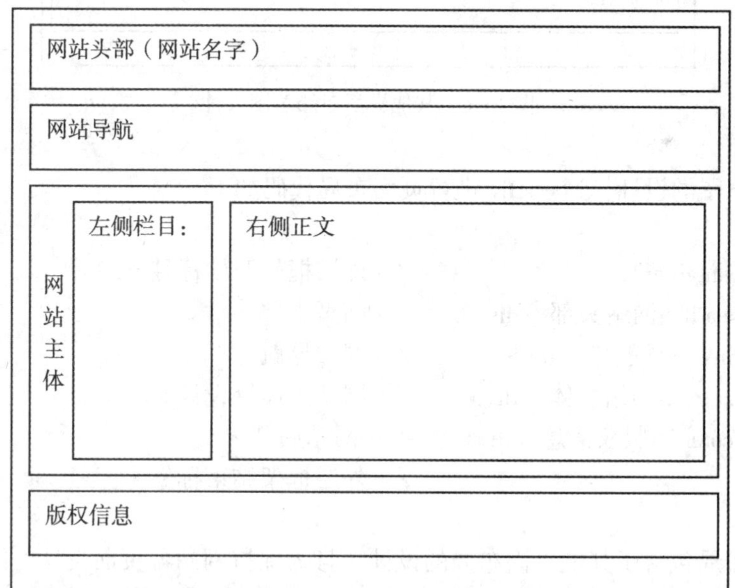

图 16-5　网站首页布局草图设计

```
<div id="main">网站主体                 /＊网站主体层开始标签＊/
<div id="left">左侧栏目</div>           /＊主体层中的左侧栏目＊/
<div id="right">正文</div>              /＊主体层中的正文内容＊/
</div>                                  /＊网站主体层结束标签＊/
<div id="footer">版权信息</div>         /＊ 网站底部＊/
```

```
</div>                                   /*外层框架结束标签*/
</body>
```

其中，我们对每个“盒子”拟调用的ID选择器进行了命名，所以，在后面建立CSS规则时，按照上面ID选择器进行设置，可自动完成相应的调用过程。

从完成图中不难看出，其他页面采用的布局形式和首页一致，只是在网站主体部分没有再细分为左右两栏。页面草图如图16-6所示。

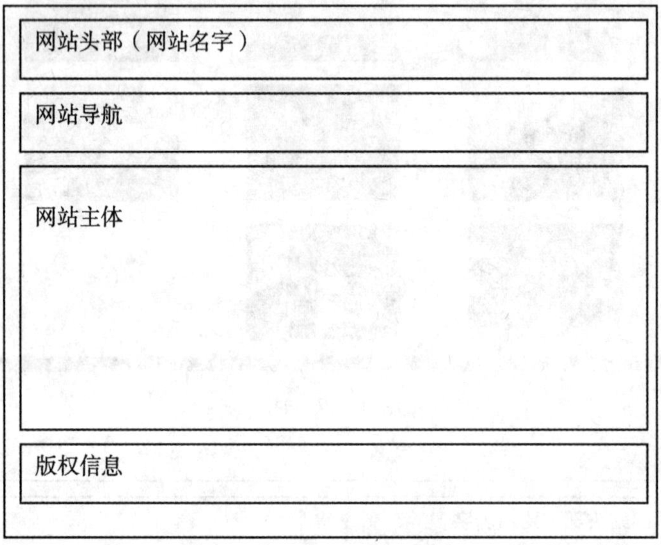

网站头部（网站名字）
网站导航
网站主体
版权信息

图16-6　其他页面布局草图设计

根据页面草图的设计，运用Div进行页面布局代码如下：

```
<body>
<div id="container">                     /*外层框架开始标签*/
<div id="head">网站头部</div>            /*网页头部*/
<div id="link">导航栏</div>              /*网站导航*/
<div id="main">网站主体</div>            /*网站主体层设计*/
<div id="footer">版权信息</div>          /* 网站底部*/
</div>                                   /*外层框架结束标签*/
</body>
```

由于主页布局包含了其他页面布局的设计，且为保持网站各页面设计的统一，我们建立统一的外部样式规则，在各页面均可直接调用。在用CSS建立样式规则时，主要考虑每个“盒子”的大小(width和height)、填充(padding)、边距(marging)、浮动方式(float、clear)等属性的设置。其中，设置主页外层框架(container)的CSS样式时，要确定网页主体内容的宽度，并且使网页主体在浏览器页面居中。其他div框架的设计过程中，填充边距的设置要根据设计的要求和效果不断进行调整。需要注意的是，页面主体层中，左右区块的width+左右填充+左右边距的值应和网页主体的宽度相同，以保证页面内容宽度的统一。在本例中，结合设计需要，给部分区块添加了背景，在其他网页调用过程中，可稍作修改。主页框架布局参考代码如下：

```
@charset "utf-8";
#container {                          /*外框架格式*/
    height: auto;
    width: 900px;
    margin-right: auto;
    margin-left: auto;
}
#head {                               /*网站顶部区块格式*/
    height: auto;
    width: 800px;
    padding-left: 100px;
    background-image: url(images/bg3.jpg);
    padding-top: 10px;
    padding-bottom: 10px;
    margin-bottom: 2px;
}
#link {                               /*网站导航栏格式*/
    height: auto;
    width: 840px;
    padding-bottom: 10px;
    padding-left: 60px;
    background-image: url(images/bg2.jpg);
    padding-top:10px;
}
#main {                               /*网站主区块格式*/
    height: auto;
    width: 900px;
    background: #FFF
}
#left {                               /*网站主区块中左侧栏目格式*/
    height: 550px;
    width: 200px;
    float: left;
    margin-right: 10px;
    margin-bottom: 10px;
    padding-right: 5px;
    padding-bottom: 20px;
    padding-left: 5px;
    background-color: #FFF;
}
```

```
#right {                                    /＊网站主区块中右侧栏目格式＊/
    float: right;
    height: 550px;
    width: 640px;
    padding-right: 20px;
    padding-bottom: 20px;
    padding-left: 20px;
    background-color: #FFF
}
#footer {                                   /＊网站底部版权说明区块格式＊/
    height: auto;
    width: 800px;
    padding-top: 10px;
    padding-right: 49px;
    padding-bottom: 10px;
    padding-left: 49px;
    clear: both;
    margin-top: 20px;
    text-align: center;
}
```

将样式规则另存为"E: \ example16 \ CSS \ style. css"，后面在各页面中直接调用。

从网站各页面完成图来看，页面的整体背景效果，顶部设计、导航栏内容和底部版权信息的设计都是完全一样的。为了简化网页制作，考虑将这几部分的内容格式也单独设置为外部样式规则，避免在网页制作中重复书写。新建一个 CSS 样式规则，另存为"E: \ example16 \ CSS \ body. css"，规则设置如下(后文会具体分析)：

```
charset "utf-8";
/＊ CSS Document ＊/

body {                                      /＊浏览器背景效果设置＊/
    background-attachment: fixed;
    background-position: center;
    font-family: "宋体";                    /＊页面中默认文字格式设置＊/
    font-size: 13px;
    line-height: 18px;
    background-image: url(images/bg22. JPG);
}
. title {                                   /＊网站标题格式设置＊/
    font-family: "华文行楷";
    font-size: 28px;
    line-height: 20px;
```

```
    vertical-align: middle;
    color: #FFFF3C;
}
ul {                                        /* 导航栏水平列表格式设置 */
    list-style-type: none;
}
li {                                        /* 列表项内容格式设置 */
    display: inline;
    padding-right: 15px;
    font-family: "宋体";
    font-size: 18px;
    color: #FFFF3C;
    margin-right: 10px;
    font-weight: bold;
}
#link a: link {                             /* 设置导航栏链接格式 */
    color: #FFFF3C;
    text-decoration: none;
}
#link a: visited {
    color: #FFFF3C;
    text-decoration: none;
}
#link a: hover {
    text-decoration: underline;
    font-size: 22px;
    color: #333;
}
```

16.3　博客网站具体制作流程

16.3.1　本地站点建立

为了更好地利用站点对文件进行管理，也可以尽量减少文件路径和链接的错误，在具体制作网页时，可以先定义一个本地站点。操作步骤如下：

启动 Dreamweaver，执行“站点”→“新建站点”，在“高级”选项下，“本地信息”中，设置站点名称为“个人博客网站”，设置本地根文件夹为“E：\ example16”，设置默认图像文件夹为“E：\ example16 \ images”。注意，设置站点前，应先在根目录 E 盘下创建“example16”文件夹，在“example16”文件下创建“images”文件夹，创建站点时直接选择相应文件夹。站点设置如图 16-7 所示。

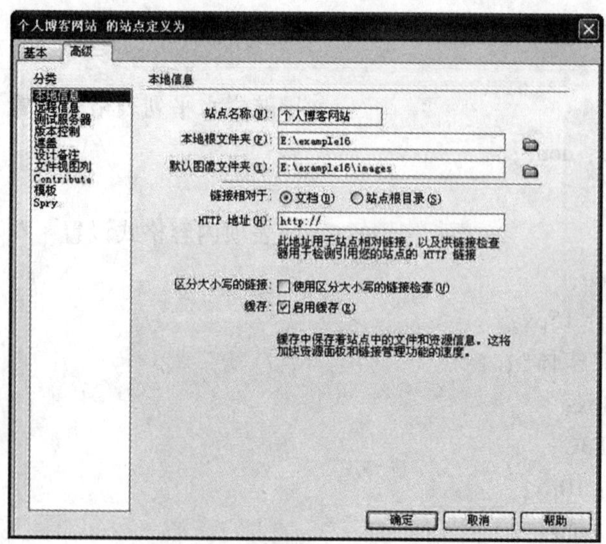

图 16-7　创建本地站点设置

点击确定后，在“文件”面板中可看到创建的站点，如图 16-8 所示。从站点目录中，可看到在站点下的所有网页相关文件。

图 16-8　创建好的站点

16.3.2　网站首页制作

1. 导入外部 css 规则

新建一个空白 HTML 文档，另存为“E：\ example16 \ page1. html”，把该页面命名为“网站首页”，并分别导入外部样式表文件“style. css”和“body. css”。命名和链接外部样式表代码如下：

<head>

```
<meta http-equiv="Content-Type" content="text/html; charset=utf-8" />
<title>网站首页</title>                /*给网页命名*/
<link href="CSS/style.css" rel="stylesheet" type="text/css" />
                                   /*链接 CSS 文件夹中"style.css"文件*/
<link href="CSS/body.css" rel="stylesheet" type="text/css" />
                                   /*链接 CSS 文件夹中"body.css"文件*/
</head>
```

导入外部样式表文件后，在“page1. html”页面下，可分别看到“源代码”、“style. css”和“body. css”三个文件名，如图 16-9 所示。其中，源代码窗口下，是在 page1. html 中编写的全部代码，切换到“style. css”下，可看到“style. css”中的页面布局设置代码，在“body. css”窗口下，可编辑页面背景、导航栏链接等格式代码。

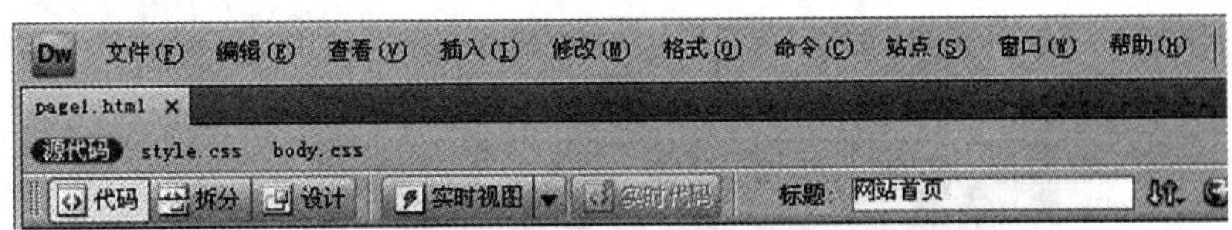

图 16-9　page1. html 文件下的“源代码”、“style. css”和“body. css”视图

2. 网页头部、导航栏和底部版权信息设计

网页头部，主要用来表达网站的主题。作为一个爱好旅游者的游记分享，我们将网站主题命名为“路上的时光”。网页头部文字格式已在外部样式“body. css”规则中设置，正文部分直接调用即可。网站头部代码为：

```
<div id="head">
<p class="title">路上的时光</p> /*调用"body.css"中的类选择器".title"*/
</div>
```

网页导航栏，主要实现链接各个页面层次的功能，可用表格或者设置水平列表的形式制作。本例中，采用了制作水平列表的形式完成制作。制作步骤如下：

在导航栏区块内建立无序列表，并设置空链接。后期完成其他页面制作后，可用相应页面名替代空链接。代码如下：

```
<div id="link">
   <ul>
      <li><a href="#">首页</a></li>
      <li><a href="#">博文日录</a></li>
      <li><a href="#">图片</a></li>
      <li><a href="#">关于我</a></li>
   </ul>
</div>
```

在外部样式规则“body. css”中，已分别设置“ul”标签规则和“li”标签规则，此处会直接调用。“ul”规则设置用来清除列表符号，“li”规则设置主要用来使列表项内容在一行内显示并设置相应内容格式，body. css 中，代码如下：

```
ul {
    list-style-type: none;              /* 清除列表符号 */
}
li {
    display: inline;                    /* 内容在一行内显示 */
    padding-right: 15px;
    font-family: "宋体";
    font-size: 18px;
    color: #FFFF3C;
    margin-right: 10px;
    font-weight: bold;
}
```

未修改链接格式的水平导航栏效果如图 16-10 所示。

首页　博文目录　图片　关于我

图 16-10　水平导航栏

导航栏链接格式，在“body. css”中也单独进行了设置。为了和页面中其他区块部分的链接加以区分，在设置链接格式时，应加上相应区块。导航栏中，调用的链接格式代码如下：

```
#link a: link {                         /* 复合选择器设置静止状态下链接效果 */
    color: #FFFF3C;
    text-decoration: none;              /* 取消下画线 */
}
#link a: visited {                      /* 复合选择器设置浏览页面时链接效果 */
    color: #FFFF3C;
    text-decoration: none;
}
#link a: hover {                        /* 浏览时，鼠标指向链接时链接效果 */
    text-decoration: underline;         /* 增加下画线 */
    font-size: 22px;                    /* 改变字号 */
    color: #333;                        /* 改变颜色 */
}
```

在设计视图中和浏览页面状态下，链接效果如图 16-11 所示，鼠标指向链接时，链接效果如图 16-12 所示。

首页　　首页

图 16-11 　　图 16-12

网站的页脚部分主要显示的是版权信息。本例中，在底部区块部分，输入以下代码完成版权信息的设置：

```
<div id="footer">
  <p>Copyright &copy; 2014 武汉软件工程职业学院版权所有<br/>
  E-mail：<a href="mailto：******@126.com">******@126.com</a></
p>
</div>
```

其中，网站中常用来表示版权的符号©可通过代码“©”输入，两行文字间使用了换行标记“
”，邮件地址处设置了邮件链接。注意此链接没有更改链接样式。

以上三个部分的制作在其他页面中相同，所以，其他页面在制作中，直接复制相关代码即可。

3. 网站首页主体内容制作

首页中，主体内容区块“main”分为左右两栏。左栏，没有太多格式设置，在左栏代码区块中，直接按顺序添加文字和图片即可。注意添加图片时，需要按照左区块大小指定图片大小。左侧区块代码如下：

```
<div id="left">
 <br/>
  <h3>个人资料 </h3>
  <p align="center"><img src="images/pic5.jpg" width="190" height="160" /><br/>
                          /*重新指定了图片大小*/
    在路上 </p>
  <p>想说的话：<br/>
    感受路上的时光，<br/>
    享受人生的旅程。  </p>
  <h3>最新照片</h3>
  <p align="center"><img src="images/pic15.jpg" width="190" height="160" /></p>
  </div>
```

右栏中显示为最新的博客目录。每页显示三篇目录，每篇文章标题下显示了正文的部分内容，其余内容自动隐藏。点击文章标题，可链接到相应正文的页面。每篇文章的目录中，需要设置标题格式、日期格式和段落格式。在设置段落格式时，为实现文本自动隐藏效果，设计了一个方框，文本在方框内只显示第一行，其他部分用省略符(…)替代。为简化网页制作代码，在博文目录下，都只给出了每篇文章第一段文字内容。右栏样式规则代码如下：

```
<style type="text/css">
#right h5, #right .date, #right p{   /*右栏中标题、日期和段落共同格式设置*/
    margin-left: 30px;
    font-style: normal;
}
#right h5{                          /*目录标题格式设置*/
    margin-top: 10px;
    font-size: 13px;
```

```
}
.date{font-style: italic;}              /*日期格式设置*/
#right p{                               /*段落格式设置*/
    width: 600px;                       /*设置方框的宽度*/
    height: 30px;                       /*设置方框的高度度*/
    background: #F5F5F5;                /*设置方框内的背景，和区块背景颜色加以区分*/
    border: 1px solid #999;             /*设置边框*/
    text-indent: 2em;                   /*设置缩进*/
    line-height: 2em;                   /*设置行高*/
/*以下三行共同完成文字在方框内自动隐藏的设置*/
    white-space: nowrap;                /*强制文本在一行内显示*/
    overflow: hidden;                   /*设置溢出内容为隐藏*/
    text-overflow: ellipsis;            /*注解，当文本溢出时显示省略标记*/
}
#right a: link, a: visited{             /*目录标题链接格式设置*/
    text-decoration: none;
    color: #A0DEFC;
}
#right a: hover{
    text-decoration: underline;
    color:: #A0DEFC;
}
</style>
```

样式规则设置完成后，在 right 区块内，书写以下代码，实现目录部分的设计。

```
<div id="right">
<br/>
<h3>博文目录 </h3>
<br/>
<h5><a href="page2.html">塔林一日</a></h5>
<span class="date">2014 年 2 月 18 日于赫尔辛基</span>
<p>在塔林转了一天后，我走进一条密巷，或许是离老城中心稍显远些，游人相对稀少，虽然也有人坐在外面小憩，也难掩这里的神秘。</p>
<hr/>                      /*增加下画线*/
<h5><a href="#">拥抱欧洲 沿多瑙河游奥地利</a></h5>
<span class="date">2013 年 11 月 18 日于奥地利</span>
<p>多瑙河在欧洲仅次于伏尔加河，是欧洲第二长河，被人赞美为“蓝色的多瑙河”，像一条蓝色飘带蜿蜒在欧洲大地上。它发源于德国西南部的黑林山的东坡，自西向东流经奥地利、斯洛伐克、匈牙利、克罗地亚、塞尔维亚、保加利亚、罗马尼亚、乌克兰，在乌克兰中南部注入黑海。它流经 9 个国家，是世界上干流流经国家最多的河流。</p>
```

```
<hr/>
<h5><a href="#">意大利：爱上黄昏里的绝美翡冷翠</a></h5>
<span class="date">2014 年 1 月 20 日于佛罗伦萨</span>
<p>佛罗伦萨(Firenze)，意大利中部古老而富有内涵的文化名城，文艺复兴运动的发源地，达·芬奇、米开朗琪罗等众多艺术巨匠的故乡，从中世纪以来便是欧洲文化与建筑的摇篮，也因中国诗人徐志摩笔下生风而得到华丽的中文别名“翡冷翠”，是全世界文艺青年们心中最向往的城市之一。</p>
<hr /><a href="#">下一页</a>
<br/>
</div>
```

完成后，浏览网页时，目录页部分显示效果如图 16-13 所示。

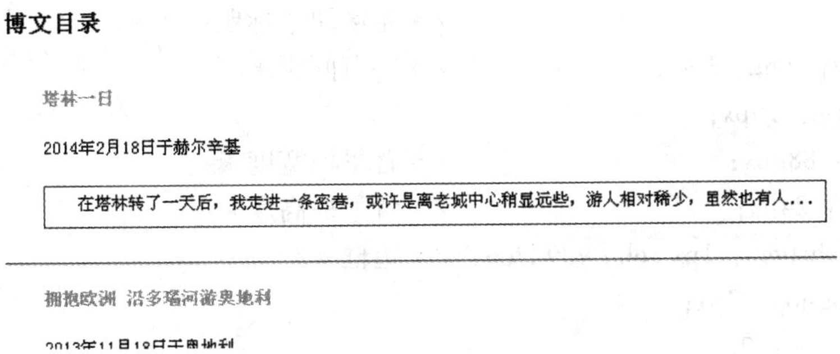

博文目录

塔林一日

2014年2月18日于赫尔辛基

在塔林转了一天后，我走进一条窑巷，或许是离老城中心稍显远些，游人相对稀少，虽然也有人...

拥抱欧洲 沿多瑙河游奥地利

图 16-13　目录显示效果

16.3.3　网站日志页制作

在设计上，一般会将一篇日志设计为一个页面。本例中，以“塔林一日”这篇日志为例，分析网页日志页的设计制作过程。

作为旅游者的日志分享，一个重要的特点就是在日志中会穿插大量的图片。所以，日志页的设计重点是要设计好图文混排效果。从完成图 16-3 可以看出，日志页布局设计比主页简单，在 main 区块没有细分为左右两栏，相应的图片格式设置都可以通过建立复合选择器“#main img”进行设置，表示设置 main 区块内的图片格式。需要说明的是，如果图片显示效果不完全相同，则应选择类选择器而不是“img”标签选择器设置。另外，为凸显主体内容的标题设计，在标题“｜博客正文”上，设计了方框背景效果。相应格式也需要建立 css 样式规则设置。如果 main 区块格式在“style. css”中的 main 区块格式上有修改，在本页的源代码区重新设置#main 规则即可。日志页具体制作流程如下：

新建空白 HTML 文档，另存为“E：\ example16 \ page2. html”。在代码视图下，将网页命名为“博客正文”，分别调用“style. css”和“body. css”样式规则。代码和首页中相同。

设置 main 区块内图片、标题、段落等内容格式，代码如下：

```
<style type="text/css">
<! --
#main img {                         /*本页中主区块内图片格式*/
```

```
        height: 280px;                    /*指定图片显示的大小*/
        width: 400px;
        margin-top: 5px;                  /*设置图片间的间距*/
        margin-bottom: 20px;
        margin-left: 35px;
    }
    #main p{                              /*本页中主区块内段落格式*/

        text-indent: 2em;                 /*首行缩进2em*/
        line-height: 1.5em;               /*行高*/
        margin: 5px;
    }
    h4{                                   /*主区块中标题格式*/
        letter-spacing: 1em;              /*字符间距*/
        font-size: 15px;
        width: 888px;                     /*背景框宽度*/
        height: 24px;                     /*背景框高度*/
        border-bottom: 1px solid #d9d7cb; /*边框*/
        padding-top: 2px;
        margin-top: 2px;
        padding-left: 10px;
        background: #9AC9F3;              /*方框内背景颜色*/
        }
    #main{                                /*本页中需在"sytle.css"基础上改变的主区块
格式*/
        height: auto;                     /*改变高度为自适应*/
        width: 898px;                     /*调整区块宽度*/
        border: 1px solid #d9d7cb;        /*增加边框线*/
        float: left;
    }
    -->
    </style>
```

主区块相关格式设置好后。在"<body></body>"中，复制首页制作中网页头部、导航栏和网页底部的代码。在main区块中，书写代码如下，完成网站日志页的制作。

```
<div id="main">
    <h4>| 博客正文</h4>
    <p>塔林一日</p>
    <p>2014年2月18日于赫尔辛基</p>
    <p>在塔林转了一天后，我走进一条密巷，或许是离老城中心稍显远些，游人相对稀
少，虽然也有人坐在外面小憩，也难掩这里的神秘。</p>
```

<img src = " images/pic1. jpg" width = " 720" height = " 482" /><img src = " images/pic2. jpg" width = " 457" height = " 311" /> < img src = " images/pic3. jpg" width = " 609" height = " 428" /><img src = " images/pic4. jpg" width = " 629" height = " 418" />

<p>来赫尔辛基旅行的人们，大多也要到海湾对面的塔林转一转，时间不多的可以一日游，我便如此。塔林就像赫尔辛基的近郊，以至于有人讲塔林叫成“塔林辛基“，每天往返两地的渡轮有几十班，我最终选择了塔林客集团的诗丽雅(tallinksilja)游轮，两个小时便可以来到塔林，这种游轮往来于波罗的海的几个目的地，豪华舒适。塔林客诗丽雅游轮的网站居然还有中文页面，上面有许多有价值的旅游信息，预订可以在上面完成，天气实在是太棒了，虽然海风吹起来有些凉，但仍阻挡不了人们对阳光的喜爱。</p>

<img src = " images/pic9. jpg" width = " 815" height = " 534" /><img src = " images/pic7. jpg" width = " 685" height = " 427" />

</div>

完成后，主区块内，标题栏显示效果如图 16-14 所示。

图 16-14　主区块内标题栏显示效果

16. 3. 4　网站图片页制作

在网站图片页，需要实现这样的效果，浏览图片页时，可以看到大量图片的缩略图，当点击某张图片时，则显示该图片的大图效果。从完成图 16-4 可以看到，图片页在布局上和日志页是相同的，所以，我们重点分析浏览图片时的效果设计。图片页具体制作流程如下：

1. 图片缩略图排列设计

新建空白 HTML 文档，另存为“E：\ example16 \ page3. html”。在 title 部分，命名为“最新图片”。分别调用“style. css”和“body. css”外部样式规则。复制和其他页面制作过程中相同部分的代码。

在 main 区块中，设置图片缩略图排列时，除可以用 CSS 指定，也可以用表格进行设计。本例中，采用设置表格的形式排列图片。

首先用 css 指定 main 区块内图片缩略图大小，指定表格单元格内居中显示。代码为：

```
#main img{                    /＊指定当前页中主区块图片格式＊/
    width：200px；
    height：150px；
}
td {                          /＊单元格内居中显示＊/
    text-align：center；
}
```

插入一个三行三列的表格，指定表格宽度，单元格间距。通过空行设计和单元格间距设计调整图片间的距离。插入表格操作也可直接在设计视图下完成。其中插入一行图片的代码如下：

```
<table align="center" width="870"   cellspacing="5px" cellpadding="0">
    <tr>                    /*空一行设置*/
       <td >  </td>
       <td>  </td>
       <td>  </td>
    </tr>
    <tr>
       <td><img src="images/pic5.jpg" width="768" height="485" /></td>
       <td><img src="images/pic6.jpg" width="679" height="426" /></td>
       <td><img src="images/pic9.jpg" width="815" height="534" /></td>
    </tr>
</table>
```

插入图片后，浏览页面下图片缩略图排列效果如图 16-15 所示。

图 16-15　图片缩略图效果

2. 显示大图效果设计

本例中，设置点击图片可见大图效果，思路如下。在图片页中，另外添加两个绝对定位的隐藏容器，一个容器设置成黑色背景，用于遮挡原页面的图片缩略图，另一个隐藏容器则在黑色背景上显示大图。要实现这样的效果，可通过 JavaScript 程序来显示。在图片页的缩略图上添加超链接，点击超链接时，执行 openCon()函数，传递参数。超链接传递的参数应为 img 元素在代码中出现的顺序，以方便 getElementsByTagName()函数的访问。调用 openCon()函数，使隐藏的大容器打开，显示大图。本例中将缩略图对应的大尺寸图片路径存放于缩略图 img 元素的 alt 属性中，当程序执行打开隐藏容器的操作时，对隐藏容器中 img 元素的 src 属性赋值。打开大图后，单击"关闭窗口"按钮，执行 JavaScript 中的 closeCon()函数，再次隐藏容器，关闭大图。整个程序的执行过程如图 16-16 所示。

JavaScript 程序代码如下：

```
<script type="text/javascript">
 function closeCon(x){                    /*实现关闭隐藏容器*/
     x.parentNode.style.display="none";
     document.getElementById("con").style.display="none";
     }
 function openCon(x){                    /*打开隐藏容器,传递图片参数*/
     document.getElementById("con").style.display="block";
     document.getElementById("con_p").style.display="block";
```

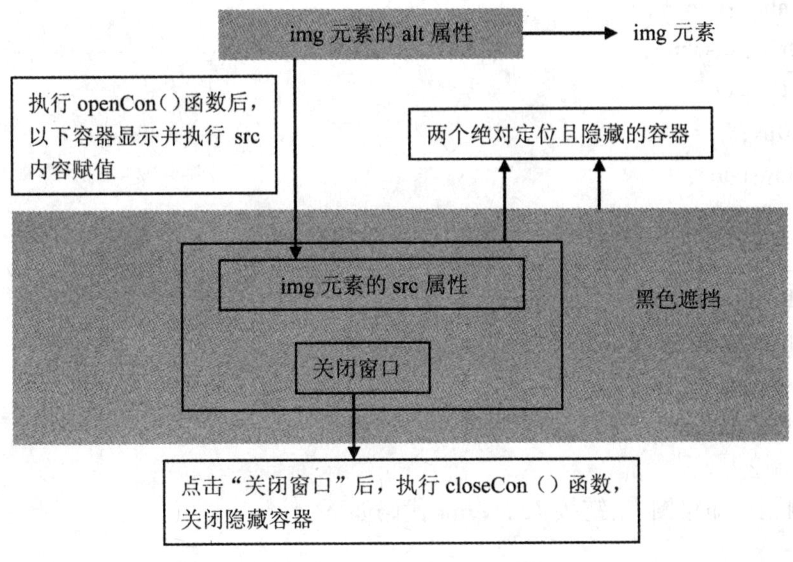

图 16-16　显示大图执行过程

```
        document.getElementById("con_p").getElementsByTagName("img")[0].src =
document.getElementsByTagName("img")[x].alt;
                                        /*图片参数顺序从 0 开始,x 指定第几张图片*/
        }
    </script>
```

考虑到不同分辨率的浏览器，隐藏容器的宽度应设置成自适应，通过 CSS 将其定于与图片缩略图页重合(遮挡缩略图页)，设置两个隐藏容器 CSS 规则如下：

```
    #con{                               /*黑色背景隐藏容器*/
        position:absolute;              /*绝对定位*/
        top:0px;                        /*绝对定位下,距顶部 0 像素*/
        left:0px;                       /*绝对定位下,距左侧 0 像素*/
        display:none;                   /*隐藏对象*/
        width:100%;                     /*设置自适应宽度*/
        height:100%;                    /*设置自适应高度*/
        background:#000;                /*设置背景颜色为黑色*/
        text-align:center;
/*如果希望背景颜色不完全为黑色,包含半透明效果,可用 CSS 滤镜实现*/
        filter:alpha(opacity=85);
                                /*"filter:alpha" 为 CSS 滤镜,"opacity"为不透明度*/
        }
```

```
#con_p{                                          /*隐藏大图容器格式*/
    width:100%;
    height:100%;
    text-align:center;
    position:absolute;
    top:100px;
    left:0px;
    display:none;
}
#con_btn{                                        /*按钮"关闭窗口"格式设置*/
    width:100px;
    height:18px;
    margin-top:10px;
    border:1px solid #999;
}
```

在图片浏览页缩略图中，链接 JavaScript 代码如下：

```
<tr>
        <td><a href="javascript:openCon(0);" title="单击显示大图"><img src="images/pic5.jpg" alt="images/pic5.jpg" width="768" height="485" /></a></td>
        <td><a href="javascript:openCon(1);" title="单击显示大图"><img src="images/pic6.jpg" alt="images/pic6.jpg" width="679" height="426" /></a></td>
        <td><a href="javascript:openCon(2);" title="单击显示大图"><img src="images/pic9.jpg" alt="images/pic9.jpg" width="815" height="534" /></a></td>
    </tr>
```

在页面外添加隐藏容器代码如下：

```
<body>
<div id="container">                   /*网页外框架开始标签*/
……                                     /*网页代码省略*/
</div>                                 /*网页外框架结束标签*/
<div id="con"></div>                   /*调用黑色背景隐藏容器*/
  <p id="con_p">                       /*隐藏大图容器*/
    <img src="" id="img_dis" /><br />             /*src 属性赋值*/
    <button onclick="closeCon(this);" id="con_btn">关闭窗口</button>
                                         /*点击"关闭窗口"按钮，执行 closeCon()函数*/
  </p>
</body>
```

完成网站图片页制作后，浏览图片页，鼠标指向图片时显示效果如图 16-17 所示，点击查看大图显示效果如图 16-18 所示。

至此，网站中的首页、日志页和图片页均设计完成。需要注意的是，在前面制作网页的过程中，设置为空链接的地方，应用相应网页替代空链接，相关代码如下：

图 16-17　鼠标指向图片时显示效果

图 16-18　浏览大图效果

```
<div id = "link" >
  <ul>
    <li><a href = "page1. html" >首页</a></li>
    <li><a href = "page2. html" >日志</a></li>
```

```
    <li><a href="page3.html">图片</a></li>
    <li><a href="#">关于我</a></li>
  </ul>
  </div>
```

本章小结

本章站在一个网页设计者的角度，设计了一个完整的个人博客网站。在设计制作的过程中，综合运用了前面各章节知识。从网站层次划分，到页面框架布局设计，再到内容的完成添加，以及最后的动态效果，都需要灵活运用所学，不断的修改完善网页的页面。希望读者能参照本例制作过程，结合个人设计，制作一个更个性更美观的个人网站。

参考文献

[1]畅利红. DIV+CSS3.0网页样式与布局全程揭秘. 北京：清华大学出版社，2012.

[2]Terry Felke-Morris. XHTML网页开发与设计基础，陈小彬，译. 北京：清华大学出版社，2007.

[3]胡艳洁. HTML标准教程. 北京：中国青年出版社，2004.

[4]唐四薪. 基于Web标准的网页设计与制作，北京：清华大学出版社，2010.

[5]陆凌牛. HTML 5与CSS 3权威指南，北京：机械工业出版，2011，4.

[6]董宁. JavaScript语言与Ajax应用. 北京：中国水利水电出版社，2011.

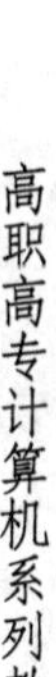